TURING 图灵程序设计丛书

Introduction to computation and programming using Python
with application to understanding data

# Python编程导论

## （第2版）

【美】 John V. Guttag 著

陈光欣 译

人民邮电出版社

北　京

**图书在版编目（CIP）数据**

Python编程导论 : 第2版 / （美）约翰·谷泰格著 ；
陈光欣译. -- 北京 : 人民邮电出版社，2018.2（2024.2重印）
（图灵程序设计丛书）
ISBN 978-7-115-47376-9

Ⅰ．①P… Ⅱ．①约… ②陈… Ⅲ．①软件工具－程序
设计－教材 Ⅳ．①TP311.561

中国版本图书馆CIP数据核字(2017)第308830号

## 内 容 提 要

  本书基于 MIT 编程思维培训讲义写成，主要目标在于帮助读者掌握并熟练使用各种计算技术，具备用计算思维解决现实问题的能力。书中以 Python 3 为例，介绍了对中等规模程序的系统性组织、编写、调试，帮助读者深入理解计算复杂度，还讲解了有用的算法和问题简化技术，并探讨各类计算工具的使用。与本书第 1 版相比，第 2 版全面改写了后半部分，且书中所有示例代码都从 Python 2 换成了 Python 3。

  本书适合对编程知之甚少但想要使用计算方法解决问题的读者。

 ◆ 著　　　　[美] John V. Guttag

  译　　　　陈光欣

  责任编辑　陈　曦

  责任印制　周昇亮

 ◆ 人民邮电出版社出版发行　　北京市丰台区成寿寺路 11 号

  邮编　100164　　电子邮件　315@ptpress.com.cn

  网址　https://www.ptpress.com.cn

  固安县铭成印刷有限公司印刷

 ◆ 开本：800×1000　1/16

  印张：21.25　　　　　　　　2018 年 2 月第 1 版

  字数：502 千字　　　　　　　2024 年 2 月河北第 15 次印刷

  著作权合同登记号　图字：01-2017-1465 号

定价：69.00元

读者服务热线：(010)84084456-6009　印装质量热线：(010)81055316

反盗版热线：(010)81055315

广告经营许可证：京东市监广登字 20170147 号

# 版 权 声 明

# 前　言

本书基于MIT的一门课程写成，这门课程始于2006年，自2012年起，成为edX和MITx上的一门"大规模在线开放课程"（Massive Online Open Courses，MOOC）。本书第1版基于一个学期的课程，但随着时间的推移，我不得不添加更多内容，再用一学期来讲述课程已经不合适了。现在的这个版本适合于两学期的计算机科学系列导论课程。

当我开始编写第2版时，本以为只要加上几章内容就可以了，但结果远超预料。我重新组织了本书的后半部分，并将整本书中的代码从Python 2换成了Python 3。

本书面向的是那些没有或只有很少编程经验，但希望掌握计算方法来解决问题的学生。书中的内容是一些学生学习更高级计算机科学课程的跳板，但对更多学生来说，则是正式学习计算机科学的一门课程。

正因如此，所以我们更强调课程的广度，而不是深度。课程的目标是为学生简述更多的主题，使他们在想用计算机完成目标时知道自己能做什么。尽管如此，这并不是一门"计算机鉴赏"课程，要求比较严格，而且有一定难度。读者需要花费大量时间和精力才能真正掌握书中内容，使计算机服从自己的调遣。

本书的主要目标是帮助学生掌握并熟练使用各种计算技术，以得到有价值的成果。他们应该学会使用计算思维表述问题，并掌握如何从数据中提取信息。学生从本书中获得的最重要的能力是，使用计算思维解决问题的艺术。

这本书很难纳入传统的计算机科学课程。第1~11章是典型的针对没有或只有很少编程经验的学生的计算机科学课程；第12~14章稍微高级一些，如果想学习进阶技术，可以从这几章挑选些内容，作为导论课程的补充；第15~24章介绍如何使用计算技术来理解数据，我们认为其中的内容应该成为计算机科学课程体系中的第二门课程（代替传统的数据结构课程）。

第1~11章主要包含五个方面的内容：

❑ 编程基础
❑ Python 3编程语言
❑ 计算问题的解决技术
❑ 计算复杂度
❑ 使用图形表示信息

我们会介绍Python语言的大部分特性，但重点在于可以使用编程语言做什么，而不是语言本身。比如，第3章结束时虽然只介绍了Python语言的一小部分，但已经引入穷举的概念、猜测与验证算法、二分查找和高效近似算法。纵贯本书，我们都会介绍Python的特性。同样地，本书从头至尾也会介绍编程方法。我们的理念是帮助学生们掌握Python，并成为一个优秀的程序员，能够使用计算技术解决自己感兴趣的问题。

书中示例都使用Python 3.5进行了测试。Python 3修正了Python 2各种发布版本（通常称为Python 2.*x*）在设计上的很多不一致性，但它不是向后兼容的，这意味着大多数使用Python 2编写的程序不能在Python 3中正常运行。因为这个原因，Python 2.*x*还在被广泛使用。第一次使用Python 3中不同于Python 2的特性时，我们都会明确指出如何在Python 2中完成相同功能。书中所有示例都有Python 3.5和Python 2.7的在线版本。

第12~13章介绍了优化，这是一个虽然重要但很少包含在导论课程中的主题。第14~16章介绍了随机规划，这也是一个虽然重要但很少包含在导论课程中的主题。我们在MIT授课的经验是，在一个学期的导论课程中，或者可以讲述第12~13章的内容，或者可以讲述第14~16章的内容，但不能二者兼顾。

第15~24章在设计上是独立成篇的，内容涉及如何使用计算技术来理解数据。其中使用的数学知识不超出高中代数的范围，但要求读者具有严谨的思维能力，且不会被数学概念吓倒。这一部分包括多数导论课程中没有的内容：数据可视化、模拟模型、概率与统计思维，以及机器学习。我们相信对大多数学生来说，这部分内容远比那些典型的第二门计算机科学课程的内容更有意义。

我们没有在每章末尾设置习题，而是在每章的适当部分插入了"实际练习"。有些练习非常简短，目的是使读者确认自己确实明白了刚刚学过的内容。有些练习增加了一点挑战性，适合在考试时使用。其余练习的难度比较大，可以作为课后作业。

本书有三个普适性主题：系统的问题解决方式、抽象能力，以及将计算思维作为思考世界的一种方式。学完本书后，你应该：

❏ 学会使用Python语言进行编程和计算；

❏ 学会系统性地组织、编写、调试中等规模的程序；

❏ 理解计算复杂度；

❏ 将模糊的问题描述转化为明确的计算方法，以此解决问题，并对这个过程有深刻的理解；

❏ 掌握一些有用的算法以及问题简化技术；

❏ 对于那些很难得到封闭解的问题，知道如何使用随机性和模拟技术进行清晰阐述；

❏ 学会使用计算工具（包括简单的统计、可视化以及机器学习工具）对数据进行理解与建模。

编程本身就是一项非常困难的活动。正如那句名言所说："在几何中，没有专为国王铺设的大道。"[①]对于编程来说，也没有捷径可走。如果你想真正掌握书中的内容，光阅读是不够的，还应该亲自运行书中的代码。2008年以来，本书基于的各种课程都放在MIT的开放课程网站（OpenCourseWare，OCW）上。这里有授课过程的视频录像，以及一系列习题和考题。从2012年秋季开始，我们在edX和MITx上提供了在线课程，其中包括本书的大部分内容。我们强烈推荐你做做OCW和edX上提供的习题。

---

① 据传，公元前300年左右，托勒密国王希望有学习数学的捷径。对于这个要求，欧几里得给出了这样的回答。

## 电子书

如需购买本书电子版，请扫描以下二维码。

# 致　　谢

本书第1版基于我在MIT教授的本科生课程讲义，这门课程——当然也包括这本书——得益于我的教师同事（尤其是Ana Bell、Eric Grimson、Srinivas Devadas、Fredo Durand、Ron Rivest和Chris Terman）、助教以及学习该课程的学生。David Guttag克服了他对计算机科学的厌恶，对本书的多个章节进行了校对。

和所有成功的教授一样，我要向我的研究生表示万分感激。Guha Balakrishnan、David Blalock、Joel Brooks、Ganeshapillai Gartheeban、Jen Gong、Yun Liu、Anima Singh、Jenna Wiens和Amy Zhao这些学生不但进行了非常出色的研究工作（我也由此获得了一些好评），还都对本书的草稿提出了非常宝贵的意见。

我要向Julie Sussman表示由衷的感谢。我开始和她接触后，才知道一个优秀的编辑竟然会如此出色。以前出书时，与我合作的文字编辑也非常能干，因而我觉得这本书有文字编辑也就够了，但我错了。我需要合作者可以从学生视角审视本书，并且告诉我需要做什么、应该做什么和能够做什么——如果我有时间和精力的话。Julie给我的好建议数不胜数，而且都切中要害，不可忽视。不论是在语言方面还是在编程方面，Julie都有极为深厚的造诣。

最后，感谢我的妻子Olga，她一直督促我完成这本书。感谢她帮助我承担了很多家庭义务，这样我才能专心于此。

# 目　　录

第 1 章　启程 ……………………………… 1

第 2 章　Python 简介 …………………… 6

　2.1　Python 基本元素 …………………… 7

　　2.1.1　对象、表达式和数值类型 ……… 8

　　2.1.2　变量与赋值 ………………………… 9

　　2.1.3　Python IDE ………………………… 11

　2.2　程序分支 ……………………………… 12

　2.3　字符串和输入 ………………………… 14

　　2.3.1　输入 ………………………………… 15

　　2.3.2　杂谈字符编码 …………………… 16

　2.4　迭代 …………………………………… 17

第 3 章　一些简单的数值程序 ………… 20

　3.1　穷举法 ………………………………… 20

　3.2　for 循环 ……………………………… 22

　3.3　近似解和二分查找 …………………… 24

　3.4　关于浮点数 …………………………… 27

　3.5　牛顿-拉弗森法 ……………………… 29

第 4 章　函数、作用域与抽象 ………… 31

　4.1　函数与作用域 ………………………… 32

　　4.1.1　函数定义 …………………………… 32

　　4.1.2　关键字参数和默认值 …………… 33

　　4.1.3　作用域 ……………………………… 34

　4.2　规范 …………………………………… 37

　4.3　递归 …………………………………… 39

　　4.3.1　斐波那契数列 …………………… 40

　　4.3.2　回文 ………………………………… 42

　4.4　全局变量 ……………………………… 45

　4.5　模块 …………………………………… 46

　4.6　文件 …………………………………… 47

第 5 章　结构化类型、可变性与
　　　　　高阶函数 ………………………… 50

　5.1　元组 …………………………………… 50

　5.2　范围 …………………………………… 52

　5.3　列表与可变性 ………………………… 52

　　5.3.1　克隆 ………………………………… 57

　　5.3.2　列表推导 …………………………… 57

　5.4　函数对象 ……………………………… 58

　5.5　字符串、元组、范围与列表 ………… 60

　5.6　字典 …………………………………… 61

第 6 章　测试与调试 ……………………… 65

　6.1　测试 …………………………………… 65

　　6.1.1　黑盒测试 …………………………… 66

　　6.1.2　白盒测试 …………………………… 68

　　6.1.3　执行测试 …………………………… 69

　6.2　调试 …………………………………… 70

　　6.2.1　学习调试 …………………………… 72

　　6.2.2　设计实验 …………………………… 72

　　6.2.3　遇到麻烦时 ……………………… 75

　　6.2.4　找到"目标"错误之后 ………… 76

第 7 章　异常与断言 ……………………… 77

　7.1　处理异常 ……………………………… 77

　7.2　将异常用作控制流 …………………… 80

　7.3　断言 …………………………………… 82

第 8 章　类与面向对象编程 …………… 83

　8.1　抽象数据类型与类 …………………… 83

　　8.1.1　使用抽象数据类型设计程序 … 87

　　8.1.2　使用类记录学生与教师 ……… 87

8.2 继承 ···················································· 90
   8.2.1 多重继承 ······························· 92
   8.2.2 替换原则 ······························· 93
8.3 封装与信息隐藏 ····························· 94
8.4 进阶示例：抵押贷款 ···················· 99

第 9 章 算法复杂度简介 ················ 103
9.1 思考计算复杂度 ························· 103
9.2 渐近表示法 ······························· 106
9.3 一些重要的复杂度 ···················· 107
   9.3.1 常数复杂度 ·························· 107
   9.3.2 对数复杂度 ·························· 108
   9.3.3 线性复杂度 ·························· 108
   9.3.4 对数线性复杂度 ·················· 109
   9.3.5 多项式复杂度 ····················· 109
   9.3.6 指数复杂度 ·························· 111
   9.3.7 复杂度对比 ·························· 112

第 10 章 一些简单算法和数据结构 ··· 114
10.1 搜索算法 ······························· 115
   10.1.1 线性搜索与间接引用元素 ····· 115
   10.1.2 二分查找和利用假设 ··········· 116
10.2 排序算法 ······························· 119
   10.2.1 归并排序 ·························· 120
   10.2.2 将函数用作参数 ················· 122
   10.2.3 Python 中的排序 ··············· 123
10.3 散列表 ·································· 124

第 11 章 绘图以及类的进一步扩展 ··· 128
11.1 使用 PyLab 绘图 ···················· 128
11.2 进阶示例：绘制抵押贷款 ·········· 133

第 12 章 背包与图的最优化问题 ····· 139
12.1 背包问题 ······························· 139
   12.1.1 贪婪算法 ·························· 140
   12.1.2 0/1 背包问题的最优解 ········· 143
12.2 图的最优化问题 ···················· 145
   12.2.1 一些典型的图论问题 ··········· 149
   12.2.2 最短路径：深度优先搜索和
        广度优先搜索 ················ 149

第 13 章 动态规划 ······················· 155
13.1 又见斐波那契数列 ·················· 155
13.2 动态规划与 0/1 背包问题 ········· 157
13.3 动态规划与分治算法 ··············· 162

第 14 章 随机游走与数据可视化 ····· 163
14.1 随机游走 ······························· 163
14.2 醉汉游走 ······························· 164
14.3 有偏随机游走 ························· 170
14.4 变幻莫测的田地 ···················· 175

第 15 章 随机程序、概率与分布 ····· 178
15.1 随机程序 ······························· 178
15.2 计算简单概率 ························· 180
15.3 统计推断 ······························· 180
15.4 分布 ·································· 192
   15.4.1 概率分布 ·························· 194
   15.4.2 正态分布 ·························· 195
   15.4.3 连续型和离散型均匀分布 ····· 199
   15.4.4 二项式分布与多项式分布 ····· 200
   15.4.5 指数分布和几何分布 ··········· 201
   15.4.6 本福德分布 ······················ 203
15.5 散列与碰撞 ··························· 204
15.6 强队的获胜概率 ···················· 206

第 16 章 蒙特卡罗模拟 ················ 208
16.1 帕斯卡的问题 ························· 209
16.2 过线还是不过线 ···················· 210
16.3 使用查表法提高性能 ··············· 213
16.4 求 π 的值 ······························· 214
16.5 模拟模型结束语 ···················· 218

第 17 章 抽样与置信区间 ············· 220
17.1 对波士顿马拉松比赛进行抽样 ··· 220
17.2 中心极限定理 ························· 225
17.3 均值的标准误差 ···················· 228

第 18 章 理解实验数据 ················ 231
18.1 弹簧的行为 ··························· 231
18.2 弹丸的行为 ··························· 238

18.2.1　可决系数 ·················240
18.2.2　使用计算模型 ···········241
18.3　拟合指数分布数据 ············242
18.4　当理论缺失时 ·················245

第 19 章　随机试验与假设检验 ·······247
19.1　检验显著性 ····················248
19.2　当心 P-值 ·····················252
19.3　单尾单样本检验 ···············254
19.4　是否显著 ·······················255
19.5　哪个 N ··························257
19.6　多重假设 ·······················258

第 20 章　条件概率与贝叶斯统计 ·····261
20.1　条件概率 ·······················262
20.2　贝叶斯定理 ····················263
20.3　贝叶斯更新 ····················264

第 21 章　谎言、该死的谎言与统计学 ·267
21.1　垃圾输入，垃圾输出 ··········267
21.2　检验是有缺陷的 ···············268
21.3　图形会骗人 ····················268
21.4　Cum Hoc Ergo Propter Hoc ···270
21.5　统计测量不能说明所有问题 ···271
21.6　抽样偏差 ·······················272
21.7　上下文很重要 ·················273

21.8　慎用外推法 ····················273
21.9　得克萨斯神枪手谬误 ··········274
21.10　莫名其妙的百分比 ···········276
21.11　不显著的显著统计差别 ······276
21.12　回归假象 ·····················277
21.13　小心为上 ·····················278

第 22 章　机器学习简介 ·············279
22.1　特征向量 ·······················281
22.2　距离度量 ·······················283

第 23 章　聚类 ························288
23.1　Cluster 类 ·····················289
23.2　K 均值聚类 ····················291
23.3　虚构示例 ·······················292
23.4　更真实的示例 ·················297

第 24 章　分类方法 ··················303
24.1　分类器评价 ····················303
24.2　预测跑步者的性别 ············306
24.3　K 最近邻方法 ·················308
24.4　基于回归的分类器 ············312
24.5　从"泰坦尼克"号生还 ········320
24.6　总结 ····························325

Python　3.5 速查表 ················326

## 第 1 章

# 启　程

计算机能且只能做两件事，执行计算与保存计算结果，但它把这两件事都做到了极致。常见的台式机或笔记本电脑每秒钟大概可以执行10亿次计算，快得难以置信。想象一下，让一个离地面1米高的球自由落体到地面上，这么短暂的时间，你的计算机已经执行了超过10亿条指令。至于存储，一台普通计算机可以有几千亿字节的存储空间。这是什么概念呢？打个比方，如果1字节（byte，表示一个字符所需的位数，通常是8位）的重量是1克（实际上当然不是），那么100 GB的重量就相当于10 000吨，这几乎是15 000头非洲象的重量。

在人类历史的大部分时间里，计算受限于人类大脑的计算速度以及人类双手记录计算结果的能力，这意味着通过计算只能解决一些最简单的问题。即使现代计算机具备如此快的速度，它在很多问题上依然无能为力（例如，搞清楚气候变化），但越来越多的问题已经被证明可以通过计算解决。我们希望你学习完本书之后，可以熟练地将计算思维应用到解决工作、学习、生活问题的过程中。

那么，计算思维到底指什么呢？

所有知识都可以归结为两类：陈述性知识和程序性知识。陈述性知识由对事实的描述组成。例如："如果满足$y \times y = x$，那么$x$的平方根就是数值$y$。"这就是对事实的描述。遗憾的是，它没有告诉我们怎样求出平方根。

程序性知识说明"如何做"，描述的是信息演绎的过程。亚历山大的海伦（Heron of Alexandria）第一次提出如何计算一个数的平方根[1]。他的方法可以总结如下：

(1) 随机选择一个数$g$；

(2) 如果$g \times g$足够接近$x$，那么停止计算，将$g$作为答案；

(3) 否则，将$g$和$x/g$的平均数作为新数，也就是$(g + x/g)/2$；

(4) 使用新选择的数——还是称其为$g$——重复这个过程，直到$g \times g$足够接近$x$。

思考下面这个例子，求出25的平方根。

(1) 为$g$设置一个任意值，例如3；

(2) 我们确定$3 \times 3 = 9$，没有足够接近25；

---

[1] 很多人认为海伦不是这种方法的发明者，确实有一些证据表明，是古巴比伦人发明了这种方法。

(3) 设置$g$为$(3 + 25/3)/2 = 5.67$；[①]

(4) 我们确定$5.67 \times 5.67 = 32.15$还是不够接近25；

(5) 设置$g$为$(5.67 + 25/5.67)/2 = 5.04$；

(6) 我们确定$5.04 \times 5.04 = 25.4$已经足够接近25了，所以停止计算，宣布5.04就是25的平方根的一个合适的近似值。

请注意，这个方法描述的是一系列简单的步骤，以及一个控制流，用来确定某个步骤在什么情况下得以执行。这种描述称为算法[②]。这个例子是一个猜测与检验算法。它基于这样一个事实：我们很容易验证一个猜测是否合理。

更加正式的定义是：算法是一个有穷指令序列，描述了这样一种计算过程，即在给定的输入集合中执行时，会按照一系列定义明确的状态进行，最终产生一个输出结果。

算法有点像菜谱：

(1) 将蛋奶糊加热；

(2) 搅拌；

(3) 将调羹浸入蛋奶糊；

(4) 拿出调羹，用手指划一下调羹背面；

(5) 如果留下明显痕迹，则停止加热并冷却；

(6) 否则重复以上步骤。

算法包含一些测试指令，用来确定整个过程何时结束；还包含一些顺序指令，用来确定指令执行的顺序。有些时候，还会根据测试结果跳转到某些指令。

那么，如何将菜谱的思想应用到机械过程中呢？一种方法就是，专门设计一台用来计算平方根的机器。这听起来有点奇怪，但实际上，最早用来计算的机器就是这种固定程序计算机。顾名思义，它们的设计目的就是做非常具体的事情，而且大多数情况下用来解决具体的数学问题，如计算炮弹的弹道。阿塔纳索夫和贝里在1941年建造的机器算是最早的计算机之一，它可以用来解线性方程组，但其他什么都不会。阿兰·图灵在二战期间设计Bombe计算机器的目的就是，专门破解纳粹德国的Enigma密码。现在，一些非常简单的计算机还在使用这种方法。例如，四功能计算器就是一种固定程序计算机，它只能做简单的算术，不能用作文字处理器，也不能运行视频游戏。要改变这种机器的程序，只能更换电路。

第一台真正的现代计算机是Manchester Mark 1[③]。相比于那些先驱者，它有本质上的改进，即它是一台存储程序计算机。这种计算机存储（并操作）一个指令序列，并具有一个可以执行序列中任何指令的元素集合。通过创建指令集结构，并将计算过程详细划分为一个指令序列（也就是一个程序），我们可以制造高度灵活的机器。存储程序计算机可以对指令进行处理，就像处理数据一样，这样就能够轻松修改程序，并且可以在程序的控制之下做这些事情。实际上，计算机

---

[①] 为简单起见，我们对结果进行了四舍五入。

[②] 这个词源于波斯数学家穆罕默德·伊本·穆萨·阿尔·花剌子模（Muhammad ibn Musa al-Khwarizmi）。

[③] 这台计算机建造于曼彻斯特大学，1949年运行了第一个程序。它将先前约翰·冯·诺依曼提出的设想变成了现实，也验证了阿兰·图灵1936年提出的通用图灵机理论。

的核心变成了可以执行任意合法指令集的程序（称为解释器），这样计算机就能够计算任何可以使用基本指令集描述的问题。

计算机操作的程序和数据都存储在内存中。通常都有一个程序计数器指向内存中的特定位置，通过执行这个位置上的指令，计算过程得以开始。大多数情况下，解释器只是简单地按照顺序执行序列中的下一条指令，但并不总是如此。在某些情况下，解释器执行一个测试，然后根据测试结果可能跳到指令序列的其他位置继续执行。这称为控制流，是允许我们编写可执行复杂任务的程序的必备条件。

再回到菜谱这个比喻，如果给定一组固定原料，那么一位优秀的厨师通过各种方式的搭配，可以做出非常多的美味佳肴。同样地，如果给定一个小规模的固定初始元素组合，那么一位优秀的程序员也可以创造出非常多的有用程序。这就是编程如此引人入胜的原因。

要创建"菜谱"，即指令序列，我们需要能够描述这些指令的编程语言，从而向计算机发号施令。

1936年，英国数学家阿兰·图灵提出了一种抽象的计算设备，后来称为通用图灵机。这种机器具有无限的存储容量，即一条无限长的纸带。可以在纸带上面写入0和1，以及一些非常简单的初始指令，从而对纸带进行移动、读出和写入等操作。邱奇–图灵论题表明，如果一个函数是可计算的，那么一定可以通过对图灵机进行编程实现这种计算。

邱奇–图灵论题中的"如果"非常重要，并非所有问题都可以通过计算求解。举例来说，图灵就曾经证明，不存在这样一个程序：对于给定的任意程序P，当且仅当P永远运行时输出true。这就是著名的停机问题。

邱奇–图灵论题可以直接推导出图灵完备性这个概念。如果一门编程语言可以模拟通用图灵机，才可以说它是图灵完备的。所有现代编程语言都是图灵完备的。因此，任何可以被一门编程语言（例如Python）实现的程序，都可以被另一门编程语言（例如Java）实现。当然，有些事情用某种语言实现起来更容易，但就计算能力而言，所有语言从根本上说都是相等的。

幸运的是，程序员不必在图灵初始指令集的基础上构建程序，现代编程语言提供了更大、更方便的初始指令集。但是，编程基本思想的核心仍然是组装操作序列的过程。

不管具有什么样的初始指令集，也不管如何使用初始指令集，关于编程的最美妙的事情也同时是最糟糕的事情：计算机会严格按照你的指令去做。这很美妙，因为这意味着你可以使用计算机做各种各样既有趣又有用的事情；这很糟糕，因为如果计算机没有按照你的期望去做，那么你不能怨天尤人，只能自怨自艾。

当今世界中存在着几百种编程语言，没有哪一门语言是最好的（尽管你可以数出一些最差的）。术业有专攻，每种语言都有自己的用武之地。举例来说，MATLAB是一门非常优秀的语言，适合操作向量和矩阵；C也是一门优秀的语言，适合开发控制数据网络的程序；PHP是建立网站的理想选择；Python则以良好的通用性著称。

每种编程语言都有基本结构、语法、静态语义和语义。如果用一门自然语言类比，例如英语，那么基本结构就是单词，语法则用来描述哪些单词放在一起可以组成通顺的句子，静态语义定义了哪些句子是有意义的，语义则定义了句子的实际含义。Python语言中的基本结构包括字面量（例如，数值3.2和字符串'abc'）和中缀操作符（例如，+和/）。

　　语言中的**语法**定义了字符和符号组成句子的正确形式。例如，英语中的Cat dog boy这个句子在语法上是错误的，因为英语语法不接受<名词><名词><名词>这样的句子形式。在Python中，3.2 + 3.2这样的基本结构序列在语法上是良好的，但3.2 3.2这个序列则不是。

　　**静态语义**定义了哪些语法有效的句子是有意义的。例如，英语中I are big这个句子是<代词><系动词><形容词>的形式，在语法上是有效的。然而它不是有效的英语句子，因为代词I是单数，而系动词are是复数。这就是典型的静态语义错误。在Python中，序列3.2/'abc'在语法上没有问题（<字面量><操作符><字面量>），但会产生一个静态语义错误，因为数值除以字符串是没有意义的。

　　在一门语言中，**语义**为每个语法正确又没有静态语义错误的句子关联一个含义。在自然语言中，句子的语义可以是模棱两可的。例如，句子I cannot praise this student too highly可以是一种恭维，也可以是一种批评。编程语言是被精心设计过的，所以每个程序都只有一种确切的含义。

　　尽管语法错误是最常见的错误（特别是学习一门新的编程语言时），它的危害性却最小。每种严谨的编程语言都会尽力检查语法错误，绝不允许用户运行有语法错误的程序。而且，大多数情况下，语言系统都会给出足够明确的提示，指出错误的位置，让用户明确得知如何修复错误。

　　至于静态语义错误，情况就有点复杂了。有些语言，比如Java，运行程序之前会做很多静态语义检查。但其他一些语言，比如C和Python，静态语义检查就比较少。Python在运行程序时确实会做相当数量的静态语义检查，但不会捕获所有静态语义错误。如果这些错误没有被检测出，程序的行为往往将是不可预知的。后面会看到一些这样的例子。

　　通常我们并不会说程序具有语义错误。如果一个程序没有语法错误，也没有静态语义错误，那么它就有某种含义。也就是说，它具有语义。当然，这并不是说它具有的语义就是程序员想表达的含义。如果程序的含义与程序员想表达的含义不同，那就糟糕了。

　　如果程序有错误且没有按照你的期望运行，那会发生什么呢？

- ❑ 它可能崩溃，也就是说，停止运行并表现出某种明显的崩溃迹象。在设计合理的计算系统中，一个程序的崩溃不会殃及整个系统。当然，某些非常流行的计算机系统并没有这种良好的特性。几乎所有的个人计算机用户都有过这种体验：某个程序出现问题时，必须重启计算机才能解决。
- ❑ 它也可能继续运行、运行、运行，永不停止。如果你不清楚程序完成任务大概需要多少时间，那么就很难识别这种异常情况。
- ❑ 它也可能运行结束，并产生一个可能正确也可能不正确的结果。

　　以上每种情况都不是我们想要的，特别是最后一种。当一个程序看上去正确运行而实际上没有时，接下来的事情就很糟糕了。财产可能损失，患者可能受到致命剂量的放射治疗，飞机可能会坠毁，等等。

　　程序如果没有正确运行，就应该表现出明显的错误。只要有可能，我们都应该以这种方式编写程序。如何实现这一点将贯穿本书始终。

**实际练习**：计算机有时候过于咬文嚼字。如果你没有准确告诉它应该怎么做，那么它一般都会做错。试着实现一个两地之间的驾驶算法，假设为某人而写。然后想象一下，如果这个人严格按照你的指示来做，会发生什么情况？例如，他会收到多少违章罚单？

## 第 2 章

# Python简介

尽管每种编程语言都具有各自的特点（实际上这些特点没有语言设计者宣称的那么多），但在某些方面，它们还是有共同之处的。

- 低级编程与高级编程：二者之间的区别是，编写程序时，我们是使用机器层次的指令和数据对象（例如，将64位数据从一个位置移动到另一个位置），还是使用语言设计者提供的更为抽象的操作（例如，在屏幕上弹出一个菜单）。
- 通用性与专注于某一应用领域：指编程语言中的基本操作是广泛适用的还是只针对某个领域。例如，SQL设计的目的是使你更容易地从关系数据库提取信息，但你不能指望它去建立一个操作系统。
- 解释运行与编译运行：指程序员编写的指令序列，即源代码是直接执行（通过解释器）的，还是要先转换（通过编译器）成机器层次的基础操作序列。（在早期的计算机中，人们必须使用与机器编码非常相似的语言来编写源代码，这种代码可以直接被计算机硬件解释执行。）这两种方法各有优势。使用解释型语言编写的程序更易调试，因为解释器可以给出与源代码相关的错误信息。而编译型语言编写的程序速度更快，占用的空间也更少。

在本书中，我们使用的语言是Python，但不仅限于Python。虽然本书可以帮助读者学习Python，但更重要的是，细心的读者可以从中学会如何通过编写程序解决问题。这种技能可以转化到任何一种编程语言中。

Python是一门通用性编程语言，几乎可以快速创建任何类型的程序，而不需要直接访问计算机硬件。然而，如果想创建高可靠性的程序，Python并不是最好的选择（因为它的静态语义检查比较弱）。同样，它也不适于需要多人或长时间编写与维护的程序（原因还是糟糕的静态语义检查）。

但是，相对于多数其他语言，Python确实有一些过人之处。它相当简单，易于学习。因为Python是解释型语言，所以能够提供实时反馈，这对编程新手特别有用。Python还可以调用大量免费的程序库，极大地扩展了自己的功能。本书也会用到一些库。

下面开始学习Python中的一些基本元素。这些概念几乎对所有语言都是通用的，只是在实现细节上有所差别。

需要提醒各位，本书并不会全面介绍Python。我们只是将Python作为一个工具，目的是阐明并思考和解决计算问题相关的概念。当这个隐含目标有需要的时候，我们会零零散散地介绍一些语言知识，至于与这个目标无关的Python特性则根本不会提及。我们认为这样做没有什么问题，因为现在有无数优秀的在线资源，几乎涵盖了这门语言的各个方面。讲授本书基于的课程时，我们建议学生使用这些免费的在线资源作为Python的参考资料。

Python是一门鲜活的语言。自从吉多·范·罗苏姆1990年发明Python以来，它已经发生了很多变化。最初的10年中，Python默默无闻，备受冷落。直到2000年Python推出2.0版本，情况才发生转变。除了语言本身实现了很多重要的改进，其演化路径也发生了标志性的转变。很多人开始开发可以与Python无缝对接的程序库，并提供持续性的支持。Python生态系统下的开发成为一种基于社区的活动。Python 3.0在2008年末发布。这个版本的Python修正了Python 2的多个发布版本（通常称为Python 2.x）在设计上的不一致。但是，它不是向后兼容的，这意味着大多数使用Python以前版本编写的程序不能在Python 3中正常运行。

过去的几年中，多数重要领域的Python程序库都转向了Python 3，并使用Python 3.5进行了充分的测试，这就是本书所使用的Python版本。

## 2.1　Python 基本元素

Python程序有时称为脚本，是一系列定义和命令。Python解释器，有时称为shell，用来求值这些定义并执行命令。一般情况下，每次开始执行一个程序都会创建一个新的shell，通常也会打开一个窗口。

我们建议你现在打开一个Python shell，并用它运行本章后续部分的示例代码。在本书后面的内容中，你也可以这样做。

命令通常称为语句，用来指示解释器做一些事情。例如，语句print('Yankees rule!')指示解释器调用print函数[1]，并在shell窗口输出字符串Yankees rule!。

以下命令序列：

```
print 'Yankees rule!'
print 'But not in Boston!'
print 'Yankees rule,', 'but not in Boston!'
```

会使解释器生成如下输出：

```
Yankees rule!
But not in Boston!
Yankees rule, but not in Boston!
```

请注意，第三条语句中，有两个值会被传递给print。print函数可以接受任意数量的参数，由逗号分隔，然后按照原来的顺序输出，由空格隔开。[2]

---

[1] 4.1节将讨论函数。

[2] 在Python 2中，print是一个命令而非函数，因此应该这样写：print 'Yankees rule!', 'but not in Boston'。

## 2.1.1　对象、表达式和数值类型

对象是Python程序处理的核心元素。每个对象都有类型，定义了程序能够在这个对象上做的操作。

类型分为标量和非标量。标量对象是不可分的，可以把它们视为语言中的原子①。非标量对象，比如字符串，具有内部结构。

在程序文本中，很多类型的对象可以用字面量表示。例如，文本2是个表示数值的字面量，文本'abc'则是一个表示字符串的字面量。

Python有以下4类标量对象。

❑ int：表示整数。int类型的字面量在形式上与通常的整数一样（如-3、5或10 002）。

❑ float：表示实数。float类型的字面量总是包括一个小数点（如3.0、3.17或-28.72）。（还可以用科学计数法表示float类型的字面量，如字面量1.6E3表示$1.6*10^3$，也就是1600.0。）你可能很好奇，这个类型为什么不称为real。在计算机中，float类型的值是以浮点数的形式保存的。所有现代编程语言都使用这种表示方法，它有很多优点。但是，在某些情况下，使用浮点数计算与使用实数计算会有一些微小的差别。我们会在3.4节详加讨论。

❑ bool：表示布尔值True和False。

❑ None：这个类型只有一个值。4.1节将详细讨论。

对象和操作符可以组成表达式，每个表达式都相当于某种类型的对象，我们称其为表达式的值。例如，表达式3 + 2表示int类型的对象5，表达式3.0 + 2.0表示float类型的对象5.0。

==操作符用来检验两个表达式的值是否相等，!=操作符用来检验两个表达式的值是否不等。单个=的意义完全不同，我们会在2.1.2节介绍。预先警告一下，如果你在应该使用==的地方使用了=，就会出现一个错误，请随时注意。

符号>>>是shell提示符，表示解释器正等待用户向shell输入某些Python代码。解释器对在提示符处输入的代码进行求值之后，会在提示符所在行的下一行显示代码结果，用户与解释器的交互过程如下所示：

```
>>> 3 + 2
5
>>> 3.0 + 2.0
5.0
>>> 3 != 2
True
```

可以使用Python内置函数type给出对象类型：

```
>>> type(3)
<type 'int'>
>>> type(3.0)
<type 'float'>
```

---

① 是的，原子不是真正不可分的。但分裂原子非常困难，而且分裂的结果也是我们不想看到的。

int类型和float类型支持的操作符如图2-1所示。

> i + j：i和j的和。如果i和j都是int类型，结果也是int类型；如果其中任意一个是float类型，那么结果就是float类型。
>
> i - j：表示i减j。如果i和j都是int类型，结果也是int类型；如果其中任意一个是float类型，那么结果就是float类型。
>
> i * j：i和j的积。如果i和j都是int类型，结果也是int类型；如果其中任意一个是float类型，那么结果就是float类型。
>
> i // j：表示整数除法。例如，6 // 2的值是3，int类型。6 // 4的值是1，int类型。值为1的原因是整数除法只返回商，不返回余数。如果j == 0，会发生一个错误。
>
> i / j：表示i除以j。在Python 3中，/操作符执行的是浮点数除法。例如，6 / 4的值是1.5。如果j == 0，会发生一个错误。（在Python 2中，当i和j都是int类型时，/操作符和//操作符一样，返回int类型的结果。如果i或j中任意一个是float类型，那么/操作符和Python 3中的/操作符一样，返回float类型的结果。）
>
> i % j：表示int i除以int j的余数。通常读作i mod j，是i modulo j的缩写。
>
> i ** j：表示i的j次方。如果i和j都是int类型，结果也是int类型。如果其中任意一个是float类型，那么结果就是float类型。
>
> 比较运算符包括：==（等于）、!=（不等于）、>（大于）、>=（大于等于）、<（小于）和<=（小于等于）。

图2-1　int类型和float类型支持的操作符

算术操作符一般具有优先级。例如，*的优先级比+要高，所以表达式x + y * 2要先计算y乘以2，再将结果与x相加。通过使用圆括号将表达式的一部分括起来，可以改变计算顺序，如(x + y) * 2先计算x加y，再将结果与2相乘。

bool类型上的基本操作符为and、or和not。

- a and b：当a和b都为True时，值为True，否则为False。
- a or b：当a和b至少有一个为True时，值为True，否则为False。
- not a：如果a为False，值为True；如果a为True，值为False。

## 2.1.2　变量与赋值

变量将名称与对象关联起来。看下面的代码：

```
pi = 3
radius = 11
area = pi * (radius**2)
radius = 14
```

这段代码先将名称pi和radius绑定到两个int类型的对象。[1]然后将名称area绑定到第三个int类型的对象，如图2-2中左图所示。

---

① 如果你认为π的实际值不是3，那就对了。我们会在16.4节对此进行说明。

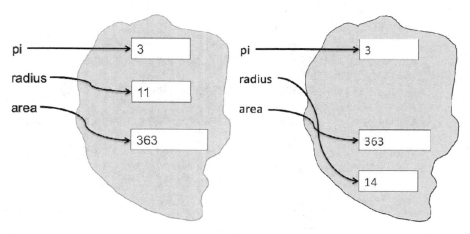

图2-2    将变量绑定到对象

如果程序接着执行radius = 14，名称radius就被重新绑定到一个新的int类型的对象，如图2-2中右图所示。请注意，这次赋值对area绑定的值没有影响，它仍然绑定到由表达式3 * (11 ** 2)表示的对象。

在Python中，变量仅是名称，没有其他意义。请牢记这一点，这非常重要。赋值语句将=左边的名称与=右边的表达式所表示的对象关联起来，也请牢记这一点。一个对象可以有一个或多个名称与之关联，也可以不关联任何名称。

也许我们不应该说"变量仅是名称"。不管朱丽叶怎么说[①]，名称还是很重要的。编程语言可以让我们用一种机器可执行的方式描述计算过程，但这并不意味着只有计算机会阅读你的程序。

你很快就会发现，编写运行顺畅的程序可不是一件容易的事。经验丰富的程序员会肯定地告诉你，为了弄清楚程序的工作方式，他们会花费大量时间阅读程序。因此，将程序写得清晰易懂极其重要，恰当地选择变量名称在增强程序可读性方面扮演了重要角色。

看看下面两段代码：

```
a = 3.14159      pi = 3.14159
b = 11.2         diameter = 11.2
c = a*(b**2)     area = pi*(diameter**2)
```

就Python本身来讲，这两段代码没有区别，运行时，它们会做同样的事情。但对于人类读者，它们则迥然不同。当你阅读左侧的代码片段时，没有任何先验理由可以怀疑哪里出了错误。但对于右侧代码，我们可以一眼就看出其中有错。或者将本应该命名为radius的变量错误命名为diameter，或者应该在计算面积的时候将diameter除以2.0。

在Python中，变量名可以包含大写字母、小写字母、数字（但不能以数字开头）和特殊字符_。Python变量名是大小写敏感的，如Julie和julie就是不同的变量名。最后，Python中还有少量的保留字（有时称为关键字），它们有专门的意义，不能用作变量名。不同版本的Python

---

① "名字有什么关系？把玫瑰花叫作别的名称，它依然芳香。"——莎士比亚《罗密欧与朱丽叶》

中，保留字有些微小的区别。Python 3中的保留字包括and、as、assert、break、class、continue、def、del、elif、else、except、False、finally、for、from、global、if、import、in、is、lambda、nonlocal、None、not、or、pass、raise、return、True、try、while、with和yield。

另外一种提高可读性的好方法是添加注释。Python不解释符号#后面的文本。例如，我们可以这样在代码中写注释：

```
side = 1 #单位正方形的边长
radius = 1 #单位圆形的半径
#从圆C的面积中减去正方形S的面积
areaC = pi*radius**2
areaS = side*side
difference = areaS - areaC
```

Python支持多重赋值。以下语句：

```
x, y = 2, 3
```

将x绑定到2，将y绑定到3。赋值语句右侧的每个表达式先进行求值，然后分别与左侧的变量名绑定。这种操作非常方便，因为可以使用多重赋值交换对两个变量的绑定。

例如，以下代码：

```
x, y = 2, 3
x, y = y, x
print ('x =', x)
print ('y =', y)
```

会输出：

```
x = 3
y = 2
```

## 2.1.3　Python IDE

直接在shell中编写程序非常不方便。多数程序员更愿意在集成开发环境下使用文本编辑器编写程序。

Python标准安装包中提供了一种IDE，这就是IDLE[①]。随着Python逐渐流行，其他IDE也开始涌现。这些新的IDE经常会集成一些常用的Python程序库，并提供IDLE中没有的便捷。Anaconda和Canopy就是其中的佼佼者，本书中的代码就是使用Anaconda编写和测试的。

IDE是一种应用程序，和计算机中的其他应用程序一样，可以像启动其他应用一样启动IDE，比如双击图标。

Python IDE提供以下功能：

❑ 具有语法高亮、自动补全和智能缩进功能的文本编辑器；

---

① 据说，Python这个名字是为了向英国喜剧团体Monty Python致敬。这会使我们认为IDLE这个名字是一个双关语，指的是该团体成员Eric Idle。

❑ 具有语法高亮功能的shell程序；

❑ 集成调试器，可以暂时忽略。

IDE启动时，会打开一个shell窗口，你可以在其中输入Python命令，同时还会有一个文件菜单和一个编辑菜单（还可能有其他菜单，提供更多便捷操作，如输出程序）。

文件菜单中的常用命令包括：

❑ 创建一个新编辑窗口，你可以在其中输入Python程序；

❑ 打开一个包含Python程序的文件；

❑ 将当前编辑窗口中的内容保存到一个文件（扩展名为.py）。

编辑菜单包含标准的文本编辑命令（如复制、粘贴与查找），以及一些为方便编辑Python代码专门设计的命令（如区段缩进与区段注释）。

想了解常用IDE的更多知识，可以访问：

http://docs.python.org/library/idle.html/

https://store.continuum.io/cshop/anaconda/

https://www.enthought.com/products/canopy/

## 2.2    程序分支

迄今为止，我们讨论的计算类型都可以称为直线型程序。它们按照语句出现的顺序逐条执行，并在执行完所有语句后结束。这种用直线型程序实现的计算没有太大价值，实际上，无聊透顶。

分支型程序更有价值。最简单的分支语句是条件语句。如图2-3大矩形部分所示，条件语句包括3部分。

❑ 一个测试：即一个表达式，取值或者为True，或者为False。

❑ 一个代码块：测试条件取值为True时执行。

❑ 一个可选代码块：测试条件取值为False时执行。

条件语句执行完毕后，程序会接着执行后面的语句。

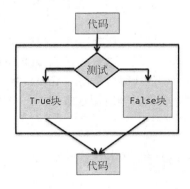

图2-3    条件语句流程图

在Python中，条件语句具有以下形式：

```
if Boolean expression:
    block of code
else:
    block of code
```

或者：

```
if Boolean expression:
    block of code
```

描述Python语句形式的时候，我们用斜体描述可能出现在程序该处的代码。例如，*Boolean expression*表示一个表达式，它的取值为True或False，可以用在if保留字后面。*block of code*表示可以跟在else:后面的Python语句序列。

看看下面的程序，它在变量x为偶数的时候输出Even，否则输出Odd：

```
if x%2 == 0:
    print 'Even'
else:
    print 'Odd'
print 'Done with conditional'
```

当x除以2的余数为0时，表达式x % 2 == 0取值为True，否则为False。请记住，==是用来做比较运算的，因为=用于赋值。

缩进在Python中是具有语义意义的。例如，如果上面代码中的最后一条语句是缩进的，那么它就会属于else代码块，而不是与条件语句并列的语句。

Python在对缩进的使用上独树一帜。多数其他编程语言使用某种括号表示代码块，如C语言使用{ }封装代码块。Python的缩进处理方法的优点是，它确保了程序的外观结构可以准确表达程序的语义结构。因为缩进在语义上非常重要，所以每行代码的意义都很重要。

当条件语句的True代码块或False代码块中又包含一个条件语句时，我们说这个条件语句是嵌套的。在下面的代码中，最高层if语句的两个分支中都有嵌套的条件语句。

```
if x%2 == 0:
    if x%3 == 0:
        print 'Divisible by 2 and 3'
    else:
        print 'Divisible by 2 and not by 3'
elif x%3 == 0:
    print 'Divisible by 3 and not by 2'
```

上面代码中的elif表示else if。

在条件语句的检验条件中，使用复合布尔表达式是非常方便的，例如：

```
if x < y and x < z:
    print('x is least')
elif y < z:
    print('y is least')
else:
    print('z is least')
```

条件语句可以使我们将程序编写得比直线型程序更有趣，但分支型程序的等级仍然有限。对于某种等级的程序，衡量其能力的方法可以是看看它能够运行多长时间。假定每行代码都需要以单位时间运行，那么有 $n$ 行代码的直线型程序就需要 $n$ 个单位时间。那么有 $n$ 行代码的分支型程序呢？它运行的时间可能会少于 $n$ 个单位时间，但绝不会超过 $n$ 个单位时间，因为每行代码至多运行一次。

如果一个程序运行的最长时间是由程序长度决定的，那么可以称为以常数时间运行。这并不意味着它每次运行都执行相同的步骤，而意味着存在一个常数 $k$，使得这个程序肯定会在 $k$ 个步骤之内结束运行。其中隐含的意义是，这种程序的运行时间并不随着程序输入量的增加而增加。

常数时间程序的功能很有限。例如，我们要编写一个程序计算一次选举中的投票总数。如果有人可以写出一个程序，能在与投票数量无关的时间内完成这个任务，那简直是一个奇迹。实际上，我们可以证明，这是不可能的。这种对问题固有的困难性的研究属于计算复杂度的范畴。在本书中，我们还会多次提及这个话题。

幸运的是，我们只需要另一种编程语言基本结构——迭代——即可编写具有任意复杂度的程序。我们会在 2.4 节介绍这部分内容。

**实际练习**：编写一个程序，检查 3 个变量 x、y 和 z，输出其中最大的奇数。如果其中没有奇数，就输出一个消息进行说明。

## 2.3　字符串和输入

str 类型的对象用来表示由字符组成的字符串。[①] str 类型的字面量可以用单引号或双引号表示，如 'abc' 或 "abc"。字面量 '123' 表示有 3 个字符的字符串，而不是数值 123。

试着在 Python 解释器中输入以下表达式（请记住 >>> 是提示符，无需输入）：

```
>>> 'a'
>>> 3*4
>>> 3*'a'
>>> 3+4
>>> 'a'+'a'
```

这里的操作符 + 被称为重载，根据应用其上的对象类型的不同，它的意义也不同。例如，应用于两个数值对象时，它表示相加；应用于两个字符串时，它表示连接。操作符 * 也是重载。当它两侧的操作数都是数值对象时，其意义和你想的一样。当应用于一个 int 类型和一个 str 类型的对象时，它就成了重复操作符：表达式 n * s。这里 n 是一个 int 对象，s 是一个 str 对象，表达式的值就是一个将 s 重复 n 次的 str 对象。例如，表达式 2 * 'John' 的值是 'JohnJohn'。逻辑是这样的，就像数学表达式 3 * 2 等于 2 + 2 + 2 一样，表达式 3 * 'a' 就等于 'a' + 'a' + 'a'。

试着输入：

```
>>> a
>>> 'a'*'a'
```

---

① 与其他语言不同，Python 中没有与单个字符对应的类型，而使用长度为 1 的字符串表示单个字符。

每行代码都会产生一个错误消息。第一行的错误消息是：

```
NameError: name 'a' is not defined
```

因为a不是任何一种类型的字面量，解释器会将它当作一个名称。但因为这个名称没有与任何一个对象绑定，所以对它的使用会引起一个运行时错误。代码'a' * 'a'产生的错误消息是：

```
TypeError: can't multiply sequence by non-int of type 'str'
```

类型检查的存在是件好事。它可以检查出由于粗心（有时确实很不明显）而使程序停止运行的错误，从而避免程序以无法预知的状态运行，导致更严重的后果。Python中的类型检查不如某些其他语言严格（如Java），但Python 3中的检查要强于Python 2。例如，Python 3中明确规定了<在比较两个字符串或两个数值时的意义。但是'4' < 3应如何取值？这就不太明确了。Python 2的设计者认为这个表达式的值应该是False，因为所有数值类型的值都应该小于所有str类型的值。Python 3以及多数其他现代语言设计者的观点则是，既然这个表达式没有明显的意义，那么就应该生成一条错误消息。

字符串是Python中的序列类型之一。所有序列类型都可以执行以下操作。

❑ 可以使用len函数求出字符串的长度。例如，len('abc')的值是3。

❑ 可以使用索引从字符串提取单个字符。在Python中，所有索引都从0开始。例如，在解释器中输入'abc'[0]会显示字符串'a'，输入'abc'[3]会产生一条错误消息IndexError: string index out of range。因为Python使用0表示字符串中第一个元素，长度为3的字符串中最后一个元素的索引值是2。可以使用负数表示字符串从末尾开始的索引。例如，'abc'[-1]的值是'c'。

❑ 可以使用分片操作从字符串提取任意长度的子串。如果s是个字符串，那么表达式s[start:end]就表示s中从索引start开始至索引end-1结束的子串。例如，'abc'[1:3] = 'bc'。为什么在索引end-1处而不是在end处结束呢？这样做是为了让'abc'[0:len('abc')]这样的表达式具有我们希望的值。如果冒号前面的索引值省略，那么默认值为0；如果冒号后面的索引值省略，那么默认值就是字符串的长度。于是，表达式'abc'[:]在语义上就等同于更加冗长的'abc'[0:len('abc')]。

## 2.3.1 输入

Python 3中有一个input函数，可以直接接受用户输入。[1]它可以使用一个字符串作为参数，显示在shell中作为提示信息，然后等待用户输入，用户输入以回车键结束。用户输入的行信息被看作一个字符串，并成为这个函数的返回值。

看下面的代码：

```
>>> name = input('Enter your name: ')
Enter your name: George Washington
```

[1] Python 2中有两个函数可以接受用户输入，input和raw_input。有点容易混淆的是，Python 2中的raw_input在语义上和Python 3中的input一样。Python 2中的input函数将输入行当作Python表达式，然后推断具体类型。Python 2程序员会被忠告最好使用raw_input。

```
>>> print('Are you really', name, '?')
Are you really George Washington ?
>>> print('Are you really ' + name + '?')
Are you really George Washington?
```

请注意，在第一个print语句中，输出结果的?前面有一个空格。这是因为，当print语句有多个参数时，会在每个参数对应的值之间加上一个空格。第二个print语句使用连接生成一个没有多余空格的字符串，然后作为唯一参数传递给了print语句。

再看看下面的代码：

```
>>> n = input('Enter an int: ')
Enter an int: 3
>>> print(type(n))
<type 'str'>
```

请注意，变量n被绑定到字符串'3'，而不是整数3。这样表达式n * 4的值就是'3333'，而不是12。好消息是，只要字符串中的值是某种类型的有效字面量，就可以对字符串进行类型转换。

类型转换在Python代码中很常见。我们使用类型名称将一个值转换为这种类型。例如，int('3') * 4的值是12。当一个float值被转换成int值时，数值是被截断的（不是四舍五入）。例如，int(3.9)的值是int 3。

## 2.3.2　杂谈字符编码

多年以来，多数编程语言都使用一种名为ASCII的标准，在计算机内部表示字符。这个标准包括128个字符，足够表示英语中经常出现的特殊字符。但要表示世界上所有语言中的字符和符号，那就不够用了。

最近几年，人们逐渐转向Unicode。Unicode标准是一个字符编码系统，支持数字化处理和所有语言的书面文本显示。这个标准中的字符超过120 000个，覆盖了129种从古至今的语言和符号集合。通过各种内部字符编码，可以实现Unicode标准。你可以告诉Python使用何种编码方式，在程序的第一行或第二行插入一条注释即可：

```
# -*- coding: encoding name -*-
```

例如：

```
# -*- coding: utf-8 -*-
```

可以指示Python使用UTF-8，这是万维网网页上最常使用的字符编码。[①]如果在程序中找不到这样的注释，多数Python实现会默认使用UTF-8。

使用UTF-8编码时，如果文本编辑器允许，那么可以直接输入下面的代码：

```
print('Mluvíš anglicky?')
print('क्या आप अंग्रेज़ी बोलते हैं?')
```

这会输出：

---

① 2016年，超过85%的万维网网页使用UTF-8编码。

Mluvíš anglicky?
**क्या आप अंग्रेज़ी बोलते हैं?**

你可能想知道我是如何输入字符串**'क्या आप अंग्रेज़ी बोलते हैं?'**的。实际上，我并未手动输入。因为多数万维网网页是使用UTF-8编码的，所以我可以从一个网页上复制这个字符串，然后直接粘贴到程序。

## 2.4 迭代

我们在2.2节末尾得出结论：多数计算任务不能使用分支程序完成。例如，假设要编写一个程序，先询问用户想输出多少个字母x，然后输出包含该数量x的字符串。可以考虑使用下面的代码：

```
numXs = int(input('How many times should I print the letter X? '))
toPrint = ''
if numXs == 1:
    toPrint = 'X'
elif numXs == 2:
    toPrint = 'XX'
elif numXs == 3:
    toPrint = 'XXX'
#...
print(toPrint)
```

大家很快就会发现，需要和正整数一样多的条件从句——无穷个。我们真正需要的是类似于下面的程序：

```
numXs = int(input('How many times should I print the letter X? '))
toPrint = ''
concatenate X to toPrint numXs times
print(toPrint)
```

需要程序多次做同一件事情的时候，可以使用迭代语句。一般的迭代（也称循环）机制如图2-4矩形框中所示。与条件语句类似，它从一个测试条件开始。如果测试条件取值为True，程序就执行一次循环体，然后重新检查测试条件。一直重复这个过程，直到测试条件为False，此后程序控制权就传递给迭代语句后面的代码。

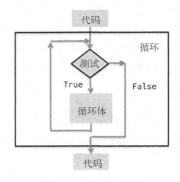

图2-4　迭代流程图

可以使用while语句完成图2-4所示的循环。看下面的示例代码：

```
# Square an integer, the hard way
x = 3
ans = 0
itersLeft = x
while (itersLeft != 0):
    ans = ans + x
    itersLeft = itersLeft - 1
print(str(x) + '*' + str(x) + ' = ' + str(ans))
```

代码首先将变量x和整数3绑定，然后开始通过重复相加求x的平方。每次程序运行到循环开始的测试条件时，各个变量的值都会发生变化，如图2-5中表格所示。这个表格是我们通过对代码的手工模拟得到的。也就是说，我们假装自己是Python解释器，使用铅笔和纸执行程序。使用铅笔和纸看起来颇具古风，但这是弄清楚程序如何运行的一种非常好的方法。[①]

| 测试 # | x | ans | itersLeft |
|--------|---|-----|-----------|
| 1 | 3 | 0 | 3 |
| 2 | 3 | 3 | 2 |
| 3 | 3 | 6 | 1 |
| 4 | 3 | 9 | 0 |

图2-5 手工模拟一个小程序

当程序第四次检查测试条件时，测试条件的值为False，控制流前进到循环语句后面的print语句。那么对于何种x值，程序能正常结束呢？我们分3种情况讨论：x == 0、x > 0和x < 0。

假设x == 0，那么itersLeft的初始值也为0，循环体根本不会执行。

假设x > 0，那么itersLeft的初始值会大于0，循环体会至少执行一次。每执行一次循环体，itersLeft的值就会减1。这说明，如果itersLeft开始于一个大于0的数，那么在有限次的循环迭代后，itersLeft会等于0。此时循环测试条件的值为False，控制流会前进到while语句后面的代码。

假设x < 0，那么可怕的事情将会发生。控制流会进入循环，每一次迭代都会使itersLeft更加远离0。因此，程序会一直不停地执行循环体（或者直到另外一件可怕的事情发生，比如内存溢出）。那么如何改正程序的这个缺陷呢？可以将itersLeft初始化为x的绝对值。循环将结束，但会输出一个负值。如果修改循环内部的赋值语句，改为ans = ans + abs(x)，那么代码可以得到正确的结果。

**实际练习**：将以下代码中的注释替换为while循环语句。

```
numXs = int(input('How many times should I print the letter X? '))
toPrint = ''
```

---

① 使用钢笔和纸，甚至文本编辑器也可以手工模拟程序。

```
#concatenate X to toPrint numXs times
print(toPrint)
```

有时候，不用检查循环条件就跳出循环是非常方便的。我们可以使用**break**语句结束它所在的循环，将控制流转到紧随循环语句后面的代码中。例如，看下面的代码：

```
#Find a positive integer that is divisible by both 11 and 12
x = 1
while True:
    if x%11 == 0 and x%12 == 0:
        break
    x = x + 1
print(x, 'is divisible by 11 and 12')
```

会输出：

```
132 is divisible by 11 and 12
```

如果在嵌套的循环语句（位于另一个循环语句内部的循环语句）中执行break语句，那么break语句会结束内层循环语句。

我们已经介绍了相当多的Python知识，足够编写一些有趣的程序来处理数值和字符串。第3章先暂停对Python的学习，使用已经掌握的知识解决一些简单的问题。

**实际练习**：编写一个程序，要求用户输入10个整数，然后输出其中最大的奇数。如果用户没有输入奇数，则输出一个消息进行说明。

# 一些简单的数值程序

3

我们已经学习了一些Python语言基础结构，现在使用这些结构编写一些简单的程序。通过这种方式，我们再顺便介绍几种语言结构和算法技术。

## 3.1 穷举法

当一个整数存在整数立方根时，图3-1中的代码会对其进行输出。如果输入不是一个完全立方数，则输出一个消息进行说明。

```
#寻找完全立方数的立方根
x = int(input('Enter an integer: '))
ans = 0
while ans**3 < abs(x):
    ans = ans + 1
if ans**3 != abs(x):
    print(x, 'is not a perfect cube')
else:
    if x < 0:
        ans = -ans
    print('Cube root of', x,'is', ans)
```

图3-1　使用穷举法求立方根

那么，对于何种x值，程序能正常结束呢？答案是"所有整数"。证明方法非常简单。

❑ 表达式ans**3的值从0开始，并随着每次循环逐渐变大；

❑ 当这个值达到或超过abs(x)时，循环结束；

❑ 因为abs(x)的值总为正，所以循环结束前进行的迭代次数必然是有限的。

编写循环时，应该使用一个合适的递减函数。这个函数具有如下属性：

❑ 它可以将一组程序变量映射为一个整数；

❑ 进入循环时，它的值是非负的；

❑ 当它的值≤0时，循环结束；

❑ 每次循环它的值都会减小。

图3-1的while循环中，递减函数是什么呢？是abs(x) - ans**3。

下面，我们制造一些错误，看看会发生什么。首先，将语句ans = 0注释掉。Python解释器会输出一条错误消息：

```
NameError: name 'ans' is not defined
```

因为解释器将ans绑定到任何对象之前，都要先找到与ans绑定的值。下面，我们还原ans的初始化语句，将语句ans = ans + 1替换为ans = ans，再试着求8的立方根。如果你厌倦了漫长的等待，可以按ctrl+c（同时按住ctrl键和c键），这样就可以回到shell的用户提示符。

下面，在循环开始部分添加一条语句：

```
print('Value of the decrementing function abs(x) - ans**3 is',
      abs(x) - ans**3)
```

然后重新运行程序。这次程序会一次又一次地输出：

```
Value of the decrementing function abs(x) - ans**3 is 8
```

程序会永远运行下去，因为循环体没有减少ans**3和abs(x)之间的差距。遇到这种程序不会正常结束的情况时，经验丰富的程序员经常会插入一些print语句，就像这次一样，测试递减函数是否真的递减。

这个程序使用的算法技术称为穷举法，是猜测与检验算法的一个变种。我们枚举所有可能性，直至得到正确答案或者尝试完所有值。乍看上去，这是一种极其愚蠢的解决方法。但令人惊奇的是，穷举法经常是解决问题的最实用的方法。它实现起来特别容易，并且易于理解。还有，在很多情况下，它的运行速度也足够快。请一定记得将你添加的pirnt语句删除或者注释掉，并插入语句ans = ans + 1，然后试着求出1 957 816 251的立方根。程序几乎瞬间结束。然后，再试试7 406 961 012 236 344 616。

眼见为实，即使需要几百万次猜测，也不是什么问题。现代计算机的速度真是太快了，它执行一条指令只需1纳秒——10亿分之1秒。要想描述它有多快还真有些困难，光传输1英尺（约0.3米）只需要1纳秒多一点。另外一种形容方式是，在你的声音传输100英尺的时间内，现代计算机可以执行几百万条指令。

只是为了好玩，试着运行以下代码：

```
maxVal = int(input('Enter a postive integer: '))
i = 0
while i < maxVal:
    i = i + 1
print(i)
```

看看你需要输入一个多大的整数，才能感受到在输出结果之前有个明显的时间间隔。

**实际练习**：编写一个程序，要求用户输入一个整数，然后输出两个整数root和pwr，满足0 < pwr < 6，并且root**pwr等于用户输入的整数。如果不存在这样一对整数，则输出一条消息进行说明。

## 3.2  for 循环

迄今为止，我们使用的while循环是高度程式化的，即都按照一个整数序列进行迭代。Python提供了一种语言机制简化使用这种迭代方式的程序，这就是for循环。

for语句的一般形式如下（回忆一下，斜体文本是对程序中该处代码的一种描述，并不是实际的代码）：

```
for variable in sequence:
    code block
```

for后面的变量被绑定到序列中的第一个值，并执行下面的代码块。然后变量被赋给序列中的第二个值，再次执行代码块。该过程一直继续，直到穷尽这个序列或者执行到代码块中的break语句。

绑定到变量的序列值通常使用内置函数range生成，它会返回一系列整数。**range**函数接受3个整数参数：start、stop和step。生成一个数列：start、start + step、start + 2*step，等等。如果step是正数，最后一个元素就是小于stop的最大整数start + i * step。如果step是负数，最后一个元素就是大于stop的最小整数start + i * step。例如，表达式range(5, 40, 10)会得到序列5, 15, 25, 35，range(40, 5, -10)会得到序列40, 30, 20, 10。如果省略第一个参数，它会取默认值0；如果省略最后一个参数（步长），它会取默认值1。例如，range(0, 3)和range(3)都会生成序列0, 1, 2。数列中的数值是以“按需产生”的原则生成的，所以即使range(1000000)这样的表达式也只占用很少内存。[①]5.2节将更加深入地讨论range函数。

我们还可以通过字面量指定for循环中迭代的序列，如[0, 3, 2]，但这种方式并不常用。

看下面的代码：

```
x = 4
for i in range(0, x):
    print(i)
```

会输出：

```
0
1
2
3
```

再看看这段代码：

```
x = 4
for i in range(0, x):
    print(i)
    x = 5
```

它会引起一个问题，如果在循环中改变x的值，能否影响迭代次数？答案是“不能”。在for循环

---

① 在Python 2中，调用range函数会生成整个序列。因此，range(1000000)这样的表达式会占用大量内存。在Python 2中，xrange与Python 3中range的运行方式是一样的。

那行代码中，range函数的参数在循环的第一次迭代之前就已经被解释器求值，随后的迭代中不会再次求值。

为了看一下实际运行情况，看下面的代码：

```
x = 4
for j in range(x):
    for i in range(x):
        print(i)
        x = 2
```

会输出：

```
0
1
2
3
0
1
0
1
0
1
```

因为外层循环中的range函数只被求值一次，而内层循环中的range函数则在每次执行内层for语句时都被求值。

图3-2中的代码重新实现了求立方根的穷举法。for循环中有一个break语句，使循环遍历完成迭代序列中的所有元素之前终止。

```
#寻找完全立方数的立方根
x = int(input('Enter an integer: '))
for ans in range(0, abs(x)+1):
    if ans**3 >= abs(x):
        break
if ans**3 != abs(x):
    print(x, 'is not a perfect cube')
else:
    if x < 0:
        ans = -ans
    print('Cube root of', x,'is', ans)
```

图3-2　使用for循环和break语句

可以使用in操作符配合for循环语句，非常方便地遍历字符串中的字符。例如：

```
total = 0
for c in '12345678':
    total = total + int(c)
print(total)
```

这段代码对字符串'12345678'中的数字进行求和，并输出最后的总数。

　　**实际练习**：假设s是包含多个小数的字符串，由逗号隔开，如s = '1.23, 2.4, 3.123'。编写一个程序，输出s中所有数值的和。

## 3.3　近似解和二分查找

　　如果有人请你编写一个程序，求任意非负数的平方根，你应该怎么做？

　　你可能会要求一个更为精确的问题定义。例如，如果要找出2的平方根，程序应该怎么做？2的平方根不是一个有理数，这意味着我们不可能将它的值表示成一个有限的数字序列（或一个float类型的数），所以这个问题从一开始就是无解的。

　　实际上，我们想要的是一个能够找出近似解平方根的程序。也就是说，能够找到足够接近实际平方根的近似解即可。我们会在后面仔细讨论这个问题。眼下，我们先认为"足够接近"的意思就是，近似解位于实际解附近的一个常数范围内，这个常数我们称为epsilon。

　　图3-3中的代码实现了求近似平方根的算法。它使用了一个我们以前没有介绍过的操作符+=。赋值语句ans += step在语义上等同于稍显冗长的代码ans = ans + step。操作符-=和*=也是如此。

```
x = 25
epsilon = 0.01
step = epsilon**2
numGuesses = 0
ans = 0.0
while abs(ans**2 - x) >= epsilon and ans <= x:
    ans += step
    numGuesses += 1
print('numGuesses =', numGuesses)
if abs(ans**2 - x) >= epsilon:
    print('Failed on square root of', x)
else:
    print(ans, 'is close to square root of', x)
```

图3-3　使用穷举法求近似平方根

　　我们又一次使用了穷举法。请注意，这种求平方根的方法和你在中学学过的用铅笔求平方根的方法完全不同。使用计算机解决问题的最好方法通常与手工解决问题的方法大相径庭。

　　上面的代码运行后会输出：

```
numGuesses = 49990
4.9990000000001688 is close to square root of 25
```

　　这个程序没有发现25是个完全平方数，没有输出5，我们是不是应该大失所望呢？不，程序做了它应该做的。尽管输出5是挺好的，但与输出一个足够接近5的数相比，并没有好到哪儿去。

　　如果我们设x = 0.25，你认为会发生什么情况？程序会找到一个足够接近0.5的数吗？不，它会输出：

```
numGuesses = 2501
Failed on square root of 0.25
```

穷举法是一种查找技术，只在被查找集合中包含答案时才有效。这个例子中，我们对0和x之间的值进行枚举。当x在0和1之间时，x的平方根不在这个区间内。改正的方法是，修改while循环第一行中and的第二个操作数，得到：

```
while abs(ans**2 - x) >= epsilon and ans*ans <= x:
```

下面思考一下，程序会运行多长时间。迭代的次数依赖于答案与0的距离以及步长。大致说来，程序会执行while循环至多x/step次。

我们在较大的数上试验一下这段代码，如x = 123 456。程序会运行一段时间，然后输出：

```
numGuesses = 3513631
Failed on square root of 123456
```

发生了什么？肯定存在一个浮点数，在0.01的范围内近似于123 456的平方根。为什么程序没有找到它？问题在于我们的步长太大，程序跳过了所有合适的答案。试着将步长设为epsilon**3，再运行一下程序。程序最终肯定会找到一个合适的答案，但你未必会有耐心等到它运行结束。

程序大概会进行多少次猜测呢？步长为0.000001，123 456的平方根大约为351.36。这意味着程序要进行351 000 000次左右的猜测，才能找到一个满意的答案。我们可以从一个接近答案的数开始猜测，这样能快一些，但前提是我们知道答案。

是时候通过其他方法解决这个问题了。我们要改弦更张，选择一个更好的算法，而不是微调现在的算法。但在这之前，我们先来看一个问题，这个问题乍看上去与求平方根完全没有关系。

思考这样一个问题：如何在英语字典中找出由给定字母序列开头的单词？穷举法在理论上可以解决这个问题。你可以从第一个单词开始，检查每个单词，直到找到以这些字母开头的单词，或者找遍所有单词。如果字典中有n个单词，那么平均n/2次检查就可以找到这个单词。如果这个单词不在字典中，就需要n次检查。当然，那些使用纸质（不是在线版）字典查找单词的人绝对不会使用这种方法。

幸运的是，出版字典的人会不辞劳苦地将单词按照字典顺序排列。这就使我们可以将字典翻到单词可能存在的那一页（例如，以字母m开头的单词，可能在字典的中间页附近）。如果单词开头的字母在字典顺序上位于这页中第一个单词的前面，我们就往前找；如果单词开头字母在这页中最后一个单词的后面，我们就往后找。否则，我们就检查这些字母能否和本页中的某个单词相匹配。

下面，我们将同样的理念应用于求x的平方根这个问题。假设我们知道x的平方根的一个非常好的近似解位于0和max之间，就可以利用数值的全序性。也就是说，对于任意两个不同的数$n_1$和$n_2$，都有n1 < n2，或者n1 > n2。所以，我们可以认为x的平方根位于下面直线上的某处：

0───────────────────────────────────────────────max

并开始在这个区间内查找。因为我们不需要知道从哪里开始查找，所以可以从中间开始：

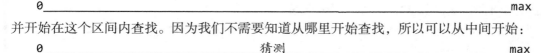

如果这不是正确答案（多数时候不是），那么就看看它是太大还是太小。如果太大，我们就可以知道答案肯定位于左侧；如果太小，我们就知道答案肯定位于右侧。然后可以在更小的区间上重复这个过程。图3-4给出了这种算法的实现和测试。

```
x = 25
epsilon = 0.01
numGuesses = 0
low = 0.0
high = max(1.0, x)
ans = (high + low)/2.0
while abs(ans**2 - x) >= epsilon:
    print('low =', low, 'high =', high, 'ans =', ans)
    numGuesses += 1
    if ans**2 < x:
        low = ans
    else:
        high = ans
    ans = (high + low)/2.0
print('numGuesses =', numGuesses)
print(ans, 'is close to square root of', x)
```

图3-4 使用二分查找求近似平方根

运行上面的代码，会输出：

```
low = 0.0 high = 25 ans = 12.5
low = 0.0 high = 12.5 ans = 6.25
low = 0.0 high = 6.25 ans = 3.125
low = 3.125 high = 6.25 ans = 4.6875
low = 4.6875 high = 6.25 ans = 5.46875
low = 4.6875 high = 5.46875 ans = 5.078125
low = 4.6875 high = 5.078125 ans = 4.8828125
low = 4.8828125 high = 5.078125 ans = 4.98046875
low = 4.98046875 high = 5.078125 ans = 5.029296875
low = 4.98046875 high = 5.029296875 ans = 5.0048828125
low = 4.98046875 high = 5.0048828125 ans = 4.99267578125
low = 4.99267578125 high = 5.0048828125 ans = 4.998779296875
low = 4.998779296875 high = 5.0048828125 ans = 5.0018310546875
numGuesses = 13
5.00030517578125 is close to square root of 25
```

请注意，这段程序找出的答案与前面算法并不相同。结果非常好，因为这个答案也完全符合问题的要求。

更重要的是，我们发现每经过一次循环迭代，待查找空间都缩小了一半。因为这种算法每一步都将查找空间分为两部分，所以称为二分查找。二分查找是对前面算法的一个重大改进，之前的算法只能在每次迭代后将查找空间缩小一部分。

我们再试试x = 123 456，这次程序只进行30次猜测就找到一个可以接受的答案。那x = 123 456 789呢？只需45次猜测。

我们应该使用这种算法计算平方根，这没什么好说的。此外，将算法中的2改成3，我们就可以计算一个非负数的近似立方根。第4章会介绍一种语言机制，使我们可以将代码功能扩展为计算任意次方的根。

**实际练习**：图3-4中，如果语句x = 25被替换为x = -25，代码会如何运行？

**实际练习**：应该如何修改图3-4中的代码，才能求出一个数的立方根？这个数既可以是正数，也可以是负数。（提示：修改low保证答案位于待查找区域。）

## 3.4　关于浮点数

很多时候，float类型的数值是实数的一个非常好的近似。但"很多时候"并不代表所有情况，这个功能失效时会引起不可思议的后果。例如，试着运行以下代码：

```
x = 0.0
for i in range(10):
    x = x + 0.1
if x == 1.0:
    print(x, '= 1.0')
else:
    print(x, 'is not 1.0')s
```

与多数人一样，你可能会对输出的结果大吃一惊：

```
0.9999999999999999 is not 1.0
```

为什么会先执行else从句呢？

要想弄清楚发生这种情况的原因，我们应该知道浮点数在计算机中是如何表示的。为了搞清这一点，我们需要了解二进制数。

第一次学习十进制数（也就是基数为10的数）时，我们就知道任何一个十进制数都可以用数字序列0123456789中的数字表示。最右边的数字是$10^0$位，向左进一位是$10^1$位，以此类推。例如，十进制数字序列302表示$3 \times 100 + 0 \times 10 + 2 \times 1$。长度为$n$的序列可以表示多少个不同的数呢？长度为1的序列可以表示10个数字（0~9）中的任何一个；长度为2的序列可以表示100个数（0~99）。一般来说，长度为$n$的序列可以表示$10^n$个不同的数。

二进制数（基数为2的数）的原理也是一样的。二进制数也可以表示成一个数字序列，其中不是0就是1。这些数字经常称为位。最右边的数字是$2^0$位，向左进一位是$2^1$位，以此类推。比如，二进制数字序列101表示$1 \times 4 + 0 \times 2 + 1 \times 1 = 5$。那么长度为$n$的序列可以表示出多少个不同的数呢？$2^n$个。

**实际练习**：二进制数10011等于十进制中的哪个数？

可能是因为多数人都有10根手指，所以我们喜欢使用十进制表示数值。然而，所有现代计算机系统都使用二进制表示数值。这并不是因为计算机生来有2根手指，而是因为容易制造硬件开关，也就是仅有2种状态（开或闭）的设备。计算机使用二进制表示法，而人类使用十进制表示法，这就会导致认知上的不一致。

在几乎所有现代编程语言中，非整数数值都使用浮点数表示。现在，我们先假设计算机内部使用的是十进制表示法，要将一个数表示成一个整数对：有效数字和指数。例如，1.949 可以表示为数对 (1949, −3)，它代表 $1949 \times 10^{-3}$ 的积。

有效数字的数量决定了数值能被表示的精度。例如，如果只有两位有效数字，那么就无法准确表示 1.949。它会被转换成 1.949 的某个近似值，在这里是 1.9。这种近似值称为舍入值。

现代计算机使用二进制表示法，而不是十进制表示法。我们使用二进制表示有效数字和指数，而不是十进制，并且使用 2 作为指数的底数，而不是 10。例如，0.625（5/8）会表示成数对 (101, −11)，因为 5/8 是二进制的 0.101，−11 是 −3 的二进制表示，所以数对 (101, −11) 代表 $5 \times 2^{-3}$ = 5/8 = 0.625。

那 Python 中写作 0.1 的十进制分数 1/10 呢？若使用 4 位有效数字，最好的表示方式是 (0011, −101)，等于 3/32，也就是 0.09375。如果有 5 位有效的二进制数字，可以将 0.1 表示成 (11001, −1000)，等于 25/256，也就是 0.09765625。那么，需要多少位有效数字才能使用浮点数准确表示 0.1 呢？需要无穷位！不存在两个整数 sig 和 exp，使 sig $\times 2^{-exp}$ = 0.1。所以无论 Python（或任何一种语言）使用多少位有效数字表示浮点数，都只能表示 0.1 的一个近似值。在多数 Python 版本中，使用 53 位精度表示浮点数，所以为保存十进制 0.1 而使用的有效数字为：

11001100110011001100110011001100110011001100110011001

它等于十进制中的：

0.1000000000000000055511151231257827021181583404541015625

非常接近 1/10，但并不是 1/10。

回到本节开始的那段神秘代码，为什么

```python
x = 0.0
for i in range(10):
    x = x + 0.1
if x == 1.0:
    print(x, '= 1.0')
else:
    print(x, 'is not 1.0')
```

会输出：

```
0.9999999999999999 is not 1.0
```

我们现在知道，测试条件 x == 1.0 产生的结果是 False，因为 x 绑定的值不是确切的 1.0。如果在 else 从句的末尾加上 print x == 10.0 * 0.1 这行代码，会输出什么呢？它会输出 False，因为在循环迭代中，Python 至少有一次使用了所有有效数字并做了舍入。这可不是小学老师教给我们的内容，但将 0.1 相加 10 次真的不等于 10 乘以 0.1 的值。[1]

顺便说一下，如果对浮点数进行舍入操作，可以使用 round 函数。表达式 round(x, numDigits)

---

[1] 在 Python 2 中，另一种奇怪的事情发生了。因为输出语句会自动进行某种舍入，所以 else 从句会输出 1.0 is not 1.0。

会返回一个浮点数，等于将x保留小数点后numDigits位的舍入值。例如，print round(2\*\*0.5, 3)会输出1.414，作为2的平方根的近似值。

　　实数和浮点数之间的区别真的很重要吗？谢天谢地，大多数时候没有什么问题。几乎没有这种情况：1.0可以接受但0.9999999999999999却不行。但是，需要注意对相等关系的检验。我们已经看到，使用==比较两个浮点数会产生不可思议的结果。更合适的做法是，看看两个浮点数是否足够接近，而不是这两个数是否相等。例如，编写代码时，abs(x - y) < 0.0001就比x == y更好。

　　另一个需要注意的问题是累积的舍入误差。多数时候不会出现问题，因为计算机中保存的数值有时候比预期值大一点，有时候又小一点。但在某些程序中，误差可能会沿着同一个方向累积。

## 3.5　牛顿-拉弗森法

　　最常用的近似算法通常被认为出自艾萨克·牛顿之手，称为"牛顿法"，但有时也称为"牛顿-拉弗森法"[①]。可以用它求出很多函数的实数根，但我们只用它求单变量多项式的实数根。要想将这个方法扩展到多变量多项式，需要数学和算法两方面的知识。

　　单变量（按照惯例，我们用x表示变量）多项式或者是0，或者是一个有限数目的非零单项式的和，如$3x^2 + 2x + 3$。每一项（如$3x^2$）都由一个常数（项的系数，这里是3）乘以变量（这里为x）的非负整数次方（这里为2次方）组成。每项中变量的指数称为这一项的次数。多项式的次数就是各项中的最大次数。比如，3（0次）、2.5x + 2（1次）和$3x^2$（2次）。与之相反，$2/x$和$x^{0.5}$都不是多项式。

　　如果p是个多项式，r是个实数，我们就可以用p(r)表示当x = r时多项式的值。多项式p的根就是方程p = 0的解，也就是实数r，使得p(r) = 0。例如，"求24的近似平方根"这个问题可以用公式表示为：找到一个x，使得$x^2 - 24 \approx 0$。

　　牛顿证明了一个定理：如果存在一个值guess是多项式p的根的近似值，那么guess – p(guess)/p'(guess)就是一个更好的近似值[②]，其中p'是p的一次导数。

　　对于任意的常数k和任意的系数c，多项式$cx^2 + k$的一次导数是2cx。例如，$x^2 - k$的一次导数是2x。因此，如果当前的猜测是y，那么可以选择$y - (y^2 - k)/2y$作为下一个猜测。这种方法称为逐次逼近。图3-5中的代码展示了如何使用这种思想快速找出近似平方根。

---

① 约瑟夫·拉弗森几乎与牛顿同时提出了类似的方法。

② 函数f(x)的一次导数可以看作当x变化时f(x)的变化趋势。如果你之前没有接触过导数，没关系，你不需要理解它们，甚至不需要理解什么是多项式，只要看懂牛顿法是如何实现的即可。

```
#利用牛顿-拉弗森法寻找平方根
#寻找x，满足x**2-24在epsilon和0之间
epsilon = 0.01
k = 24.0
guess = k/2.0
while abs(guess*guess - k) >= epsilon:
    guess = guess - (((guess**2) - k)/(2*guess))
print('Square root of', k, 'is about', guess)
```

图3-5　牛顿–拉弗森法

**实际练习**：在牛顿–拉弗森法的实现中添加一些代码，跟踪求平方根所用的迭代次数。在这段代码的基础上编写一个程序，比较牛顿–拉弗森法和二分查找法的效率（你会发现牛顿–拉弗森法效率更高）。

## 第 4 章

# 函数、作用域与抽象

到目前为止，我们已经介绍了数值、赋值语句、输入/输出、比较语句和循环结构。它们在Python中有多大用处呢？从理论上说，它们可以满足你的所有需求，也就是说，它是图灵完备的。这意味着如果一个问题可以通过计算来解决，它就可以通过我们介绍过的那些语句来解决。

这并不是说你只能使用这些语句。我们已经介绍了很多语言机制，但代码还只是一个单独的指令序列，所有指令都混合在一起。例如，第3章我们使用了图4-1中的代码。

```
x = 25
epsilon = 0.01
numGuesses = 0
low = 0.0
high = max(1.0, x)
ans = (high + low)/2.0
while abs(ans**2 - x) >= epsilon:
    numGuesses += 1
    if ans**2 < x:
        low = ans
    else:
        high = ans
    ans = (high + low)/2.0
print('numGuesses =', numGuesses)
print(ans, 'is close to square root of', x)
```

图4-1　使用二分查找求近似平方根

这段代码逻辑清晰，但缺少通用性。它只对变量x和epsilon表示的值有效。这意味着，如果我们想重用这段代码，必须先复制它，而且可能需要编辑变量名，再将其粘贴到我们需要的地方。因此，我们很难在其他更复杂的程序中使用这段代码。

而且，如果我们想计算的是立方根而不是平方根，那么就必须编辑代码。如果我们想要一个程序既可以计算平方根也可以计算立方根（或者在两个不同的地方计算平方根），那么这个程序中就会有很多几乎相同的大块代码。这是一件非常不好的事情。一个程序包含的代码越多，就越容易出错，也越难以维护。举例来说，假设求平方根的初始程序中有一个错误，而直到测试程序的时候这个错误才被曝光，那么很有可能只有一处修改了求平方根的代码，而忘记了其他地方的类似的代码也同样需要修改。

Python提供了若干种语言特性，可以相对容易地扩展和重用代码，其中最重要的就是函数。

# 4.1　函数与作用域

我们已经使用过了很多内置函数，如图4-1中的max和abs。程序员可以定义并使用自己的函数，就像内置函数一样，这将在代码编写便捷性方面产生一个质的飞跃。

## 4.1.1　函数定义

在Python中，按如下形式进行函数定义[①]：

```
def name of function (list of formal parameters):
    body of function
```

例如，我们可以使用如下代码定义函数maxVal[②]：

```
def maxVal(x, y):
    if x > y:
        return x
    else:
        return y
```

def是个保留字，告诉Python要定义一个函数。函数名（本示例中是maxVal）只是个名称，用来引用函数。

函数名后面括号中的一系列名称（本例中是x, y）是函数的形式参数。使用函数时，形式参数在函数调用时被绑定（和赋值语句一样）到实际参数（通常指代函数调用时的参数）。例如，下面的函数调用

```
maxVal(3, 4)
```

会将x绑定到3，y绑定到4。

函数体可以是任何一段Python代码。[③]但是，还有一个特殊的return语句，只能用在函数体中。

函数调用是个表达式，和所有表达式一样，它也有一个值。这个值就是被调用函数返回的值。例如，表达式maxVal(3, 4)*maxVal(3, 2)的值是12，因为第一次对maxVal的调用返回了4，第二次则返回3。请注意，执行return语句会结束对函数的调用。

总结一下，当函数被调用时，会执行如下过程。

(1) 构成实参的表达式被求值，函数的形参被绑定到求值结果。例如，调用maxVal(3 + 4, z)会在解释器求值这次调用时将形参x绑定到7，将形参y绑定到变量z的值。

(2) 执行点（要执行的下一条指令）从调用点转到函数体的第一条语句。

---

[①] 再次提醒，斜体文本用来描述Python代码。

[②] 实际上会直接使用内置函数max，而不是重新定义一个函数。

[③] 后面我们将会看到，这种函数表示方法要比数学家口中的"函数"更具一般性。这种表示方法在20世纪50年代末期因为Fortran 2编程语言得到普及。

(3) 执行函数体中的代码，直至遇到return语句。这时，return后面的表达式的值就成为这次函数调用的值；或者没有语句可以继续执行，这时函数返回的值为None；如果return后面没有表达式，这次调用的值也为None。

(4) 这次函数调用的值就是返回值。

(5) 执行点移动到紧跟在这次函数调用后面的代码。

参数有一个特性，称为Lambda抽象[1]。它允许程序员编写的代码所处理的不是具体对象，而是函数调用者选定用作实参的任何对象。

**实际练习**：编写一个函数isIn，接受两个字符串作为参数，如果一个字符串是另一个字符串的一部分，返回True，否则返回False。提示：你可以使用内置的str类型的操作符in。

## 4.1.2 关键字参数和默认值

在Python中，有两种方法可以将形参绑定到实参。最常用的方法是使用位置参数，这是我们目前使用过的唯一一种方法，即第一个形参绑定到第一个实参，第二个形参绑定到第二个实参，以此类推。Python还支持关键字参数：形参根据名称绑定到实参。看下面的函数定义：

```
def printName(firstName, lastName, reverse):
    if reverse:
        print(lastName + ', ' + firstName)
    else:
        print(firstName, lastName)
```

函数printName假定firstNamelastName是字符串变量，reverse是布尔型变量。如果reverse == True，就输出lastName, firstName，否则输出firstName lastName。

以下每行代码都是对printName的等价调用：

```
printName('Olga', 'Puchmajerova', False)
printName('Olga', 'Puchmajerova', reverse = False)
printName('Olga', lastName = 'Puchmajerova', reverse = False)
printName(lastName = 'Puchmajerova', firstName = ' Olga',
          reverse = False)
```

尽管关键字参数可以在实参列表中以任意顺序出现，但将关键字参数放在非关键字参数前面是不合法的。因此，下面的代码会产生一条错误信息：

```
printName('Olga', lastName = 'Puchmajerova', False)
```

关键字参数经常与默认参数值结合使用。例如下面的代码：

```
def printName(firstName, lastName, reverse = False):
    if reverse:
        print(lastName + ', ' + firstName)
    else:
        print(firstName, lastName)
```

---

[1] "Lambda抽象"这个名词来自阿隆佐·邱奇在20世纪三四十年代提出的一些数学理论。

默认值允许程序员不指定所有参数即可调用函数。如：

```
printName('Olga', 'Puchmajerova')
printName('Olga', 'Puchmajerova', True)
printName('Olga', 'Puchmajerova', reverse = True)
```

会输出：

```
Olga Puchmajerova
Puchmajerova, Olga
Puchmajerova, Olga
```

最后两次对printName的调用在语义上是等价的，只不过最后一次调用可以让阅读代码的人知道True的意义。

### 4.1.3　作用域

我们看另一个小例子：

```
def f(x): #name x used as formal parameter
    y = 1
    x = x + y
    print('x =', x)
    return x

x = 3
y = 2
z = f(x) #value of x used as actual parameter
print('z =', z)
print('x =', x)
print('y =', y)
```

代码运行后会输出：

```
x = 4
z = 4
x = 3
y = 2
```

为什么会这样呢？调用f时，形参x在函数内部被绑定到实参x的值。需要特别注意的是，尽管实参和形参的名称是一样的，但它们并不是同一个变量。每个函数都定义了一个命名空间，也称为作用域。形式参数x和局部变量y在f内部使用，仅存在于f定义的作用域中。函数体中的赋值语句x = x + y将局部名称x绑定到对象4。f中的赋值语句根本不会影响f作用域之外的名称x和y的绑定。

对"作用域"可以进行如下理解。

(1) 在最顶层，比如shell层，有一个符号表会跟踪记录这一层所有的名称定义和它们当前的绑定。

(2) 调用函数时，会建立一个新的符号表（常称为栈帧）。这个表跟踪记录函数中所有的名称定义（包括形参）和它们当前的绑定。如果函数体内又调用了一个函数，就再建立一个栈帧。

(3) 函数结束时，它的栈帧也随之消失。

在Python中，可以通过阅读程序文本确定一个名称的作用域。这称为静态或词法作用域。图4-2中的示例代码说明了Python的作用域规则。

```python
def f(x):
  def g():
    x = 'abc'
    print('x =', x)
  def h():
    z = x
    print('z =', z)
  x = x + 1
  print('x =', x)
  h()
  g()
  print('x =', x)
  return g

x = 3
z = f(x)
print('x =', x)
print('z =', z)
z()
```

图4-2　嵌套作用域

与这段代码相关的栈帧历史如图4-3所示。图中第一列包含的是函数f之外的名称集合，也就是变量x和z，以及函数名称f。第一条赋值语句将x绑定到3。

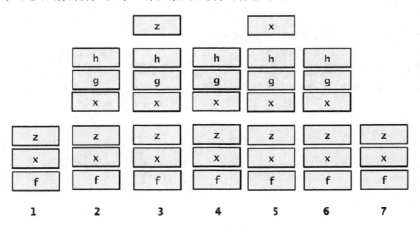

图4-3　栈帧

赋值语句z = f(x)首先使用与x绑定的值调用函数f，对表达式f(x)求值。进入函数f时，会建立一个栈帧，如第二列所示。栈帧中的名称是x（形参，并不是调用上下文中的x）、g和h。变量g和h被绑定到function类型的对象，这些函数的特性由f中的函数定义给出。

在函数f中调用函数h时，会建立另一个栈帧，如第三列所示。这个栈帧仅包含局部变量z。为什么不包含x呢？只有一个名称是函数的形参或是被绑定到函数体内一个对象的变量时，才能添加到函数作用域。在函数h内部，x仅仅出现在一个赋值语句的右侧。出现一个没有和函数体内（函数h的内部）任何一个对象绑定的名称（本例中是x）时，解释器会搜索与该函数定义上层作用域相关的栈帧（即与f相关的栈帧）。如果发现这个名称（x），就使用名称绑定的值（4）。如果没有发现，就产生一条错误消息。

函数h返回后，与这次对h的调用相关的栈帧就会消失（从栈的顶端弹出），如第四列所示。请注意，不能从栈的中间移除帧，只能移除最近添加的帧。正是因为它具有这种"后入先出"的性质，所以我们称之为栈（就像自助餐厅中待用的盘子）。

然后调用函数g，一个包含g中局部变量x的栈帧被添加进来（第五列）。函数g返回后，这个帧被弹出（第六列）。函数f返回后，包含函数f相关名称的栈帧被弹出，我们又回到最初的栈帧（第七列）。

请注意，函数f返回时，尽管变量g不再存在，但与这个名称绑定过的function类型的对象仍然存在。因为函数就是对象，而且可以像任何一种其他对象一样被返回。所以，z可以绑定到f返回的值，而且z()也是函数调用，可以调用在f中与名称g绑定的函数——尽管名称g在f的上下文之外是不可见的。

那么，图4-2中的代码会输出什么呢？它会输出：

```
x = 4
z = 4
x = abc
x = 4
x = 3
z = <function f.<locals>.g at 0x1092a7510>
x = abc
```

引用名称时，顺序并不重要。只要在函数体内任何地方有对象与名称进行绑定（即使在名称作为赋值语句左侧项之前，就已经出现在某个表达式中），就认为这个名称是函数的局部变量[1]。看下面的代码：

```
def f():
    print(x)

def g():
    print(x)
    x = 1

x = 3
f()
x = 3
g()
```

---

[1] Python的这种设计思想值得商榷。

调用函数f时，会输出3。但在函数g中，执行到print语句时，会产生一条错误信息：

```
UnboundLocalError: local variable 'x' referenced before assignment
```

发生这种情况是因为，print语句后面的赋值语句使x成为函数g中的局部变量，执行print语句时还没有被赋值。

　　晕了吗？多数人都需要一点时间才能搞清楚作用域的规则。但不要太在意，现在你只需勇往直前，大胆使用函数。你通常会发现，在函数中只需使用局部变量，那些作用域中的微妙之处毫无影响。

## 4.2 规范

　　图4-4定义了一个函数findRoot，扩展了图4-1中求平方根的二分查找算法。图中还有一个函数testFindRoot，用来测试findRoot是否像我们预期的那样工作。

```
def findRoot(x, power, epsilon):
    """x和epsilon是整数或者浮点数，power是整数
        epsilon>0 且power>=1
        如果ans**power和x的差小于epsilon，就返回浮点数ans，
        否则返回None"""
    if x < 0 and power%2 == 0: #Negative number has no even-powered
                               #roots
        return None
    low = min(-1.0, x)
    high = max(1.0, x)
    ans = (high + low)/2.0
    while abs(ans**power - x) >= epsilon:
        if ans**power < x:
            low = ans
        else:
            high = ans
        ans = (high + low)/2.0
    return ans

def testFindRoot():
    epsilon = 0.0001
    for x in [0.25, -0.25, 2, -2, 8, -8]:
        for power in range(1, 4):
            print('Testing x =', str(x), 'and power = ', power)
            result = findRoot(x, power, epsilon)
            if result == None:
                print('   No root')
            else:
                print('   ', result**power, '~=', x)
```

图4-4　求根的近似值

函数testFindRoot差不多与findRoot一样长。对于新手程序员来说，编写这样的测试函数

好像是白费力气。但熟练的程序员深知，编写测试代码经常是"一本万利"的事情。它完全能够避免在调试（找到程序不工作的原因并修复）过程中一次又一次地向shell输入测试用例，还可以促使我们思考哪种测试最具启发性。

三引号之间的文本在Python中称为文档字符串。按照惯例，Python程序员使用文档字符串提供函数的规范。可以使用内置函数help访问这些字符串。例如，如果我们进入shell并输入help(abs)，系统会显示：

```
Help on built-in function abs in module built-ins:

abs(x)
    Return the absolute value of the argument.
```

如果图4-4中的代码已经被加载到IDE中，那么在shell中输入help(findRoot)会显示：

```
findRoot(x, power, epsilon)
    Assumes x and epsilon int or float, power an int,
        epsilon > 0 & power >= 1
    Returns float y such that y**power is within epsilon of x.
        If such a float does not exist, it returns None
```

如果在编辑器中输入findRoot(，会显示形参列表。

函数的规范定义了函数编写者与使用者之间的约定。我们将函数使用者称为客户。可以认为约定包括以下两部分。

- ❑ 假设：客户使用函数时必须满足的前提条件，通常是对实参的限制。它几乎总是限定每个参数可以接受的变量类型，偶尔对一个或多个参数的取值添加限制条件。例如，函数findRoot的文档字符串前两行描述了客户必须满足的假设。

- ❑ 保证：调用方法满足条件时，函数应当实现的功能。函数findRoot的文档字符串后两行描述了函数必须实现的结果保证。

函数是一种创建基本程序元素的方式。我们非常乐于像内置函数一样使用求根函数和很多其他复杂操作，就像使用内置函数max和abs一样。函数通过分解和抽象的功能，大大提高了编程的便捷性。

分解实现了程序结构化。它允许我们将程序分成多个逻辑上独立的部分，并可以通过各种设定实现重用。

抽象隐藏了细节。它允许我们将一段代码当作黑箱使用。所谓黑箱，是指那些我们不能看见、不需看见甚至根本不想看见内部细节的东西。[1]抽象的精髓在于，在具体背景之下，保留那些该保留的，忽略那些该忽略的。在编程中有效使用抽象的关键在于，找到一个对于抽象创建者和抽象潜在使用者都很合适的相关性表示。这才是真正的程序设计艺术。

抽象归根结底就是忽略。有很多方式可以对此形象地进行解释，例如，多数年轻人的听觉器官。

---

[1] "无知是福，大智若愚。"——托马斯·格雷

年轻人：今晚我可以用一下汽车吗？

父母：可以，但必须在夜里12点之前回来，而且要加满油。

年轻人听到的：可以。

年轻人忽略了所有那些他认为不相关的烦人细节。抽象是个多对一的过程。即使父母说的是："可以，但必须在凌晨2点之前回来，别弄脏车。"也一定会被抽象为"可以"。

再打个比方，假设你需要准备一门包含25个课时的计算机科学课程。完成任务的一种方式是，雇25位教授，请每个人按照他们最感兴趣的题目准备一节1小时的课程。尽管这样你能够得到25小时的精彩演讲，但整个课程给人的感觉就像是皮兰德娄的戏剧《六个寻找作者的剧中人》一样（或者像那种请了15位嘉宾的政治学课程）。如果每位教授都单独工作，他们就无法将自己课程中的内容与其他课程中的内容联系起来。

不管怎样，在不产生太多不必要的工作量的情况下，我们应该让所有人都知道其他人在干什么。这就是抽象的作用。你可以写出25份课程说明书，说明每节课中学生应该学到的内容，但并不给出具体的授课细节。这样在教学上的效果可能不是最好的，但至少会起到一些作用。

组织机构使用程序员团队完成任务时，就采用这种方法。给定一个模块的规范，程序员就可以着手实现这个模块，而不用过于担心团队中的其他程序员在做什么。而且，其他程序员也可以使用这份规范编写使用这个模块的代码，不用过于担心这个模块是如何实现的。

`findRoot`的规范就是对所有满足其实现的一种抽象。`findRoot`的客户可以假定实现满足了规范，但不能做更多假设。例如，客户可以假定调用`findRoot(4.0, 2, 0.01)`会返回一个平方值为3.99~4.01的数值。但返回值可以是正数，也可以是负数。然而，即使4.0是一个完全平方数，返回值也不一定是2.0或–2.0。

## 4.3  递归

你可能听说过递归，也完全有可能认为这是一项高深的编程技术。它其实是计算机科学家广为散布的一种具有迷惑性的都市传奇，目的是使人们认为我们比实际更聪明。递归是一种非常重要的思想，但绝非高深莫测，而且它也不只是一项编程技术。

作为一种描述性方法，递归的应用非常广泛，甚至那些连做梦都没有编过程序的人也使用过递归。我们可以看一下美国是如何定义"本国出生"的公民的，大致如下：

- ❏ 任何在美国境内出生的儿童；
- ❏ 在美国境外出生的婚生儿童，父母是美国公民，并且双亲之一在孩子出生前在美国居住过；
- ❏ 在美国境外出生的婚生儿童，双亲之一是美国公民，他（她）在孩子出生前至少在美国居住5年，且其中至少2年是在其14岁生日之后。

第一部分非常简单；如果你出生在美国，那么你就是本国出生公民（如巴拉克·奥巴马）。如果你不是在美国出生的，那么先确定你的父母是否是美国公民（本国出生或入籍）。为了确定父母是否是美国公民，必须看看祖父母的情况，以此类推。

一般情况下，递归定义包括两部分。其中至少有一种基本情形可以直接得出某种特定情形的结果（如上面例子中的第一种情况），还至少有一种递归情形（或称归纳情形）定义了该问题在其他情形下的结果，其他情形通常是同样问题的简化版本。

世界上最简单的递归定义可能是自然数的阶乘函数（在数学中一般使用!表示）[①]。经典的归纳定义是：

$$1! = 1$$
$$(n+1)! = (n+1) * n!$$

第一个等式定义了基本情形。第二个等式在前一个数的阶乘的基础上定义了所有自然数的阶乘——除基本情形外。

图4-5给出阶乘的迭代实现（factI）和递归实现（factR）。

```
def factI(n):                          def factR(n):
    """假设n是正整数                        """假设n是正整数
       返回n!"""                            返回n!"""
    result = 1                          if n == 1:
    while n > 1:                            return n
        result = result * n            else:
        n -= 1                             return n*factR(n - 1)
    return result
```

图4-5　阶乘的迭代实现和递归实现

这个函数相当简单，所以每种实现都很好理解。但第二种实现方式是对阶乘初始递归定义的一种更明显的转译。

通过在factR函数体内调用factR实现factR，这看上去像是在作弊。这种实现是有效的，其工作原理与迭代实现其实一样。我们知道factI中的迭代终会结束，因为n从一个正值开始，每次循环都会减1。这意味着，n的值不能永远大于1。同样地，如果调用factR时传入1，那么它不用进行递归调用就可以返回一个值。当它进行递归调用时，使用的值总是比调用它所用的值小1。最终，递归会在调用factR(1)时结束。

### 4.3.1　斐波那契数列

斐波那契数列是另一个经常使用递归方式定义的常用数学函数。"他们像兔子一样繁殖"经常用来形容人口增长过快。1202年，意大利数学家比萨的列奥纳多（也称为斐波那契）得出了一

---

① "自然数"的确切定义是有争议的。有人将其定义为正整数，有人的定义是非负整数。因此，图4-5中的文档字符串明确给出了n的可能取值。

个公式，用来计算兔子的繁殖情况。尽管在我们看来，他的假设有些不太现实。[1]

假设一对新生的兔子被放到兔栏中（更坏的情况是放到野外），一只是公兔，一只是母兔。再假设兔子在一个月大时就可以交配（令人惊奇的是，有些品种确实可以），并有一个月的妊娠期（令人惊奇的是，有些品种确实如此）。最后，假设这些神话般的兔子永远不死，并且母兔从第二个月之后每月都能产下一对小兔（一公一母）。那么6个月后，会有多少只母兔？

第一个月的最后一天（称之为第0月），只有1只母兔（准备在下个月的第一天怀孕）。第二个月的最后一天，还是只有1只母兔（因为不到下个月的第一天，它不会分娩）。下个月的第一天，会有2只母兔（一只怀孕，一只没怀孕）。以此类推，可以在图4-6的表格中看到这个过程。

| 月份 | 母兔数量 |
| --- | --- |
| 0 | 1 |
| 1 | 1 |
| 2 | 2 |
| 3 | 3 |
| 4 | 5 |
| 5 | 8 |
| 6 | 13 |

图4-6　母兔数量的增长

请注意，对于$n > 1$的月份，$females(n) = females(n-1) + females(n-2)$，$females(n)$表示第$n$个月的母兔数量。这绝非偶然。每只在第$n-1$月活着的母兔在第$n$月仍然活着，而且，每只在第$n-2$月活着的母兔会在第$n$月产下一只新的母兔。新的母兔加上在第$n-1$月活着的母兔，就是第$n$月母兔的数量。

母兔数量的增长可以很自然地使用以下递推公式描述[2]：

```
females(0) = 1
females(1) = 1
females(n + 2) = females(n+1) + females(n)
```

这个定义与阶乘的递归定义有些不同。

- ❑ 它有两种基本情形，而不是一种。一般来说，只要需要，我们可以有任意多种基本情形。
- ❑ 在递归情形中，有两个递归调用，而不是一个。同样，如果需要，可以有任意多个调用。

图4-7包含了斐波那契递推的直接实现[3]，以及一个用来测试数列的函数。

---

[1] 我们称这个数列为"斐波那契数列"，其实是以"欧洲中心"论看待历史的一个很好的例子。斐波那契对欧洲数学界的突出贡献体现在其著作《算盘全书》中，他在这本书中向欧洲数学家介绍了很多早已在印度和阿拉伯学者中广为人知的概念。这些概念包括阿拉伯数字和十进制。我们今天所说的"斐波那契数列"来自梵语数学家Pingala的工作。

[2] 这个版本的斐波那契数列对应于斐波那契《算盘全书》中使用的定义。该数列的其他定义开始于0，不是1。

[3] 虽然这种实现并没有错，但它非常低效。使用简单迭代实现会更好。

```
def fib(n):
    """假定n是正整数
       返回第n个斐波那契数"""
    if n == 0 or n == 1:
        return 1
    else:
        return fib(n-1) + fib(n-2)

def testFib(n):
    for i in range(n+1):
        print('fib of', i, '=', fib(i))
```

图4-7　斐波那契数列的递归实现

解决这个问题时，编写代码是最容易的一个环节。一旦将这个关于兔子的模糊问题明确为一组递归公式，代码几乎就自动完成了。找到某种抽象方式表示问题的解，常常是编程过程中最困难的部分。本书后续内容会深入讨论这个问题。

或许你已经猜到了，这个模型并不适用于描述野生兔子数量的增长。1859年，澳大利亚农场主托马斯·奥斯汀从英格兰进口了24只兔子作为狩猎目标。10年后，澳大利亚每年大约有2 000 000只兔子被射杀或被捕获，但对整体数量还是没有明显的影响。兔子太多了，远远超过第120个斐波那契数。①

尽管斐波那契数列确实不是一个能够精确预测兔子数量增长的模型，但它仍然具有很多有趣的数学特性。斐波那契数在自然界中也很常见。

**实际练习**：如果使用图4-7中的函数fib计算fib(5)，那么需要计算多少次fib(2)的值？

## 4.3.2　回文

递归也经常用于很多与数值无关的问题中。图4-8包含了一个函数isPalindrome，可以检查一个字符串在顺读和倒读时是否一样。

函数isPalindrome包含了两个内部辅助函数。主函数的客户不关心辅助函数，他们只关心isPalindrome是否符合规范。但你不能不关心，因为通过研究这种实现方式可以学到一些东西。

辅助函数toChars将所有字母转换为小写，并且移除了所有非字母字符。它首先使用一种内置字符串方法生成一个与s完全一样的字符串，唯一的区别是所有大写字母都转换为小写。我们讲到"类"的时候会介绍更多关于方法调用的知识，眼下可以将它看作一种特殊形式的函数调用。调用时，我们不将第一个（本例中是唯一一个）参数放在函数名后面的小括号中，而使用点标记法将这个参数放在函数名之前。

---

① 据估计，那24只可爱的兔子的后代子孙现在每年大约造成6亿美元的损失，并导致很多本地植物濒临灭绝。

```
def isPalindrome(s):
    """假设s是字符串
        如果s是回文字符串则返回True, 否则返回False。
            忽略标点符号、空格和大小写。"""

    def toChars(s):
        s = s.lower()
        letters = ''
        for c in s:
            if c in 'abcdefghijklmnopqrstuvwxyz':
                letters = letters + c
        return letters

    def isPal(s):
        if len(s) <= 1:
            return True
        else:
            return s[0] == s[-1] and isPal(s[1:-1])

    return isPal(toChars(s))
```

图4-8　回文检测

辅助函数isPal使用递归完成实际的工作。两种基本情形是长度为0或1的字符串，这说明，只有字符串长度为2或更大时，才能出现递归情形。else字句中的合取项[①]是从左到右进行求值的。代码先检查字符串的第一个字母和最后一个字母是否相同，如果相同，则继续检查去掉这两个字母之后的字符串是否是回文字符串。除非第一个合取项取值为True，否则第二个合取项不被求值。在本例子中，这一点在语义上是无关的。但在本书后面，我们会给出一个例子，其中这种布尔表达式的短路求值在语义上是相关的。

这种对isPalindrome的实现是分治策略的典型例子。（这种原则与分治算法密切相关，但又有点不一样，我们会在第10章进行讨论。）这种解决问题的原则就是，将一个困难问题分解成一组子问题逐个解决。分解出来的子问题具有以下特性：

❑ 子问题比初始问题更容易解决；

❑ 子问题的解决方案可以组合起来解决初始问题。

"分治策略"是一种非常古老的思想。裘力斯·凯撒实行了罗马人所称的"分而治之"（divide et impera），英国人也通过这种方式出色地控制了印度次大陆。本杰明·富兰克林非常熟悉英国人的这套玩弄权术的把戏，这使得他在签署美国《独立宣言》时说出了那句著名的话："我们必须团结一致，否则就必定会被分别绞死。"

本例中，我们将初始问题分解为一个更简单的情形（检查一个更短的字符串是否是回文字符串）和一个我们可以解决的简单情形（比较单个字符），然后使用and将这两个问题的解组合起来。图4-9中的代码可以告诉我们如何实现这种解决方式。

① 当两个布尔值表达式通过and连接时，每个表达式被称为合取项。如果它们是通过or连接的，那么被称为分取项。

```
def isPalindrome(s):
    """假设s是字符串
        如果s是回文字符串则返回True，否则返回False。
        忽略标点符号、空格和大小写。"""

    def toChars(s):
        s = s.lower()
        letters = ''
        for c in s:
          if c in 'abcdefghijklmnopqrstuvwxyz':
                letters = letters + c
        return letters

    def isPal(s):
        print(' isPal called with', s)
        if len(s) <= 1:
            print(' About to return True from base case')
            return True
        else:
            answer = s[0] == s[-1] and isPal(s[1:-1])
            print(' About to return', answer, 'for', s)
            return answer

    return isPal(toChars(s))

def testIsPalindrome():
    print('Try dogGod')
    print(isPalindrome('dogGod'))
    print('Try doGood')
    print(isPalindrome('doGood'))
```

图4-9　实现回文检测的代码

运行testIsPalindrome时，它会输出：

```
Try dogGod
  isPal called with doggod
  isPal called with oggo
  isPal called with gg
  isPal called with
  About to return True from base case
  About to return True for gg
  About to return True for oggo
  About to return True for doggod
True
Try doGood
  isPal called with dogood
  isPal called with ogoo
  isPal called with go
  About to return False for go
  About to return False for ogoo
  About to return False for dogood
False
```

## 4.4　全局变量

如果试着使用一个非常大的数调用函数fib，那么你可能会发现函数需要运行很长一段时间。假设我们想知道究竟进行了多少次递归调用，可以对代码进行仔细分析，然后找出答案，第9章会讨论如何操作。另外一种方法是，添加一些代码计算调用次数。这时就要使用全局变量。

我们之前编写的所有函数中，只能通过参数和返回值和外部环境进行交互。在多数情况下应该这么做，因为这样可以使程序更容易阅读、测试和调试。但偶尔会有一些时候，使用全局变量更加方便。看图4-10中的代码。

```python
def fib(x):
    """假设x是正整数
       返回第x个斐波那契数"""
    global numFibCalls
    numFibCalls += 1
    if x == 0 or x == 1:
        return 1
    else:
        return fib(x-1) + fib(x-2)

def testFib(n):
    for i in range(n+1):
        global numFibCalls
        numFibCalls = 0
        print('fib of', i, '=', fib(i))
        print('fib called', numFibCalls, 'times.')
```

图4-10　使用全局变量

每个函数中，global numFibCalls这行代码都会告诉Python，名称numFibCalls是定义在代码所在函数外层的模块（参见4.5节）作用域中的，而不是在代码所在函数的作用域中的。如果我们没有包括global numFibCalls这行代码，那么名称numFibCalls就会被认为是函数fib和testFib的局部变量。因为在fib和testFib这两个函数中，numFibCalls出现在赋值语句的左侧。函数fib和testFib都可以不受限制地访问变量numFibCalls引用的对象，函数testFib每次调用fib时，都将numFibCalls绑定到0。每次进入函数fib时，fib都会增加numFibCalls的值。

调用fib(6)，会生成如下输出：

```
fib of 0 = 1
fib called 1 times.
fib of 1 = 1
fib called 1 times.
fib of 2 = 2
fib called 3 times.
fib of 3 = 3
fib called 5 times.
fib of 4 = 5
```

```
fib called 9 times.
fib of 5 = 8
fib called 15 times.
fib of 6 = 13
fib called 25 times.
```

介绍全局变量这个主题时，我们是心怀忐忑的。从20世纪70年代开始，正统计算机科学家都强烈反对使用全局变量，因为随意使用全局变量会引发很多问题。使程序清晰易读的关键就是局部性。人们一次只能阅读一段程序，理解这段程序所需的上下文越少，效果就越好。因为全局变量可以在程序中的很多地方被修改或读取，所以草率地使用全局变量会破坏局部性。尽管如此，全局变量有时真的很有用。

## 4.5 模块

迄今为止，我们进行各种操作的前提是，假设整个程序保存在一个文件中。当程序比较小时，这样做非常合理。但程序变得越来越大时，将程序的不同部分保存在不同文件中通常会更加方便。例如，假设多人合作编写同一个程序，那么他们试图更新同一个文件时，那简直就是噩梦。Python模块允许我们方便地使用多个文件中的代码来构建程序。

模块就是一个包含Python定义和语句的.py文件。例如，我们可以创建一个包含图4-11代码的circle.py文件。

```
pi = 3.14159

def area(radius):
    return pi*(radius**2)

def circumference(radius):
    return 2*pi*radius

def sphereSurface(radius):
    return 4.0*area(radius)

def sphereVolume(radius):
    return (4.0/3.0)*pi*(radius**3)
```

图4-11 一些关于圆与球的代码

程序可以通过import语句访问一个模块。如下面的代码：

```
import circle
pi = 3
print(pi)
print(circle.pi)
print(circle.area(3))
print(circle.circumference(3))
print(circle.sphereSurface(3))
```

会输出：

```
3
3.14159
28.27431
18.849539999999998
113.09724
```

模块通常保存在单独的文件中。每个模块都有自己的私有符号表，所以，在circle.py中，我们可以像往常一样访问对象（如pi和area）。运行import M语句后，会将模块M绑定到import语句所在的作用域中。因此，在导入上下文中，我们使用点标记法表示引用的名称是定义在导入模块中的。[①]例如，在circle.py外部，pi和circle.pi表示引用的是不同的对象（在本例中的确如此）。

乍看上去，使用点标记法有些麻烦。但换个角度想想，当我们导入一个模块时，根本不知道这个模块在实现时使用了哪些局部名称。使用点标记法可以充分限定变量名，避免名称冲突造成程序损害的可能性。例如，在circle模块外部执行赋值语句pi = 3时，就不会改变circle模块内部的pi的值。

还有一种import语句的变种，允许导入程序不需使用模块名称即可访问定义在被导入模块中的名称。执行语句from M import *会将M中定义的所有对象绑定到当前作用域，而不是M本身。例如，以下代码：

```
from circle import *
print(pi)
print(circle.pi)
```

会先输出3.14159，然后产生一条错误消息：

```
NameError: name 'circle' is not defined
```

有些Python程序员不赞成使用这种形式的import语句，因为他们相信这种方式增加了代码的阅读难度。

正如我们所见，模块可以包含可执行的语句，也可以包含函数定义。通常，这些语句用来对模块进行初始化。基于这个原因，模块中的语句仅在模块第一次被导入程序时才执行。而且，一个模块在每个解释器会话中只能被导入一次。如果你启动了shell，导入一个模块，然后修改这个模块中的内容，那么解释器仍然会继续使用这个模块的初始版本。这在调试程序时会引起令人困惑的状况。你疑惑不解时，可以启动一个新的shell。

现在很多有用的模块已经成为标准Python程序库的一部分。例如，现在几乎不需要你自己实现一般的数学函数和字符串函数。关于Python程序库的详细说明请参考：http://docs.python.org/2/library/。

## 4.6　文件

所有计算机系统都使用文件保存计算过程的结果，并供下次计算使用。Python为创建和使用

---

①从表面上看，这好像和方法调用中的点标记法没有联系。然而，我们在第8章中将会看到，它们有很深的联系。

文件提供了非常多的功能。下面介绍几种最基本的方式。

每种操作系统（如Windows和MAC OS）都通过自己的文件系统创建和使用文件。Python通过文件句柄处理文件，实现了操作系统的独立性。以下代码：

```python
nameHandle = open('kids', 'w')
```

指示操作系统创建一个名为kids的文件，并返回其文件句柄。open函数的参数'w'表示文件是以可写方式打开的。下面的代码打开一个文件，使用write方法向文件写入两行数据，然后关闭文件。程序使用完文件后，请一定记得关闭文件，否则写入的内容可能部分或全部丢失。

```python
nameHandle = open('kids', 'w')
for i in range(2):
    name = input('Enter name: ')
    nameHandle.write(name + '\n')
nameHandle.close()
```

在Python字符串中，转义字符\用来表示它后面的字符具有特殊意义。在本例中，字符串'\n'表示一个换行符。

我们可以以只读方式打开文件（使用参数'r'），然后输出其中的内容。因为Python将文件看成是行的序列，所以可以使用for语句遍历文件内容：

```python
nameHandle = open('kids', 'r')
for line in nameHandle:
    print(line)
nameHandle.close()
```

如果输入名称David和Andrea，就会输出：

```
David

Andrea
```

David和Andrea之间有一个空行，因为每次输出到文件行尾的'\n'时，都会开始一个新行。可以使用print line[:-1]避免输出空行。下面的代码：

```python
nameHandle = open('kids', 'w')
nameHandle.write('Michael\n')
nameHandle.write('Mark\n')
nameHandle.close()
nameHandle = open('kids', 'r')
for line in nameHandle:
    print(line[:-1])
nameHandle.close()
```

会输出：

```
Michael
Mark
```

请注意，我们覆盖了文件kids原来的内容。如果不想这样做，可以使用参数'a'用追加（不使用可写方式）方式打开文件。例如，如果运行下面的代码：

```
nameHandle = open('kids', 'a')
nameHandle.write('David\n')
nameHandle.write('Andrea\n')
nameHandle.close()
nameHandle = open('kids', 'r')
for line in nameHandle:
    print(line[:-1])
nameHandle.close()
```

会输出：

```
Michael
Mark
David
Andrea
```

图4-12总结了一些常用的文件操作。

---

open(fn, 'w')：fn是一个表示文件名的字符串。创建一个文件用来写入数据，返回文件句柄。

open(fn, 'r')：fn是一个表示文件名的字符串。打开一个已有文件读取数据，返回文件句柄。

open(fn, 'a')：fn是一个表示文件名的字符串。打开一个已有文件用来追加数据，返回文件句柄。

fh.read()：返回一个字符串，其中包含与文件句柄fh相关的文件中的内容。

fh.readline()：返回与文件句柄fh相关的文件中的下一行。

fh.readlines()：返回一个列表，列表中的每个元素都是与文件句柄fh相关的文件中的一行。

fh.write(s)：将字符串s写入与文件句柄fh相关的文件末尾。

fh.writeLines(S)：S是个字符串序列。将S中的每个元素作为一个单独的行写入与文件句柄fh相关的文件。

fh.close()：关闭与文件句柄fh相关的文件。

---

图4-12  文件操作常用函数

## 第 5 章

# 结构化类型、可变性与高阶函数

我们目前介绍过的程序使用了3种类型的对象：int、float和str。数值类型int和float是标量类型，也就是说，这种类型的对象没有可以访问的内部结构。与之相比，我们可以认为str是一种结构化的、非标量的类型。我们可以使用索引从字符串提取单个字符，也可以通过分片操作获取子字符串。

本章将介绍另外4种结构化类型。其中，tuple相对简单，是str的扩展。其他3种——list、range①和dict——则有趣得多。我们还会回到"函数"这个主题，使用几个示例演示一些使用方法，看看如何能像其他对象类型一样对待函数。

## 5.1 元组

与字符串一样，元组是一些元素的不可变有序序列。与字符串的区别是，元组中的元素不一定是字符，其中的单个元素可以是任意类型，且它们彼此之间的类型也可以不同。

tuple类型的字面量形式是位于小括号之中的由逗号隔开的一组元素。例如，我们可以输入如下代码：

```
t1 = ()
t2 = (1, 'two', 3)
print(t1)
print(t2)
```

不出所料，print语句会输出：

```
()
(1, 'two', 3)
```

看着这个例子，你可能会很自然地认为，只包含一个元素1的元组应该写成(1)。但正如理查德·尼克松所说："那将是错误的。"因为小括号是用来分组表达式的，所以(1)只不过是整数1的一种更加冗长的写法。要想表示包含1的单元素元组，我们应该写成(1,)。几乎所有Python用

---

① range类型在Python 2中不存在。

户都不小心漏掉过那个烦人的逗号。

可以在元组上使用重复操作。如，表达式3*('a', 2)的值就是('a', 2, 'a', 2, 'a', 2)。

与字符串一样，元组可以进行连接、索引和切片等操作。看下面的代码：

```
t1 = (1, 'two', 3)
t2 = (t1, 3.25)
print(t2)
print((t1 + t2))
print((t1 + t2)[3])
print((t1 + t2)[2:5])
```

第二个赋值语句将名称t2绑定到一个元组，这个元组中有一个绑定了名称t1的元组和一个浮点数3.25。这是可行的，因为元组也是一个对象，和Python中的其他对象一样，所以元组可以包含元组。因此，第一个print语句会输出：

```
((1, 'two', 3), 3.25)
```

第二个print语句输出t1和t2绑定后的值，是一个五元素元组。输出结果为：

```
(1, 'two', 3, (1, 'two', 3), 3.25)
```

下一条语句选取并输出连接后元组中的第四个元素（Python中的索引从0开始），后面的一条语句创建并输出这个元组的一个切片，输出如下：

```
(1, 'two', 3)
(3, (1, 'two', 3), 3.25)
```

可以使用一个for语句遍历元组中的各个元素：

```
def intersect(t1, t2):
    """假设t1和t2是元组
       返回一个元组，包含t1和t2的共同元素"""
          both t1 and t2"""
    result = ()
    for e in t1:
        if e in t2:
            result += (e,)
    return result
```

## 序列与多重赋值

如果你知道一个序列（元组字符串）的长度，那么可以使用Python中的多重赋值语句方便地提取单个元素。例如，执行语句x, y = (3, 4)后，x会被绑定到3，y会被绑定到4。同样地，语句a, b, c = 'xyz'会将a绑定到x、b绑定到y、c绑定到z。

与返回固定长度序列的函数结合使用时，这种机制会特别方便。举个例子，看下面的函数定义：

```
def findExtremeDivisors(n1, n2):
    """假设n1和n2是正整数
       返回一个元组，包含n1和n2的最小公约数和最大公约数，最小公约数大于1，
          如果没有公约数，则返回(None, None)。"""
```

```
            returns (None, None)"""
    minVal, maxVal = None, None
    for i in range(2, min(n1, n2) + 1):
        if n1%i == 0 and n2%i == 0:
            if minVal == None:
                minVal = i
            maxVal = i
    return (minVal, maxVal)
```

多重赋值语句：

```
minDivisor, maxDivisor = findExtremeDivisors(100, 200)
```

会将minDivisor绑定到2，将maxDivisor绑定到100。

## 5.2　范围

　　和字符串与元组一样，范围也是不可变的。range函数会返回一个range类型的对象。正如3.2节中的定义，range函数接受3个整数参数：start、stop和step，并返回整数数列start、start + step、start + 2 * step、等等。如果step是个正数，那么最后一个元素就是小于stop的最大整数start + i * step。如果step是个负数，那么最后一个元素就是大于stop的最小整数start + i * step。如果只有2个实参，那么步长就为1。如果只有1个实参，那么这个参数就是结束值，起始值默认为0，步长默认为1。

　　除了连接操作和重复操作，其他所有能够在元组上进行的操作同样适用于范围。例如，range(10)[2:6][2]的值为4。使用==操作符比较两个range类型的对象时，如果两个范围表示同样的整数序列，那么就返回True。例如，range(0, 7, 2) == range(0, 8, 2)的值就是True，但range(0, 7, 2) == range(6, -1, -2)的值则是False。因为尽管这两个范围包含同样的整数，但顺序是不一样的。

　　与元组类型的对象不同，range类型的对象占用的空间与其长度不成正比。因为范围是由起始值、结束值和步长定义的，它的存储仅占用很小的一部分空间。

　　range最常用在for循环中，range类型的对象也可以用在所有可以使用整数序列的地方。

## 5.3　列表与可变性

　　与元组类似，列表也是值的有序序列，每个值都可以由索引进行标识。表示list类型字面量的语法与元组很相似，区别在于列表使用的是中括号，而元组使用的是小括号。空列表写作[ ]，单元素列表不需要在闭括号前面加上那个（特别容易忘掉的）逗号。看下面的示例代码：

```
L = ['I did it all', 4, 'love']
for i in range(len(L)):
    print(L[i])
```

会输出：

```
I did it all
```

```
4
love
```

中括号还可以用于表示list类型字面量、列表索引和列表切片，这个事实有时会产生一些视觉上的混淆。例如，表达式[1, 2, 3, 4][1:3][1]的值为3，它使用了方括号的3种不同用法。实际上，这几乎不是什么问题，因为多数时候列表都是以递增的方式建立的，很少直接书写字面量。

列表与元组相比有一个特别重要的区别：列表是可变的，而元组和字符串是不可变的。很多操作符可以创建可变类型的对象，也可以将变量绑定到这种类型的对象上。但不可变类型的对象是不能被修改的，相比之下，list类型的对象在创建完成后可以被修改。

"使对象发生变化"与"将对象赋给变量"这二者之间的区别乍看上去不太明显，但如果你不断重复"在Python中，变量仅是个名称，就是贴在对象上的标签"这句话，没准儿就顿悟了。

执行以下语句时：

```
Techs = ['MIT', 'Caltech']
Ivys = ['Harvard', 'Yale', 'Brown']
```

解释器会创建两个新列表，然后为其绑定合适的变量，如图5-1所示。

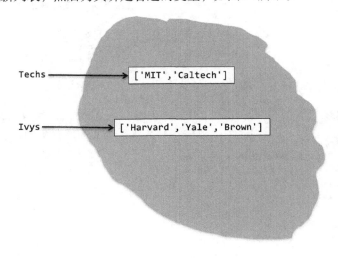

图5-1　两个列表

赋值语句：

```
Univs = [Techs, Ivys]
Univs1 = [['MIT', 'Caltech'], ['Harvard', 'Yale', 'Brown']]
```

也会创建新的列表并为其绑定变量。这些列表中的元素也是列表。以下三条语句：

```
print('Univs =', Univs)
print('Univs1 =', Univs1)
print(Univs == Univs1)
```

会输出：

```
Univs = [['MIT', 'Caltech'], ['Harvard', 'Yale', 'Brown']]
Univs1 = [['MIT', 'Caltech'], ['Harvard', 'Yale', 'Brown']]
True
```

看上去好像Univs和Univs1被绑定到同一个值，但这个表象具有欺骗性。如图5-2所示，Univs和Univs1被绑定到了完全不同的值。

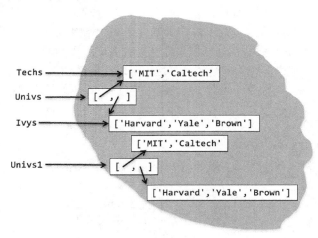

图5-2　两个列表看上去有同样的值，但实际不是

Univs和Univs1被绑定到不同的对象，可以使用Python内置函数id验证这一点，id会返回一个对象的唯一整数标识符。可以用这个函数检测对象是否相等。运行下面的代码：

```
print(Univs == Univs1) #测试值是否相等
print(id(Univs) == id(Univs1)) #测试对象是否相等
print('Id of Univs =', id(Univs))
print('Id of Univs1 =', id(Univs1))
```

会输出：

```
True
False
Id of Univs = 4447805768
Id of Univs1 = 4456134408
```

（运行这段代码时，别指望会看到相同的唯一标识符。在Python语义中，每个对象的标识符没有任何意义，Python仅要求任意两个对象具有不同标识符。）

请注意，图5-2中，Univs中的元素不是Techs和Ivys绑定的列表的复制，而是这些列表本身。Univs1中的元素也是列表，与Univs中的列表包含同样元素，但不同于Univs中的那些列表。我们可以通过以下代码确认这一点：

```
print('Ids of Univs[0] and Univs[1]', id(Univs[0]), id(Univs[1]))
print('Ids of Univs1[0] and Univs1[1]', id(Univs1[0]), id(Univs1[1]))
```

会输出：

```
Ids of Univs[0] and Univs[1] 4447807688 4456134664
Ids of Univs1[0] and Univs1[1] 4447805768 4447806728
```

为什么这一点很重要呢？因为列表是可变的。看下面的代码：

```
Techs.append('RPI')
```

append方法具有副作用。它不创建一个新列表，而是通过向列表Techs的末尾添加一个新元素——字符串'RPI'——改变这个已有的列表。图5-3给出了执行append后的计算状态。

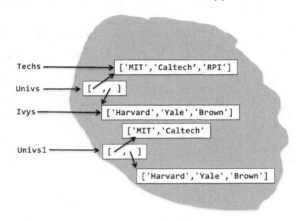

图5-3 可变性演示

Univs绑定的对象仍然包含与原来一样的两个列表，但其中一个列表的内容已经发生变化。因此，print语句：

```
print('Univs =', Univs)
print('Univs1 =', Univs1)
```

现在会输出：

```
Univs = [['MIT', 'Caltech', 'RPI'], ['Harvard', 'Yale', 'Brown']]
Univs1 = [['MIT', 'Caltech'], ['Harvard', 'Yale', 'Brown']]
```

这种情况称为对象的别名。两种不同的方式可以引用同一个列表对象。一种方式是通过变量Techs，另一种方式是通过Univs绑定的list对象中的第一个元素。我们可以通过任意一种方式改变这个对象，而且改变的结果对两种方式都是可见的。这非常方便，但也留下了隐患。无意形成的别名会导致程序错误，而且这种错误非常难以捕获。

和元组一样，可以使用for语句遍历列表中的元素。例如：

```
for e in Univs:
    print('Univs contains', e)
    print('   which contains')
    for u in e:
        print('  ', u)
```

会输出：

```
Univs contains ['MIT', 'Caltech', 'RPI']
  which contains
    MIT
    Caltech
    RPI
Univs contains ['Harvard', 'Yale', 'Brown']
  which contains
    Harvard
    Yale
    Brown
```

我们将一个列表追加到另一个列表中时，如Techs.append(Ivys)，会保持原来的结构。也就是说，结果是一个包含列表的列表。如果我们不想保持原来的结构，而想将一个列表中的元素添加到另一个列表，那么可以使用列表连接操作或extend方法。如下所示：

```
L1 = [1,2,3]
L2 = [4,5,6]
L3 = L1 + L2
print('L3 =', L3)
L1.extend(L2)
print('L1 =', L1)
L1.append(L2)
print('L1 =', L1)
```

会输出：

```
L3 = [1, 2, 3, 4, 5, 6]
L1 = [1, 2, 3, 4, 5, 6]
L1 = [1, 2, 3, 4, 5, 6, [4, 5, 6]]
```

请注意，操作符+确实没有副作用，它会创建并返回一个新的列表。相反，extend和append都会改变L1。

图5-4给出了一些列表操作。请注意，除了count和index外，这些方法都会改变列表。

```
L.append(e)：将对象e追加到L的末尾。
L.count(e)：返回e在L中出现的次数。
L.insert(i, e)：将对象e插入L中索引值为i的位置。
L.extend(L1)：将L1中的项目追加到L末尾。
L.remove(e)：从L中删除第一个出现的e。
L.index(e)：返回e第一次出现在L中时的索引值。如果e不在L中，则抛出一
个异常（参见第7章）。
L.pop(i)：删除并返回L中索引值为i的项目。如果L为空，则抛出一个异常。
如果i被省略，则i的默认值为-1，删除并返回L中的最后一个元素。
L.sort()：升序排列L中的元素。
L.reverse()：翻转L中的元素顺序。
```

图5-4  列表相关操作

### 5.3.1 克隆

我们通常应该尽量避免修改一个正在进行遍历的列表。例如，考虑以下代码：

```
def removeDups(L1, L2):
    """假设L1和L2是列表，
       删除L2中出现的L1中的元素"""
    for e1 in L1:
        if e1 in L2:
            L1.remove(e1)
L1 = [1,2,3,4]
L2 = [1,2,5,6]
removeDups(L1, L2)
print('L1 =', L1)
```

你会惊奇地发现，代码会输出：

```
L1 = [2, 3, 4]
```

在for循环中，Python使用一个内置计数器跟踪程序在列表中的位置，内部计数器在每次迭代结束时都会增加1。当计数器的值等于列表的当前长度时，循环终止。如果循环过程中列表没有发生改变，那么这种机制是有效的，但如果列表发生改变，就会产生出乎意料的结果。本例中，内置计数器从0开始计数，程序发现了L1[0]在L2中，于是删除了它——将L1的长度减少到3。然后计数器增加1，代码继续检查L1[1]的值是否在L2中。请注意，这时已经不是初始的L1[1]的值（2）了，而是当前的L1[1]的值（3）。眼见为实，现在你清楚列表在循环时被修改会发生什么。但弄清楚这个问题并不容易，而且发生的事情也不是我们故意为之，就像这个例子一样。

避免这种问题的方法是使用切片操作克隆[1]（即复制）这个列表，并使用for e1 in L1[:]这种写法。请注意下面这种写法：

```
newL1 = L1
for e1 in newL1:
```

不能解决问题。这样不能复制L1，只能为现有列表引入一个新的名称。

在Python中，切片不是克隆列表的唯一方法。表达式list(L)会返回列表L的一份副本。如果待复制的列表包含可变对象，而且你也想复制这些可变对象，那么可以导入标准库模块copy，然后使用函数copy.deepcopy。

### 5.3.2 列表推导

列表推导式提供了一种简洁的方式，将某种操作应用到序列中的一个值上。它会创建一个新列表，其中的每个元素都是一个序列中的值（如另一个列表中的元素）应用给定操作后的结果。例如：

```
L = [x**2 for x in range(1,7)]
print(L)
```

---

[1] 对动物（包括人类）的克隆会引发大量技术、伦理和精神上的难题。幸运的是，对Python对象的克隆没有这些问题。

会输出：

```
[1, 4, 9, 16, 25, 36]
```

列表推导中的for从句后面可以有一个或多个if语句和for语句，它们可以应用到for子句产生的值。这些附加从句可以修改第一个for从句生成的序列中的值，并产生一个新的序列。例如，以下代码：

```
mixed = [1, 2, 'a', 3, 4.0]
print([x**2 for x in mixed if type(x) == int])
```

对mixed中的整数求平方，然后输出[1, 4, 9]。

有些Python程序员会以非常微妙的方式使用列表推导，但这并不值得大力吹捧。请记住，其他人可能需要阅读你的代码，而"微妙"并不总是每个人都需要的东西。

## 5.4  函数对象

在Python中，函数是一等对象。这意味着我们可以像对待其他类型的对象（如int或list）一样对待函数。函数可以具有类型，例如，表达式type(abs)的值是<type 'built-in_function_or_method'>；函数可以出现在表达式中，如作为赋值语句的右侧项或作为函数的实参；函数可以是列表中的元素；等等。

使用函数作为实参可以实现一种名为高阶编程的编码方式，这种方式与列表结合使用非常方便，如图5-5所示。

```
def applyToEach(L, f):
    """假设L是列表，f是函数
        将f(e)应用到L的每个元素，并用返回值替换原来的元素"""
    for i in range(len(L)):
        L[i] = f(L[i])

L = [1, -2, 3.33]
print('L =', L)
print('Apply abs to each element of L.')
applyToEach(L, abs)
print('L =', L)
print('Apply int to each element of', L)
applyToEach(L, int)
print('L =', L)
print('Apply factorial to each element of', L)
applyToEach(L, factR)
print('L =', L)
print('Apply Fibonnaci to each element of', L)
applyToEach(L, fib)
print('L =', L)
```

图5-5  将函数应用到列表中的元素

函数applyToEach被称为高阶函数，因为它有一个参数本身就是函数。第一次调用applyToEach时，它对L中的每个元素应用Python内置的一元函数abs，以修改L中的值。第二次调用时，它对每个元素应用一个类型转换。第三次调用时，它使用对每个元素应用函数factR（定义在图4-5中）的结果，替换了相应元素。第四次调用时，它使用对每个元素应用函数fib（定义在图4-7中）的结果，替换了相应元素。这段代码最后会输出：

```
L = [1, -2, 3.33]
Apply abs to each element of L.
L = [1, 2, 3.33]
Apply int to each element of [1, 2, 3.33]
L = [1, 2, 3]
Apply factorial to each element of [1, 2, 3]
L = [1, 2, 6]
Apply Fibonnaci to each element of [1, 2, 6]
L = [1, 2, 13]
```

Python中有一个内置的高阶函数map，它的功能与图5-5中定义的applyToEach函数相似，但适用范围更广。map函数被设计为与for循环结合使用。在map函数的最简形式中，第一个参数是一个一元函数（即只有一个参数的函数），第二个参数是有序的值集合，集合中的值可以一元函数的参数。

在for循环中使用map函数时，它的作用类似于range函数，为循环的每次迭代返回一个值。[①]这些值是对第二个参数中的每个元素应用一元函数生成的。例如，下面的代码：

```
for i in map(fib, [2, 6, 4]):
print(i)
```

会输出：

```
2
13
5
```

更一般的形式是，map的第一个参数可以是具有n个参数的函数，在这种情况下，它后面必须跟随着n个有序集合（这些集合的长度都一样）。例如，下面的代码：

```
L1 = [1, 28, 36]
L2 = [2, 57, 9]
for i in map(min, L1, L2):
    print(i)
```

会输出：

```
1
28
9
```

Python还支持创建匿名函数（即没有绑定名称的函数），这时要使用保留字lambda。Lambda表达式的一般形式为：

---

① 在Python 2中，map不是每次返回一个值。相反，它返回一个列表。也就是说，其行为方式更像是Python 2中的range函数，而不是xrange函数。

```
lambda <sequence of variable names>: <expression>
```

举例来说，Lambda表达式lambda x, y: x*y会返回一个函数，这个函数的返回值为两个参数的乘积。Lambda表达式经常用作高阶函数的实参。例如，下面的代码：

```
L = []
for i in map(lambda x, y: x**y, [1 ,2 ,3, 4], [3, 2, 1, 0]):
    L.append(i)
print(L)
```

会输出[1, 4, 3, 1]。

## 5.5　字符串、元组、范围与列表

我们已经介绍了四种不同的序列类型：str、tuple、range和list。它们的共同之处在于，都可以使用图5-6中描述的操作，图5-7还总结了一些其他的异同。

```
seq[i]：返回序列中的第i个元素。
len(sep)：返回序列长度。
seq1 + seq2：返回两个序列的连接（不适用于range）。
n*seq：返回一个重复了n次seq的序列。
seq[start:end]：返回序列的一个切片。
e in seq：如果序列包含e，则返回True，否则返回False。
e not in seq：如果序列不包含e，则返回True，否则返回False。
for e in seq：遍历序列中的元素。
```

图5-6　序列类型的通用操作

| 类型 | 元素类型 | 字面量示例 | 是否可变 |
|------|----------|------------|----------|
| str | 字符型 | ''、'a'、'abc' | 否 |
| tuple | 任意类型 | ()、(3,)、('abc', 4) | 否 |
| range | 整型 | range(10)、range(1, 10, 2) | 否 |
| list | 任意类型 | []、[3]、['abc', 4] | 是 |

图5-7　序列类型对比

Python程序员使用列表的频率远超元组，因为列表是可变的，它们可以在计算过程中逐步构建。例如，以下代码可以增量建立一个列表，包含另一个列表中的所有偶数：

```
evenElems = []
for e in L:
    if e%2 == 0:
        evenElems.append(e)
```

元组的一个优势就在于它是不可变的，所以别名对它来说不是什么问题。与列表不同，元组作为不可变对象的另一个优势是可以作为字典中的键，5.6节将介绍字典。

因为字符串只能包含字符，所以应用范围远远小于元组和列表。但另一方面，处理字符串时有大量内置方法可以使用，这使得完成任务非常轻松。图5-8包含了一些字符串方法的简介。请记住，字符串是不可变的，所以这些方法都返回一个值，而不会对原字符串产生副作用。

```
s.count(s1)：计算字符串s1在s中出现的次数。
s.find(s1)：返回子字符串s1在s中第一次出现时的索引值，如果s1不在s中，则返回-1。
s.rfind(s1)：功能与find相同，只是从s的末尾开始反向搜索（rfind中的r表示反向）。
s.index(s1)：功能与find相同，只是如果s1不在s中，则抛出一个异常（第7章）。
s.index(s1)：功能与index相同，只是从s的末尾开始。
s.lower()：将s中的所有大写字母转换为小写。
s.replace(old, new)：将s中出现过的所有字符串old替换为字符串new。
s.strip()：去掉s开头的空白字符。
s.split(d)：使用d作为分隔符拆分字符串s，返回s的一个子字符串列表。例如，'David Guttag plays
basketball'.split('')的值是['David', 'Guttag', 'plays', 'basketball']。如果d被省略，则
使用任意空白字符串拆分子字符串。
```

图5-8  一些字符串方法

split是比较重要的内置方法之一，它使用两个字符串作为参数。第二个字符串设定了一个分隔符，将第一个参数拆分成一系列子字符串。例如：

```
print('My favorite professor--John G.--rocks'.split(' '))
print('My favorite professor--John G.--rocks'.split('-'))
print('My favorite professor--John G.--rocks'.split('--'))
```

会输出：

```
['My', 'favorite', 'professor--John', 'G.--rocks']
['My favorite professor', '', 'John G.', '', 'rocks']
['My favorite professor', 'John G.', 'rocks']
```

第二个参数是可选的，如果省略该参数，则使用任意空白字符（空格、制表符、换行符、回车和分页符）组成的字符串拆分第一个字符串。

## 5.6  字典

字典（dict，dictionary的缩写）类型的对象与列表很相似，区别在于字典使用键对其中的值进行引用，可以将字典看作一个键/值对的集合。字典类型的字面量用大括号表示，其中的元素写法是键加冒号再加上值。例如，以下代码：

```
monthNumbers = {'Jan':1, 'Feb':2, 'Mar':3, 'Apr':4, 'May':5,
                1:'Jan', 2:'Feb', 3:'Mar', 4:'Apr', 5:'May'}
print('The third month is ' + monthNumbers[3])
dist = monthNumbers['Apr'] - monthNumbers['Jan']
print('Apr and Jan are', dist, 'months apart')
```

会输出：

```
The third month is Mar
Apr and Jan are 3 months apart
```

dict中的项目是无序的，不能通过索引引用。这就是为什么monthNumbers[1]确定无疑地指向键为1的项目，而不是第二个项目。

和列表一样，字典是可变的。我们可以使用以下代码增加一个项目：

```
monthNumbers['June'] = 6
```

或者改变一个项目：

```
monthNumbers['May'] = 'V'
```

字典是Python最强大的功能之一，它可以大大降低编程的难度。举例来说，在图5-9中，我们使用字典完成了一个（相当恐怖的）程序，实现了不同语言互译。因为有行代码太长了，在一行中放不下，所以我们使用反斜杠\，表示下一行是上一行的延续。

```
EtoF = {'bread':'pain', 'wine':'vin', 'with':'avec', 'I':'Je',
        'eat':'mange', 'drink':'bois', 'John':'Jean',
        'friends':'amis', 'and': 'et', 'of':'du','red':'rouge'}
FtoE = {'pain':'bread', 'vin':'wine', 'avec':'with', 'Je':'I',
        'mange':'eat', 'bois':'drink', 'Jean':'John',
        'amis':'friends', 'et':'and', 'du':'of', 'rouge':'red'}
dicts = {'English to French':EtoF, 'French to English':FtoE}

def translateWord(word, dictionary):
    if word in dictionary.keys():
        return dictionary[word]
    elif word != '':
        return '"' + word + '"'
    return word

def translate(phrase, dicts, direction):
    UCLetters = 'ABCDEFGHIJKLMNOPQRSTUVWXYZ'
    LCLetters = 'abcdefghijklmnopqrstuvwxyz'
    letters = UCLetters + LCLetters
    dictionary = dicts[direction]
    translation = ''
    word = ''
    for c in phrase:
        if c in letters:
            word = word + c
        else:
            translation = translation\
                        + translateWord(word, dictionary) + c
            word = ''
    return translation + ' ' + translateWord(word, dictionary)

print translate('I drink good red wine, and eat bread.',
                dicts,'English to French')
print translate('Je bois du vin rouge.',
                dicts, 'French to English')
```

图5-9　（糟糕的）文本翻译

图中的代码会输出：

```
Je bois "good" rouge vin, et mange pain.
I drink of wine red.
```

请记住字典是可变的，所以我们必须注意副作用。例如，以下代码：

```
FtoE['bois'] = 'wood'
Print(translate('Je bois du vin rouge.', dicts, 'French to English'))
```

会输出：

```
I wood of wine red
```

多数编程语言都不包含这种提供从键到值的映射关系的内置类型。然而，程序员可以使用其他类型实现同样的功能。例如，使用其中元素为键/值对的列表就可以轻松实现字典，然后可以编写一个简单的函数进行关联搜索，如下所示：

```
def keySearch(L, k):
    for elem in L:
        if elem[0] == k:
            return elem[1]
    return None
```

这种实现的问题在于计算效率太低。最坏情况下，程序执行一次搜索可能需要检查列表中的每一个元素。而内置实现则非常快，它使用的技术称为散列，搜索时间几乎与字典大小无关。第10章将介绍散列技术。

可以使用for语句遍历字典中的项目。但分配给迭代变量的值是字典键，不是键/值对。迭代过程中没有定义键的顺序。例如，以下代码：

```
monthNumbers = {'Jan':1, 'Feb':2, 'Mar':3, 'Apr':4, 'May':5,
                1:'Jan', 2:'Feb', 3:'Mar', 4:'Apr', 5:'May'}
keys = []
for e in monthNumbers:
    keys.append(str(e))
print(keys)
keys.sort()
print(keys)
```

可能会输出：

```
['Jan', 'Mar', '2', '3', '4', '5', '1', 'Feb', 'May', 'Apr']
['1', '2', '3', '4', '5', 'Apr', 'Feb', 'Jan', 'Mar', 'May']
```

keys方法返回一个dict_keys类型的对象。[①]这是view对象的一个例子。视图中没有定义视图的顺序。视图对象是动态的，因为如果与其相关的对象发生变化，我们就可以通过视图对象察觉到这种变化。例如：

```
birthStones = {'Jan':'Garnet', 'Feb':'Amethyst', 'Mar':'Acquamarine',
               'Apr':'Diamond', 'May':'Emerald'}
months = birthStones.keys()
```

① 在Python 2中，keys返回一个包含字典键的列表。

```
print(months)
birthStones['June'] = 'Pearl'
print(months)
```

可能会输出：

```
dict_keys(['Jan', 'Feb', 'May', 'Apr', 'Mar'])
dict_keys(['Jan', 'Mar', 'June', 'Feb', 'May', 'Apr'])
```

可以使用for语句遍历dict_type类型的对象，也可以使用in检测其中的成员。dict_type 类型的对象可以很容易地转换为列表，如list(months)。

并非所有对象都可以用作字典键：键必须是一个可散列类型的对象。如果一个类型具有以下两条性质，就可以说它是"可散列的"：

❑ 具有__hash__方法，可以将一个这种类型的对象映射为一个int值，而且对于每一个对象，由__hash__返回的值在这个对象的生命周期中是不变的；

❑ 具有__eq__方法，可以比较两个对象是否相等。

所有Python内置的不可变类型都是可散列的，而且所有Python内置的可变类型都是不可散列的。使用元组作为字典键往往很方便，例如，如果使用(flightNumber, day)这种形式的元组表示航空公司的航班，那么可以很轻松地使用这种元组作为字典中的键，来映射航班与到达时间之间的关系。

与列表一样，字典也有很多非常有用的方法，包括一些删除元素的方法。我们不在此一一列举，但在本书后面的例子中，我们会为了方便而使用一些字典方法。图5-10包含了一些最常用的字典操作。[①]

```
len(d)：返回d中项目的数量。
d.keys()：返回d中所有键的视图。
d.values()：返回d中所有值的视图。
k in d：如果k在d中，则返回True。
d[k]：返回d中键为k的项目。
d.get(k, v)：如果k在d中，则返回d[k]，否则返回v。
d[k] = v：在d中将值v与键k关联。如果已经有一个与k关联的值，则替换。
del d[k]：从d中删除键k。
for k in d：遍历d中的键。
```

图5-10    一些常用的字典操作

---

① 所有这些方法在Python 3中都返回一个视图对象，在Python 2中都返回一个列表。

## 第 6 章

# 测试与调试

我真的不想指出这一点，但潘格洛斯博士①确实错了，我们并未生活在一个"可能是最好的世界"中。有的地方滴雨不落，有的地方大雨倾盆；有的地方天寒地冻，有的地方赤日炎炎，而有的地方则冬日严寒、夏季酷热。有时股市会呈现断崖式暴跌。还有，令人恼火的是，我们的程序在第一次运行时总不正常。

关于如何处理最后一个问题的书已经够多了，读读这些书你会学到很多。但为了给你一些启示，帮助你及时解决遇到的问题，我们在本章会高度精简地讨论程序的测试与调试。尽管所有编程示例都是使用 Python 编写的，但其中的基本原则可以应用于任何复杂系统的调试。

测试指通过运行程序以确定它是否按照预期工作。调试则指修复已知的未按预期工作的程序。

测试和调试不是你编写完程序之后才开始考虑的问题，优秀的程序员在设计程序时，就已经开始考虑如何使程序易于测试和调试了。关键就是将程序分解成独立的部件，可以在不受其他部件影响的情况下实现、测试和调试。本书至此为止只讨论了一种程序模块化的机制——函数，所以现在我们的所有示例都基于函数。当我们讲到其他模块化机制，特别是类的时候，会继续讨论本章的一些主题。

使程序正确工作的第一步是让语言系统允许程序运行，也就是说，要消除不需运行程序就可以检测到的语法错误和静态语义错误。如果你还没有解决程序中的这些问题，那么就还没有做好准备学习这一章。再在你的程序上花点时间吧，然后回来继续阅读。

## 6.1　测试

关于测试，最重要的是清楚它的目的是证明错误的存在，而不是证明程序没有错误。艾兹赫尔·戴克斯特拉说过："程序测试是用来证明错误的存在，而不是展示没有错误！"②据说爱因斯坦也说过："多少次实验也不能证明我是对的，但一次实验就可以证明我是错的。"

为什么会这样呢？因为即使是最简单的程序也有无数种可能的输入。例如，考虑一个想满足以下规范的程序：

---

① Dr. Pangloss，伏尔泰小说《老实人》中的人物，以毫无根据的乐观著称。——编者注

② "Notes On Structured Programming"，Technical University Eindhoven, T.H.Report 70-WSK-03, April 1970.

```
def isBigger(x, y):
    """假设x和y是整数
        如果x小于y则返回True，否则返回False。"""
```

毫不夸张地说，使用所有整数对运行这个程序会非常枯燥乏味。最好的方式是，只使用一些特殊的整数对来运行程序，如果程序中有错误，那么这些整数对就应该极有可能产生错误答案。

测试的关键就是找到这样一组输入，可以称之为测试套件。它有很大可能发现程序错误，又不需要程序运行太长时间。找到这样的输入的关键是，对所有可能的输入空间进行分区，将其划分为对程序正确性提供相同信息的多个子集，然后构建测试套件，使其包含来自每个分区的至少一个输入。（一般情况下，构建这样一个测试套件实际上是不可能的，可以把它看成是一个不能达到的理想状态。）

集合的分区可以将集合分割为多个子集，并使得初始集合中的每个元素都恰好属于一个子集。例如，对于isBigger(x, y)，可能的输入集合为所有整数的成对组合。对这个集合我们可以将其划分为7个子集：

| | | |
|---|---|---|
| x为正，y为正 | x为负，y为负 | |
| x为正，y为负 | x为负，y为正 | |
| x = 0，y = 0 | x = 0，y≠0 | x≠0，y=0 |

如果使用来自每个子集的至少一个值对函数实现进行测试，就非常有可能（不一定）暴露可能存在的错误。

对于多数程序，适当地划分输入空间说起来容易，做起来就太难了。我们通常需要将代码和规范结合起来，进行各种路径探索，并在此基础上发展出一种启发式方法。基于代码探索路径的启发式方法称为白盒测试，基于规范探索路径的启发式方法称为黑盒测试。

## 6.1.1　黑盒测试

理论上，构建黑盒测试时不需要查看要测试的代码。黑盒测试允许测试者和开发者来自不同人群。当我们这些讲授编程课程的教师为分配给学生的问题集合生成测试案例时，就是在建立黑盒测试套件。商业软件的开发者经常要配备一个质量保证团队，这个团队在很大程度上是独立于开发团队的。

生成测试套件时，代码中的错误可能会潜伏到测试套件中，上面这种团队之间的独立性可以减少这种可能性。举例来说，程序编写者可能做了一个错误的隐含假设，即不能使用负数调用函数，那么如果由这个人构建程序的测试套件，就很有可能继续重复这个错误，不使用负数参数测试这个函数。

黑盒测试的另外一个好处是，具体实现发生变化时，这种测试仍然适用。因为生成测试数据与具体实现没有关系，所以具体实现改变时，测试不需随之改变。

我们前面说过，生成黑盒测试数据的有效方法是通过规范探索测试路径。看一下下面的规范：

```
def sqrt(x, epsilon):
    """假设 x 和 epsilon 是浮点数
            x >= 0
```

```
            epsilon > 0
    如果存在满足x-epsilon <= result*result <= x+epsilon的result,
    就返回result"""
```

这个规范看上去只有两条路径：一条对应x = 0，一条对应x > 0。但常识告诉我们，尽管测试这两种情形是必要的，但绝对不够。

还需要测试边界条件。测试列表时，边界条件包括空列表、只有一个元素的列表以及包含列表的列表。测试数值时，典型的边界条件就是非常小的值、非常大的值和"正常"值。对于例子中的sqrt函数，使用图6-1中的x和epsilon值应该比较理想。

| x | epsilon |
|---|---|
| 0.0 | 0.0001 |
| 25.0 | 0.0001 |
| 0.5 | 0.0001 |
| 2.0 | 0.0001 |
| 2.0 | 1.0/2.0**64.0 |
| 1.0/2.0**64 | 1.0/2.0**64.0 |
| 2.0**64.0 | 1.0/2.0**64.0 |
| 1.0/2.0**64.0 | 2.0**64.0 |
| 2.0**64.0 | 2.0**64.0 |

图6-1 测试边界条件

前四行是一些典型的测试用例。请注意，x值包括一个完全平方数、一个小于1的数和一个根为无理数的数。如果这些测试有任何一种没有通过，那么程序中肯定有错误需要修复。

其余几行测试了x和epsilon取特别大的值和特别小的值的情形。如果有任何一种测试失败，说明程序有需要修改的地方。可能是程序中有错误需要修复，也可能需要修改规范以使它更容易被满足。例如，当epsilon特别小的时候，还希望能找到合适的平方根近似值，那对程序的要求就太高了。

还需要考虑的一个重要边界条件是别名。例如，下面的代码：

```
def copy(L1, L2):
    """假设L1和L2是列表
        使L2和L1元素相同"""
    删除L2中的所有元素
        删除L2的第一个元素
    向空列表L2添加L1的元素
        L2.append(e)
```

多数情况下是有效的，但L1和L2引用同一个列表时，它就失效了。如果测试套件中没有包括像copy(L，L)这样的函数调用，就永远不会发现这个错误。

## 6.1.2    白盒测试

黑盒测试是必需的，但通常也是不够的。不检查代码内部结构，就不可能知道哪种测试用例能提供新的信息。看看下面这个普通的例子：

```
def isPrime(x):
    """假设x是非负整数
        如果x是素数，则返回True，否则返回False"""
    if x <= 2:
        return False
    for i in range(2, x):
        if x%i == 0:
            return False
    return True
```

查看代码可知，因为测试条件为if x <= 2，所以0、1和2都可以作为一种特殊情形，都需要测试。如果不看这段代码，可能就不会测试isPrime(2)，也就不会发现isPrime(2)这个函数调用会返回False，错误地认为2不是质数。

构建白盒测试套件要比黑盒测试套件容易得多。规范经常是不完整的，也十分简单，这使得我们很难估计黑盒测试套件对输入空间的覆盖程度。相比之下，代码中反映的路径则定义得非常清楚，白盒测试套件对输入空间的覆盖程度相对也比较容易。实际上，现在就有一些商业工具可以比较客观地测量白盒测试的完备程度。

如果一个白盒测试套件可以测试程序中所有潜在路径，那我们就可以认为它是路径完备的。一般来说，路径完备不可能达成，因为这取决于程序中循环的次数和递归的深度。例如，一个阶乘函数的递归实现对于每种可能的输入都有不同路径（因为不同输入的递归深度不一样）。

而且，即使一个路径完备的测试套件也不能保证发现程序中的所有错误。看下面的代码：

```
def abs(x):
    """假设x是整数
        如果x>=0返回x，否则返回-x"""
    if x < -1:
        return -x
    else:
        return x
```

从规范中可知，有两种可能的情形：x为负数，或者不为负数。这说明输入集合{2，-2}足以覆盖规范中的所有路径。这个测试套件对我们来说还有一个额外的惊喜：它同时也测试了程序代码中的所有路径，所以看起来也是一个路径完备的白盒测试套件。美中不足的是，这个测试套件忽略了这样一个事实：abx(-1)会返回-1。

尽管白盒测试有很多局限性，但它提供的一些经验准则仍然值得我们参考。

❑ 测试所有if语句的所有分支。

❑ 必须测试每个except子句（参见第7章）。

❑ 对于每个for循环，需要以下测试用例：

■ 未进入循环（例如，如果使用循环遍历列表中的所有元素，则必须测试空列表）；

- 循环体只被执行一次；
- 循环体被执行多于一次；

□ 对于每个while循环：

- 包括上面for循环中的所有用例；
- 还要包括对应于所有跳出循环的方式的测试用例。例如，对于以while len(L) > 0 and not L[i] == e开始的循环，测试用例应该包括因为len(L)不大于0和因为L[i] == e而跳出循环的情况。

□ 对于递归函数，测试用例应该包括函数没有递归调用就返回、只执行一次递归调用和执行多次递归调用的情况。

## 6.1.3 执行测试

测试一般分为两个阶段。第一个阶段称为单元测试。在这个阶段中，测试者构建并执行测试，用来确定代码的每个独立单元（例如，函数）是否正常工作。第二个阶段称为集成测试，用来确定整个程序能否按预期运行。在实际工作中，测试者会不断重复这两个阶段，因为如果集成测试没有通过，那就还需要对单个模块做出修改。

一般来说，集成测试比单元测试更具挑战性。原因之一就是与描述单个模块的预期行为相比，描述整个程序的预期行为要困难得多。例如，描述一个字处理软件的预期行为，其困难程度要远远超过描述一个计算文档中字符数量的函数的预期行为。规模问题也会使集成测试更加困难。花费数小时甚至数天时间执行集成测试是常有的事。

很多业内软件开发组织都配备有独立于软件开发团队的软件质量保证团队。这个团队的任务就是确保软件功能在发布之前达到预期要求。在一些组织中，开发团队负责单元测试，QA团队负责集成测试。

在工业界，测试过程通常是高度自动化的。测试者[1]不会坐在终端前面手动输入用例并检查输出。他们会使用测试驱动程序，这些程序会自动进行以下工作：

□ 建立调用待测试程序（或单元）所需的环境；
□ 使用一个预先定义的或自动生成的输入序列来调用待测试程序（或单元）；
□ 保存以上调用结果；
□ 检查测试结果是否可以接受；
□ 自动生成一个合适的报告。

在单元测试中，除了建立测试驱动程序之外，我们还经常需要建立测试桩。测试驱动程序可以模拟使用待测试单元的那部分程序，测试桩则用来模拟待测试单元要使用的那部分程序。测试桩的用处非常大，因为它使我们可以测试那些需要某些软件才能运行的单元，有时候甚至是需要某些还不存在的硬件才能运行的单元。这样，程序员团队就可以同时开发并测试一个系统的多个部分。

理想情况下，测试桩应该具有以下功能：

---

① 或者，也可以是在编程大课中给习题集打分的那个人。

□ 检查调用者提供的环境和参数是否合理（使用不恰当的参数调用函数是很常见的错误）；
□ 修改实参和全局变量，使它们符合规范；
□ 返回与规范一致的值。

建立合适的测试桩通常比较困难。如果测试桩要模拟的是一个执行复杂任务的单元，那么要建立这样一个测试桩，而且它的行为要完全符合该单元的规范，其工作量差不多相当于重写这个要模拟的单元。解决这个问题的一种方法是，限制测试桩可以接受的参数集合并创建一个表格，在其中列出测试套件使用的每种参数组合及其对应的返回值。

测试过程自动化的一个显著优点是更易于进行回归测试。程序员调试程序时，非常容易破坏其他正常工作的部分。每次对程序做出修改之后，不论修改有多么小，我们都应该确保程序还能通过它以前已经通过的测试。

## 6.2　调试

修复软件缺陷的过程被称为调试，关于这个词的由来有一个迷人的坊间传说。图6-2的照片是哈佛大学的一个研究组1947年9月9日实验室记录中的一页，这个研究组当时正致力于研究艾肯继电器计算机"马克二号"。

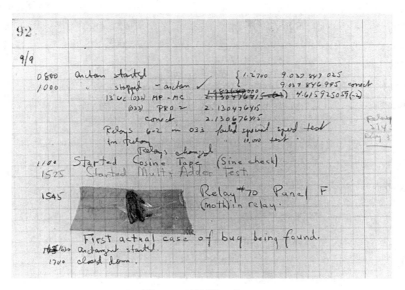

图6-2　不是第一个bug

有人断定，正是因为发现了那只被困在"马克二号"中的倒霉的蛾子，才导致debugging这个术语的出现。但从照片中"发现虫子（bug）的第一个真实案例"这句话可以看出，bug的引申含义已经常用于描述系统问题。"马克二号"项目负责人之一格蕾丝·莫里·霍珀明确表示，bug这个词在二战时期就经常用于描述电子系统中的问题。而且在那之前，一本1896年的电气手册

*Hawkins's New Catechism of Electricity*中就已经包含了这个条目："术语bug在有限范围内表示电气设备连接或运行方面的错误和问题。"在英语中，bugbear这个词表示"导致不必要的或过分的恐惧或焦虑的事情"[①]。当哈姆雷特抱怨"我生命中的虫子和小妖精"的时候，莎士比亚将这个词简写成了bug。

bug这个词有时会使人们忽略这样一个基本事实：如果你写的程序中有bug，那肯定是你自己的问题。完美无瑕的程序中，问题不会不请自来。如果你的程序中有问题，那一定是你的错。错误不会在程序中繁衍，如果你的程序中有很多错误，那肯定是因为你犯了很多错误。运行时错误可以按照以下两个维度进行分类。

❑ **显性→隐性**：显性错误有明显的表现，如程序崩溃或运行时间异常长（可能永不停止）。隐性错误没有明显的表现，程序会正常结束，不出任何问题——除了给出一个错误答案。多数错误都在二者之间，一个错误是否是显性的取决于你检查程序行为的周密程度。

❑ **持续→间歇**：持续性错误在程序每次使用相同的输入运行时都会发生。间歇性错误仅在某些时候出现，即使程序使用相同输入并在相同条件下运行。进行到第14章时，我们会开始编写程序为随机情形建模，在这种类型的程序中，间歇性错误是很常见的。

显性的和持续性的错误是最好的情况。开发者不会对部署这种程序的可行性抱任何幻想，如果有其他人愚蠢到想使用这种程序，他会立刻发现自己蠢到不可救药。这种程序在崩溃之前可能会做一些可怕的事情，比如删除文件，但这种错误至少会引起用户的重视（如果没有惊慌失措的话）。优秀的程序员编写程序时，会尽量使程序错误是显性的和持续性的，这种编程方式通常称为防御性编程。

下一种我们不希望见到的错误是显性的间歇性错误。一个几乎所有时候都能计算出飞机正确位置的空中交通管制系统，要比一个一直在犯明显错误的系统危险得多。部署一个带有错误程序的系统确实可以维持一段时间，但这只不过是一场黄粱美梦，问题迟早会暴露。如果发生错误的条件很容易重现，那么跟踪和修复错误也相对比较容易。如果引起错误的条件不是很清楚的话，问题就非常难以解决。

以隐性方式出错的程序特别危险。因为它们表面看来没有问题，人们使用它们，并且相信它们在做正确的事。逐渐地，我们的社会将对软件产生依赖，这些软件用来执行超出人类能力的关键计算，我们甚至不能判断软件执行的这些计算是否正确。因此，程序可以在很长一段时间内给出一个错误答案，而我们根本意识不到这个情况。这样的程序可能而且已经造成了严重危害。[②]一个评价抵押债券投资组合风险的程序如果出现错误，会给银行（甚至整个社会）带来极大的麻烦。一台放射治疗仪如果比正常情况发射出哪怕多一点或少一点的射线，对癌症病人来说都是生与死的区别。一个只是偶尔出现隐性错误的程序造成的危害总是远大于一直出错的程序。既是隐性又是间歇性的错误始终是最难发现和修复的。

---

① 韦氏新世界大学词典

② 2012年8月1日，骑士资本集团股份有限公司部署了一套新的股票交易软件。在45分钟内，软件错误给公司造成了4.4亿美元的损失。第二天，骑士集团的CEO宣布程序错误使软件产生了"无数错误订单"。

## 6.2.1  学习调试

调试是一种需要学习的技能，没有人天生就会调试程序。好消息是，学习调试并不难，而且一通百通。调试程序的能力可以用来找出其他复杂系统中的错误，如科学实验和病人。

人们至少用了40年时间建立被称为"调试器"的工具，所有流行的Python IDE中也带有调试器工具。设计者认为这些调试工具可以帮助人们找到程序中的错误，它们确实有帮助，但说实话，帮助不大。更重要的是如何接近问题。很多经验丰富的程序员甚至根本不用调试工具。多数程序员认为最重要的调试工具是print语句。

当测试发现程序运行不正常时，就应该进行程序调试。调试就是搜索程序异常行为原因的过程。保持良好调试能力的关键就是系统化地执行这个搜索过程。

调试从研究现有数据开始，这些数据包括测试结果和程序文本。要研究所有测试结果，不但要检查那些发现问题的测试，还要检查那些没有发现问题的测试。尽量弄清楚为什么这个测试通过了而另一个测试没有通过，这经常会给你一些启发。查看程序文本时，请记住你不需要完全理解它。如果完全理解了程序，就不会有错误发生了。

然后，建立一个符合所有现有数据的假设。这个假设可以非常具体，比如"如果我将第403行代码从x < y修改成x <= y，那么问题就会解决"；这个假设也可以非常宽泛，比如"程序不会结束的原因是某些while循环中的跳出条件出现了错误"。

接下来，设计并运行一个能够推翻上述假设的可重复实验。例如，你可以在每个while循环的前面和后面都加上一个print语句。如果这些语句完全匹配成对，那么因为某个while循环出错导致程序无法终止的假设就被推翻了。运行实验之前，你就应该明确如何解释每种可能的结果。如果直到实验结束才对结果进行解释，就很可能陷入"事后诸葛亮"的尴尬境地。

最后，要将你的实验过程记录下来，这一点非常重要。当你花费数小时修改代码，并努力追踪那些难以捉摸的错误的时候，非常容易忘掉你已经做了什么。如果不仔细记录，非常容易浪费大量时间，一遍又一遍地重复同样的实验（更可能的是，那些看上去不同但会向你传达同样信息的实验）。请记住，就像很多人说过的，"非常愚蠢的人会一遍又一遍地重复同样的事情，却期待不同的结果。"[①]

## 6.2.2  设计实验

如果将调试看作一个搜索过程，那么每次实验就要尽力缩减搜索空间。缩减搜索空间的一种方法是，设计一个实验，确定代码的一个具体区域是否是造成某个问题的原因，这个问题是在集成测试中被发现的。另外一种缩减搜索空间的方法是，减少导致错误出现所需的测试数据量。

我们故意设计了一个例子，来演示如何进行调试。假设你编写了图6-3中的回文检测代码。

---

① 这句话出自丽塔·梅·布朗的*Sudden Death*。然而，显然很多人都说过类似的话，包括阿尔伯特·爱因斯坦。

```
def isPal(x):
    """假设x是列表
        如果列表是回文，则返回True，否则返回False"""
    temp = x
    temp.reverse
    if temp == x:
        return True
    else:
        return False

def silly(n):
    """假设n是正整数
        接受用户的n个输入
        如果所有输入组成一个列表，则返回'Yes'
            否则返回'No'"""
    for i in range(n):
        result = []
        elem = input('Enter element: ')
        result.append(elem)
    if isPal(result):
        print 'Yes'
    else:
        print 'No'
```

图6-3　带有bug的程序

假设你对自己的编程技能非常自信，所以未经测试就将这段代码发布到互联网上。很快你将收到一封信："我用以下1000个字符串作为输入测试了你的这个（哔——）程序，每次它都输出Yes，就算一个傻瓜都能看出这不是回文，赶快修改一下吧！"

你可以使用邮件中提供的1000个字符串作为输入进行测试，但更明智的做法是先从更简单一些的输入开始。实际上，应该先使用一个最短的非回文字符串来测试，如：

```
>>> silly(2)
Enter element: a
Enter element: b
```

好消息是，程序连这个最简单的测试也没有通过，所以你不用输入那1000个字符串了。坏消息是，你根本不知道哪里出错。

对于这个例子，代码非常少，所以你可以一直盯着它看，直到找出那个错误（或那些错误）。但是，假设这个程序非常大，不能使用上面的方法，那下面就来系统地缩减搜索空间。

一般来说，最好的方法是执行二分查找。先找出代码中间点，然后设计一个实验，确定是否因为中间点前面存在问题才导致程序出现这种症状。（当然，中间点后面也可能存在问题，但最好一次只解决一个问题。）中间点最好选在能够提供某些中间值的地方，这些中间值应该既易于检查，又能提供有价值的信息。如果某个中间值与你的预期不符，那么中间点之前就很可能存在问题。如果中间值都没有问题，那么错误就可能在代码后半部分的某个地方。可以一直重复这个过程，直到将存在问题的区域缩减到几行代码。

我们看一下silly函数，它的中间点大致在if isPal(result)这行附近。很明显，我们需要检查result的值是否是['a', 'b']。我们在silly函数中的if语句前面插入print(result)来检查result的值。这个实验运行的结果是程序输出了['b']，这说明已经出现了错误。下一步是在循环的中间点输出result，这次很快发现，result中的元素从来不会多于1个，这说明对result的初始化应该移到for循环的外面。

"正确的" silly函数代码应该是：

```
def silly(n):
    """假设n是正整数
       接受用户的n个输入
       如果所有输入组成了一个回文列表，则返回'Yes'
           否则返回'No'
    result = []
    for i in range(n):
        elem = input('Enter element: ')
        result.append(elem)
    print (result)
    if isPal(result):
        print ('Yes')
    else:
        print ('No')
```

我们试一下这段代码，看看在for循环之后result取值是否正确。没有问题，但不幸的是，程序仍然输出Yes。于是，我们有理由相信print语句后面还有第二个错误。所以，我们再看一下isPal函数。代码if temp == x:看上去是这个函数的中心点，所以我们在这行代码前面插入：

```
print(temp, x)
```

运行代码时，我们看到temp的值与预期一致，但x则不然。先看isPal函数的前半部分，我们在temp = x这行代码后面插入一条print语句，发现temp和x的值都是['a', 'b']。快速检查代码，发现在isPal函数中，我们将temp.reverse()错误地写成了temp.reverse，后者会返回一个内置的列表reverse方法，但不调用它。[1]

我们再运行一下测试，这次发现temp和x的值都是['b', 'a']。现在可以将错误限定在一行代码上了。看上去，temp.reverse()意外地改变了x的值。就是这个别名错误将我们害惨了：temp和x是同一个列表的两个名称，在列表翻转前后都是这样。修复这个错误的一种方法是使用temp = x[:]替换isPal中的第一个赋值语句，新代码可以为x制作一个副本。

isPal函数的正确代码是：

```
def isPal(x):
    """假设x是列表
       如果列表是回文，则返回True，否则返回False"""
    temp = x[:]
    temp.reverse()
```

---

[1] 你可能会想，如果有一个静态检查器就可以发现，temp.reverse并没有执行任何计算，所以很有可能是个错误。

```
if temp == x:
    return True
else:
    return False
```

### 6.2.3 遇到麻烦时

据说，肯尼迪总统的父亲约瑟夫·P.肯尼迪曾经这样教导他的孩子们："艰难之路，唯勇者行。"[1]然而他从来没有调试过一段代码。调试遇到困难时，我们该怎么做呢？以下给出了几条实用的提示。

- ❑ 排除常见错误。例如，看看你是否犯了以下错误：
  - ■ 以错误的顺序向函数传递实参；
  - ■ 拼错一个名称，如将大写字母写成小写；
  - ■ 变量重新初始化失败；
  - ■ 检验两个浮点数是否相等（ == ），而不是近似相等（请记住，浮点数的运算与学校里学的运算不一样）；
  - ■ 在应该检验对象相等（如id(L1) == id(L2)）的时候，检验值相等（例如，使用表达式 L1 == L2比较两个列表）；
  - ■ 忘记了一些内置函数具有副作用；
  - ■ 忘记使用()将对function类型对象的引用转换为函数调用；
  - ■ 意外地创建了一个别名；
  - ■ 其他一些你常犯的错误。
- ❑ 不要问自己为什么程序没有按照你的想法去做，而要问自己程序为什么像现在这样做。后者应该更容易回答，要想弄清楚如何修复程序，这可能是一个很好的开始。
- ❑ 记住，错误可能不在你认为会出错的地方。如果在那里，你早就应该发现它了。确定错误位置的一种实用方法是，看看那些你认为不会出错的地方。就像夏洛克·福尔摩斯所说："排除所有其他因素，最后剩下来的一定就是真相。"[2]
- ❑ 试着向其他人解释程序的问题。每个人都会有盲点。经常有这样的情况，试图向别人解释问题的时候，你会突然发现自己忽略的地方。向其他人解释为什么程序中某个地方不会出现错误是个很好的选择。
- ❑ 不要盲目相信任何书面上的东西。特别是，不要相信文档。代码行为可能与注释不一样。
- ❑ 暂停调试，开始编写文档。这会帮助你从不同视角接近问题所在。
- ❑ 出去散散步，明天接着做。这可能意味着与你坚持工作相比，修复问题的时间要晚一些，但花费的总时间会大大减少。也就是说，我们使用时间上的一点延迟换取了效率上的大幅提升。（同学们，开始习题集中的编程练习吧，宁早勿晚，这是个绝好的理由！）

---

[1] 他还告诉肯尼迪："不要收买哪怕一张选票，我绝不会为注定的胜利而买单。"

[2] 阿瑟·柯南·道尔，《四签名》。

### 6.2.4　找到"目标"错误之后

当你认为找到代码中的错误时，很可能要立刻开始编写并测试一个修复程序，这种诱惑通常难以抑制。但你这时最好冷静一下。请记住，我们的目标不是修复一个错误，而是快速有效地得到一个没有错误的程序。

你应该扪心自问，这个错误能够解释所有观测到的症状，还是只是冰山一角。如果是后者，最好将对这个错误的处理与其他修改结合考虑。举例来说，假设你发现错误是因为意外修改列表导致的，那么可以复制列表，先在本地绕开这个错误；也可以考虑使用一个元组代替列表（因为元组是不可变的），这样可能消除代码其他部分中的类似错误。

做出任何修改之前，一定要想清楚提交"修复"的后果。它会破坏其他程序吗？它会使程序过度复杂吗？它会使我们有机会优化其他部分的代码吗？

请一定确保你可以回到修复前的状态。如果经过一系列长长的修改之后你才发现，离最初设定的目标越来越远，而且已经没有机会回到原点，那么没什么事情比这更令人沮丧了。磁盘空间一般足够大，请一定注意保存程序修改前的版本。

最后，如果还存在很多无法解释的错误，那么你应该反思，这种按部就班查找并修复错误是否正确。你最好考虑一下，是否有更好的方法来组织程序，或者有更简单的、更容易正确实现的算法。

## 第 7 章

# 异常与断言

"异常"通常被定义为"不符合规范的东西",因此有些罕见。但在Python中,异常十分常见,简直到处都是。实际上,标准Python库中的所有模块都使用异常,Python本身在很多不同的环境中也会抛出异常。你肯定已经见到过一些异常了。

打开一个Python shell并输入:

```
test = [1,2,3]
test[3]
```

解释器会给出如下回应:

```
IndexError: list index out of range
```

IndexError是程序试图访问一个位于可索引类型边界之外的元素时,由Python抛出的异常类型。IndexError后面的字符串提供了一些附加信息,说明了引发异常的原因。

Python语言中内置的多数异常都用来处理这样一种情况,即程序试图使用不恰当的语义结构执行语句。(在本章后面的内容中,我们也会使用一些特殊的异常——它们不处理程序错误。)那些努力编写并运行Python程序的读者们(我们希望是所有读者)应该已经遇到了很多异常,最常见的异常类型是TypeError、IndexError、NameError和ValueError。

## 7.1 处理异常

直到现在,我们还是将异常当作致命错误进行处理。发生异常时,程序就终止(在这种情况下,"崩溃"应该是一个更恰当的词语),然后我们回到代码,试图弄清为什么会出错。程序因为一个异常被抛出而终止时,我们称抛出了一个未处理异常。

异常没有必要导致程序终止。异常在被抛出时,可以也应该由程序进行处理。有时候抛出异常的原因是程序中有错误(比如访问一个不存在的变量),但很多时候,异常是程序员可以也应该预料到的事情。程序会试图打开一个不存在的文件。如果交互式程序要求用户输入信息,那么用户可能会输入一些不合适的内容。

如果知道了一行代码在运行时可能引发异常,那么你应该处理异常。在一个优秀程序中,未处理异常才是真正的异常。

我们看一下这段代码:

```
successFailureRatio = numSuccesses/numFailures
print('The success/failure ratio is', successFailureRatio)
print('Now here')
```

多数情况下，这段代码运行良好，但如果numFailures碰巧是0，那么试图除以0就会使Python运行时系统抛出一个ZeroDivisionError异常，程序也根本执行不到print语句。

最好按照以下方式改写这段程序：

```
try:
    successFailureRatio = numSuccesses/numFailures
    print('The success/failure ratio is', successFailureRatio)
except ZeroDivisionError:
    print('No failures, so the success/failure ratio is undefined.')
print('Now here')
```

进入try代码块时，解释器试图对表达式numSuccesses/numFailures进行求值。如果表达式求值成功，程序就将这个表达式的值赋给变量successFailureRatio，执行try代码块末尾的print语句，然后前进到try-except结构后面的print语句。但是，如果表达式求值过程中抛出ZeroDivisionError异常，控制流就立刻跳到except代码块（跳过try代码块中的赋值语句和print语句），执行except代码块中的print语句，然后继续执行try-except代码块后面的print语句。

**实际练习**：实现一个满足以下规范的函数。请使用try-except代码块。

```
def sumDigits(s):
    """假设s是一个字符串
       返回s中十进制数字之和
          例如，如果s是'a2b3c'，则返回5"""
```

我们再看另一个例子，考虑以下代码：

```
val = int(input('Enter an integer: '))
print('The square of the number you entered is', val**2)
```

如果用户善解人意地输入了一个可以转换为整数的字符串，那么万事大吉。但是，如果用户输入了abc呢？执行这行代码会使Python运行时系统抛出一个ValueError异常，print语句也根本不会执行。

程序员应该按照下面的方式写这段代码：

```
while True:
    val = input('Enter an integer: ')
    try:
        val = int(val)
        print('The square of the number you entered is', val**2)
        break #跳出while循环
    except ValueError:
        print(val, 'is not an integer')
```

进入循环之后，程序会要求用户输入一个整数。一旦用户完成输入，程序就执行try-except代码块。如果try代码块中的前两行语句都没有引发ValueError异常，那么就执行break语句，跳出while循环。但是，如果执行try代码块时抛出ValueError异常，控制流就立刻转移到except

代码块。因此，如果用户输入了一个不能转换为整数的字符串，程序就会要求用户重新输入。这样，不论用户输入什么内容，都不会引发一个未处理异常。

这个修改的负面影响是，程序代码从2行变成了8行。如果有很多地方要求用户输入整数，那就比较成问题了。当然，这个问题可以通过引入一个函数得到解决：

```python
def readInt():
    while True:
        val = input('Enter an integer: ')
        try:
            return(int(val)) #返回前将str转换为int
        except ValueError:
            print(val, 'is not an integer')
```

更棒的是，这个函数可以扩展为接受任意类型的输入：

```python
def readVal(valType, requestMsg, errorMsg):
    while True:
        val = input(requestMsg + ' ')
        try:
            return(valType(val)) #返回前将str转换为valType
        except ValueError:
            print(val, errorMsg)

readVal(int, 'Enter an integer:', 'is not an integer')
```

函数readVal是多态的，也就是说，它可以兼容各种类型的参数。这种函数在Python中很容易编写，因为类型是一等对象。现在我们可以使用以下代码要求用户输入整数：

```python
val = readVal(int, 'Enter an integer:', 'is not an integer')
```

异常看上去不太友好（毕竟，如果不处理，异常会使程序崩溃），但总好于其他处理方式。试想，如果要将字符串'abc'转换成一个int类型的对象，类型转换函数int该如何是好？它可以返回一个对应于该字符串编码的整数，但这样与程序员的初衷相悖。或者，它可以返回一个特殊值None。这样，程序员还需要插入一些代码检查类型转换是否返回None。如果忘记检查，他就要承担程序出现一些奇怪错误的风险。

使用异常时，程序员仍然需要编写一些代码处理特定异常。如果忘记处理某个异常，那么这个异常就被抛出，程序也随之立刻停止。这是件好事，它可以警告用户，让他们知道程序出现了一些问题。（正如我们在第6章讨论过的，显性错误要远远好于隐性错误。）而且，它还会明确告知程序调试者哪里发生了错误。

如果一段程序代码中可能引发的异常类型不止一种，那么保留字except后面可以接一个异常元组，如下所示：

```python
except (ValueError, TypeError):
```

这种情况下，如果try代码块中引发了任何一种异常，都会进入except代码块。

或者，我们可以为每种异常编写一个单独的except代码块，这样可以使程序根据抛出的异常选择相应操作。如果代码是这样的：

```
except:
```

那么，如果try代码块中抛出任何一种异常，程序都会进入except代码块。图7-1展示了这些特性。

```
def getRatios(vect1, vect2):
    """假设vect1和vect2是长度相同的数值型列表
        返回一个包含vect1[i]/vect2[i]中有意义的值的列表"""
    ratios = []
    for index in range(len(vect1)):
        try:
            ratios.append(vect1[index]/vect2[index])
        except ZeroDivisionError:
            ratios.append(float('nan')) #nan = 不是一个数
        except:
            raise ValueError('getRatios called with bad arguments')
    return ratios
```

图7-1    使用异常作为控制流

## 7.2    将异常用作控制流

不要只把异常看作错误，它还是一种方便的控制流机制，可以使程序更加简洁。

在很多编程语言中，处理错误的标准方法是使函数返回一个特定值（与Python中的None很相似）来表示出现错误。每次函数调用都必须检查返回值是否是这个特定值。在Python中，更常见的做法是，当函数不能返回一个符合规格说明的结果时，就抛出一个异常。

Python语言中的raise语句可以强制引发一个特定的异常。raise语句的形式如下：

raise *exceptionName*(*arguments*)

其中*exceptionName*通常是一种内置的异常，如ValueError。当然，程序员可以通过为内置的Exception类创建一个子类，来定义一个新的异常。不同类型的异常可以有不同类型的参数，但大多数时候参数都是一个字符串，用来描述引发异常的原因。

**实际练习**：实现一个满足以下规范的函数。

```
def findAnEven(L):
    """假设L是一个整数列表
        返回L中的第一个偶数
        如果L中没有偶数，则抛出ValueError异常"""
```

返回去看一下图7-1中的函数定义。

对应try代码块的有两个except代码块。如果在try代码块中抛出异常，那么Python先检查这个异常是不是ZeroDivisionError。如果是，就将一个float类型的特殊值nan追加到ratios中。（nan表示"不是一个数"，没有对应它的字面量，但可以通过将字符串'nan'或'NaN'转换为float类型来表示。当nan在一个float类型的表达式中用作操作数时，这个表达式的值也是nan。）如果异常不是ZeroDivisionError，那么代码就执行第二个except代码块，抛出一个带有相应字符串的ValueError异常。

理论上，第二个except代码块永远不会被执行，因为代码调用getRatios时应该遵守函数规范中的假设。但是，检查是否遵守了这些假设只能增加一些计算负担，没有什么实际意义，所以还不如使用异常进行防御性编程和检查。

以下代码演示了程序使用getRatios函数的方法。except ValueError as msg:这行代码中的名称msg绑定了抛出ValueError时使用的参数（一个字符串）。[①]执行以下代码：

```
try:
    print(getRatios([1.0,2.0,7.0,6.0], [1.0,2.0,0.0,3.0]))
    print(getRatios([], []))
    print(getRatios([1.0, 2.0], [3.0]))
except ValueError as msg:
    print(msg)
```

会输出：

```
[1.0, 1.0, nan, 2.0]
[]
getRatios called with bad arguments
```

图7-2中给出的是对同样规范的另一种实现，没有使用try-except。

```
def getRatios(vect1, vect2):
    """假设vect1和vect2是长度相同的数值型列表
        返回一个包含vect1[i]/vect2[i]中有意义的值的列表"""
    ratios = []
    if len(vect1) != len(vect2):
        raise ValueError('getRatios called with bad arguments')
    for index in range(len(vect1)):
        vect1Elem = vect1[index]
        vect2Elem = vect2[index]
        if (type(vect1Elem) not in (int, float))\
            or (type(vect2Elem) not in (int, float)):
            raise ValueError('getRatios called with bad arguments')
        if vect2Elem == 0.0:
            ratios.append(float('NaN')) #NaN = 不是一个数
        else:
            ratios.append(vect1Elem/vect2Elem)
    return ratios
```

图7-2  不使用try-except的控制流

和图7-1中的代码相比，图7-2的代码更长，更难以阅读，效率也更差。（图7-2的代码中，如果去掉局部变量vect1Elem和vect2Elem，代码会稍短一些，但付出的代价是效率更差，因为要反复地对列表进行索引。）

我们再看一个例子，如图7-3所示。函数getGrades或者返回一个值，或者抛出一个带有参数

① 在Python 2中，这行代码写为except ValueError, msg，而不是except ValueError as msg。

值的异常。如果对open函数的调用引发了一个IOError，那么getGrades就抛出一个ValueError
异常。它本可以忽略IOError，让调用getGrades的那部分代码去处理这个异常，但这样会使调
用代码在出现问题时没有足够的信息判断出错位置。调用getGrades的代码或者使用返回值计算
出另一个值，或者处理异常并打印出带有出错原因的错误信息。

```
def getGrades(fname):
    try:
        gradesFile = open(fname, 'r') #open file for reading
    except IOError:
        raise ValueError('getGrades could not open ' + fname)
    grades = []
    for line in gradesFile:
        try:
            grades.append(float(line))
        except:
            raise ValueError('Unable to convert line to float')
    return grades

try:
    grades = getGrades('quiz1grades.txt')
    grades.sort()
    median = grades[len(grades)//2]
    print ('Median grade is', median)
except ValueError as errorMsg:
    print ('Whoops.', errorMsg)
```

图7-3  计算评分

## 7.3  断言

　　Python语言中的assert语句为程序员提供了一种确保程序状态符合预期的简单方法。assert
语句可以有以下两种形式：

assert *Boolean expression*

或者：

assert *Boolean expression, argument*

　　执行assert语句时，先对布尔表达式求值。如果值为True，程序就愉快地继续向下执行；
如果值为False，就抛出一个AssersionError异常。

　　断言是一种非常有用的防御性编程工具，可以用来确保函数参数具有恰当的类型。它同时也
是一种非常有用的调试工具，可以确保中间值符合预期，或者确保函数返回一个可接受的值。

## 第 8 章

# 类与面向对象编程

现在，我们将注意力转到与Python编程相关的最后一个主要话题：使用类围绕模块和数据抽象来组织程序。

类的应用非常广泛，在本书中，重点是在面向对象编程的环境下使用类。面向对象编程的关键是将对象看作数据和可以在数据上执行的方法的集合。

面向对象编程的基本思想早在40年前就产生了，并在过去的大约25年中被人们广泛接受并实践。20世纪70年代中期，人们开始撰写文章来介绍这种编程方法的优点。大概在同一时间，编程语言SmallTalk（施乐研究中心）和CLU（麻省理工学院）为这种思想提供了语言上的支持。但C++和Java的出现才真正使这种思想成为现实。

在本书的大部分内容中，我们都在隐含地使用面向对象编程。回到2.1.1节，我们说过："对象是Python程序处理的核心元素。每个对象都有类型，定义了程序能够在这个对象上执行的操作。"从第2章开始，我们就开始放心地使用像list和dict这样的内置类型，以及与这些类型相关的方法。但是，正如设计者只能在编程语言中内置一小部分有用的函数一样，他们也只能内置一小部分有用的类型。我们已经介绍了程序员如何定义新函数，下面介绍如何定义新类型。

## 8.1 抽象数据类型与类

抽象数据类型的概念非常简单，抽象数据类型是一个由对象以及对象上的操作组成的集合，对象和操作被捆绑为一个整体，可以从程序的一个部分传递到另一个部分。在这个过程中，不但可以使用对象的数据属性，还可以使用对象上的操作，这使得数据处理更加容易。

这些操作的规范定义了抽象数据类型和程序其他部分之间的接口。接口定义了操作的行为，即它们做什么，但没有说明如何去做。于是，接口建立了一个抽象边界，将程序的其他部分与实现类型抽象的数据结构、算法和代码隔离开来。

编程时，要使程序易于修改，以控制程序复杂度。有两种非常强大的编程机制可以完成这个任务：分解和抽象。分解使程序具有结构，抽象则隐藏细节。抽象的关键是隐藏合适的细节，这就是数据抽象的根本目标。我们可以为某个领域创建专用的类型，以使抽象更方便。理想情况下，这样的类型可以捕获程序整个生命周期中与之相关的概念。如果在编程开始阶段就设计好程序中的类型，使它们在以后的几个月甚至几十年中都可以使用，那么在软件维护方面就具有了极大的优势。

我们在本书中使用抽象数据类型（虽然没有这样称呼它）。编写程序时，我们已经使用了整数、列表、浮点数、字符串和字典，却从来没有想过这些类型是如何实现的。改写一句莫里哀在《资产阶级绅士》中的话："Par ma foi, il y a plus de cent pages que nous avons utilisé ADTs, sans que nous le sachions." [①]

在Python语言中，我们使用类实现数据抽象。图8-1给出了一个类定义，简单地实现了对整数集合的抽象，类的名称为IntSet。

```python
class IntSet(object):
    """IntSet是一个整数集合"""
    #关于实现（不是抽象）的信息
    #集合的值由一个整数数组self.vals表示。
    #集合中的每个整数在self.vals中只出现一次。

    def __init__(self):
        """创建一个空的整数集合"""
        self.vals = []

    def insert(self, e):
        """假设e是整数，将e插入self"""
        if e not in self.vals:
            self.vals.append(e)

    def member(self, e):
        """假设e是整数
           如果e在self中，则返回True，否则返回False"""
        return e in self.vals


    def remove(self, e):
        """假设e是整数，从self中删除e
           如果e不在self中，则抛出ValueError异常"""
        try:
            self.vals.remove(e)
        except:
            raise ValueError(str(e) + ' not found')

    def getMembers(self):
        """返回一个包含self中元素的列表
           对元素不进行排序"""
        return self.vals[:]

    def __str__(self):
        """返回一个表示self的字符串"""
        self.vals.sort()
        result = ''
        for e in self.vals:
            result = result + str(e) + ','
        return '{' + result[:-1] + '}' #-1 可以忽略最后的逗号
```

图8-1　IntSet类

---

类定义会创建一个type类型的对象，并将这个类的对象与一组instancemethod类型的对象关联起来。例如，表达式IntSet.insert表示IntSet类定义中的insert方法，代码：

```
print(type(IntSet), type(IntSet.insert))
```

会输出：

```
<class 'type'> <class 'function'>
```

请注意，类定义最上方的文档字符串（位于两个"""之间的注释）描述的是这个类提供的抽象，而不是关于如何实现这个类的信息。相反，文档字符串下面的注释包含的才是关于具体实现的信息，这种信息不是给那些想要使用这个抽象的程序员的，而是提供给那些可能会修改这个实现或者建立这个类的子类的程序员（参见8.2节）。

类定义中存在一个函数定义时，被定义的函数称为方法，并与这个类相关联。这些方法有时称为类的方法属性。如果你现在对此感到困惑不解，不要担心，我们之后会多次讨论这个主题。

类支持两种操作。

❑ 实例化：创建类的实例。例如，语句s = IntSet()会创建一个新的IntSet类型的对象，这个对象就称为IntSet类的一个实例。

❑ 属性引用：通过点标记法访问与类关联的属性。例如，s.member表示与IntSet类型的实例s关联的member方法。

每个类定义都以保留字class开头，后面是类名和其他信息，表明这个类是如何与其他类相关联的。本例子中，第一行代码表示IntSet类是object类的一个子类。我们现在可以先忽略子类的意义，很快就会讲到。

正如我们看到的，Python中有一些特殊的方法名，这些名称的开头和结尾都是两个下划线。我们首先介绍\_\_init\_\_，只要一个类被实例化，就会调用该类中定义的\_\_init\_\_方法。执行以下代码时：

```
s = IntSet()
```

解释器会创建一个IntSet类型的新实例，然后调用IntSet.\_\_init\_\_方法，并使用新创建的对象作为实参，绑定到形参self上。IntSet.\_\_init\_\_被调用时，会创建一个list类型的对象vals，这个对象会成为新创建的IntSet类型的实例的一部分。（列表是由我们熟悉的[]符号创建的，这只是list()的一种简写。）这个列表称为IntSet实例的数据属性。请注意，每个IntSet类型的对象都有不同的列表vals，我们正希望如此。

正如我们所见，与类实例关联的方法可以使用点标记法调用。例如，以下代码：

```
s = IntSet()
s.insert(3)
print(s.member(3))
```

会创建IntSet的一个新实例，并在这个IntSet中插入整数3，然后输出True。

乍一看，这里好像有些与前面不一致的地方，看上去调用每个方法时，参数都少了一个。例如，member有两个形参，但我们只使用一个实参调用它。这时，点标记法的作用就体现出来了。

表达式中，点号前面的对象会被隐含地作为第一个实参传入方法。在本书中，我们会遵照惯例，使用self作为与这个实参绑定的形参名。Python程序员普遍遵守这一惯例，我们强烈建议你也这样做。

不应当把类与类的实例混为一谈，就像一个list类型的对象不应该与list类型混为一谈一样。属性既可以关联到类本身，也可以关联到类的实例。

- ❑ 方法属性定义在类定义中，例如，IntSet.member是IntSet类中的一个属性。例如，类通过语句s = IntSet()被实例化时，实例属性才被创建，如s.member。请注意，IntSet.member和s.member是不同的对象。尽管s.member在初始化时绑定到了定义在IntSet类中的member方法，但这个绑定在计算过程中是可以改变的。例如，你可以（但不应该！）写出s.member = IntSet.insert。

- ❑ 数据属性被关联到类时，我们将其称为类变量；数据属性被关联到实例时，我们将其称为实例变量。例如，vals是一个实例变量，因为对于IntSet类的每个实例，vals被绑定到不同列表。我们目前还没有见过一个类变量，图8-3将首次使用。

数据抽象实现了表示上的独立性。我们可以认为，对一个抽象类型的实现需要以下几部分：

- ❑ 类型方法的实现；
- ❑ 能够整体表示类型值的数据结构；
- ❑ 关于方法实现如何使用数据结构的约定。一个关键的约定由表示不变性给出。

表示不变性定义了数据属性中的哪个值对应着类实例的有效表示。IntSet的表示不变性是vals中不包含重复的值。__init__方法负责建立不变性（创建一个空列表），其他方法则负责维持不变性。因此，只有e不在self.vals中时，insert方法才能将e添加进去。

remove方法的实现利用了一个假设，即执行remove方法时，表示不变性是满足的。因此，只需调用一次list.remove，因为表示不变性保证self.vals中最多只有一个e。

类中定义的最后一个方法是__str__，这也是一个特殊的__方法。执行print命令时，会自动调用与待输出对象相关联的__str__方法。例如，以下代码：

```
s = IntSet()
s.insert(3)
s.insert(4)
print(s)
```

会输出：

```
{3,4}
```

（如果没有定义__str__方法，那么执行print(s)时会输出类似<__main__.IntSet object at 0x1663510>的结果。）我们还可以使用print s.__str__()甚至print IntStr.__str__(s)输出s的值，但这样不太方便。程序调用str函数来将这个类的一个实例转换为字符串时，也会调用这个类的__str__方法。

所有用户自定义类的实例都是可散列的，因此可以用作字典键。如果没有提供__hash__方法，那么这个对象的散列值就由函数id（参见5.3节）得出。如果没有提供__eq__方法，那么所有对象都被认为是不相等的（除了等于它们自己）。如果提供了用户自定义的 **__hash__** 方法，那么这个方法必须保证对象的散列值在其整个生命周期中是不变的。

### 8.1.1    使用抽象数据类型设计程序

抽象数据类型非常重要，它可以衍生出一种组织大型程序的新思维方式。我们通过思考认识世界时，依赖的就是抽象。在金融领域，人们谈论股票和债券；在生物学领域，人们谈论蛋白质和残留物。我们试图理解这些概念时，实际上是在脑海中搜集与这些对象有关的数据和特性，然后放在一起形成一个知识包。举例来说，我们理解债券时，认为它具有利率和到期日这些数据属性，并具有如"定价"和"计算到期收入"这样的一些操作。抽象数据类型允许我们将这种组织方式集成到程序设计中。

数据抽象鼓励程序设计者以数据对象作为程序设计的中心，而不是以函数为中心。与将程序看作函数的集合相比，认为"程序是类型的集合"这种思想会导致截然不同的程序组织原则。除去其他优点之外，这种思想会鼓励我们将编程看作一个将一些相对较大的模块组合起来的过程，因为数据抽象一般会比单个函数包含更多功能。于是，这就使我们更深刻地意识到编程的本质，即编程并不是一个编写一行行单独代码的过程，而是一个组织抽象的过程。

可重用抽象的使用不但能减少开发时间，一般还能提高程序的可靠性，因为成熟软件通常比新软件更可靠。多年以来，只有统计和科学计算程序库被广泛使用。但现在已经有大量可靠的程序库（特别对于Python来说）可用，它们通常基于一组丰富的数据抽象开发完成，就像我们之后会看到的一样。

### 8.1.2    使用类记录学生与教师

作为一个使用类的示例，假设你正在设计一个程序，记录大学中所有学生和教师的信息。当然，不使用数据抽象也可以完成这个程序。每个学生都有姓氏、名字、家庭住址、年级、成绩等信息，这些信息都可以通过列表和字典的某种组合保存下来。保存教职工信息所需的数据结构与前面大体相似，但也有一些不同，如记录工资历史的数据结构。

匆匆忙忙开始一大堆数据结构的设计之前，我们应该先仔细思考可能有用的抽象。是否有一种抽象可以覆盖学生、教授和职员的常用属性呢？有人提出，他们都是人类。图8-2给出了一个包括人类常用属性（如姓名和生日）的类，这个类使用了Python标准库模块datetime，提供了很多创建和处理日期数据的方法，非常方便。

```
import datetime

class Person(object):

    def __init__(self, name):
        """创建一个人"""
        self.name = name
        try:
            lastBlank = name.rindex(' ')
            self.lastName = name[lastBlank+1:]
        except:
            self.lastName = name
        self.birthday = None

    def getName(self):
        """返回self的全名"""
        return self.name

    def getLastName(self):
        """返回self的姓"""
        return self.lastName

    def setBirthday(self, birthdate):
        """假设birthday是datetime.date类型
           将self的生日设置为birthday"""
        self.birthday = birthdate

    def getAge(self):
        """返回self的当前年龄, 用日表示"""
        if self.birthday == None:
            raise ValueError
        return (datetime.date.today() - self.birthday).days

    def __lt__(self, other):
        """如果self按字母顺序位于other之前, 则返回True, 否则返回
False。
           首先按照姓进行比较, 如果姓相同, 就按照全名比较"""
        if self.lastName == other.lastName:
            return self.name < other.name
        return self.lastName < other.lastName

    def __str__(self):
        """返回self的全名"""
        return self.name
```

图8-2　Person类

以下代码使用了Person类:

```
me = Person('Michael Guttag')
him = Person('Barack Hussein Obama')
her = Person('Madonna')
```

```
print(him.getLastName())
him.setBirthday(datetime.date(1961, 8, 4))
her.setBirthday(datetime.date(1958, 8, 16))
print(him.getName(), 'is', him.getAge(), 'days old')
```

请注意，只要Person被实例化，就要为\_\_init\_\_函数提供一个实参。一般来说，实例化一个类时，我们应该看一下这个类的\_\_init\_\_函数的规范，知道应该使用哪些参数，以及这些参数应该具有什么性质。

执行以上代码后，会产生Person类的3个实例，可以使用与这些实例关联的方法来访问这些实例的信息。例如，him.getLastName()会返回Obama。表达式him.lastName也会返回Obama；但是，通过表达式直接访问实例变量是不好的做法，应该尽量避免，原因会在后面讲到。同样，对于Person抽象的用户，直接提取一个人的生日也不是合适的做法，尽管类实现中包含了一个带有生日值的属性。（当然，向类添加一个getBirthday方法也非常容易。）然而，我们有一种方法可以提取基于生日的信息，就像以上代码中最后一个print语句演示的那样。

Person类还定义了一个带有特殊名称的方法\_\_lt\_\_，这个方法重载了<操作符。只要<操作符的第一个参数是Person类型，则调用Person.\_\_lt\_\_方法。Person类中的\_\_lt\_\_方法是使用str类型的二元操作符<实现的。表达式self.name < other.name是self.name.\_\_lt\_\_(other.name)的简写。因为self.name是str类型的，所以这个\_\_lt\_\_方法是关联到str类型的方法。

除了使用<连接表达式提供语法上的便捷性之外，这个重载还提供了对任何由\_\_lt\_\_定义的多态方法的自动调用。内置方法sort就是这样一种多态方法。举例来说，如果plist是一个由Person类型的元素组成的列表，那么调用plist.sort()会使用定义在Person类中的\_\_lt\_\_方法来对列表进行排序。

以下代码：

```
pList = [me, him, her]
for p in pList:
    print(p)
pList.sort()
for p in pList:
    print(p)
```

会先输出：

```
Michael Guttag
Barack Hussein Obama
Madonna
```

再输出：

```
Michael Guttag
Madonna
Barack Hussein Obama
```

## 8.2　继承

不同的类型中有许多通用的属性。例如，list类型和str类型都具有len函数，意义也完全一样。继承提供了一种方便的机制，可以建立一组彼此相关的抽象。它使程序员能够建立一个类型的层次结构，其中每个类型都可以从上层的类型继承属性。

object类在最顶层。这很容易理解，因为在Python中，存在于运行时的一切都是对象。因为Person继承了对象的所有属性，所以程序可以将一个变量绑定到Person实例，或者将Person实例添加到一个列表，等等。

图8-3中的类MITPerson继承了它的父类Person中的属性，其中也包括Person从它的父类object中继承的所有属性。用面向对象编程的术语来说，MITPerson是Person的一个子类，所以继承了它的超类的属性。除了继承属性之外，子类还可以做如下的事。

❑ 添加新的属性。例如，子类MITPerson中新增了类变量nextIdNum、实例变量idNum和方法getIdNum。

❑ 覆盖——也就是替换——超类中的属性。例如，MITPerson就覆盖了__init__和__lt__。如果一个方法被覆盖，那么调用这个方法时使用的版本就要根据调用这个方法的对象来确定。如果这个对象的类型是子类，那么就使用定义在子类中的方法版本；如果对象的类型是超类，那么就使用超类中的版本。

```
class MITPerson(Person):

    nextIdNum = 0 #identification number

    def __init__(self, name):
        Person.__init__(self, name)
        self.idNum = MITPerson.nextIdNum
        MITPerson.nextIdNum += 1

    def getIdNum(self):
        return self.idNum

    def __lt__(self, other):
        return self.idNum < other.idNum
```

图8-3　MITPerson类

MITPerson.__init__方法首先调用Person.__init__初始化被继承的实例变量self.name，然后初始化self.idNum。这个实例变量只在MITPerson实例中才有，Person实例中则没有。

实例变量self.idNum的初始化是通过类变量nextIdNum实现的，这个类变量不是属于MITPerson类的实例的，而是属于这个类。创建一个新的MITPerson实例时，并不创建nextIdNum的新实例。这使得__init__方法可以确保每个MITPerson实例都具有唯一的idNum。

看一下这段代码：

```
p1 = MITPerson('Barbara Beaver')
print(str(p1) + '\'s id number is ' + str(p1.getIdNum()))
```

第一行代码创建了一个新的**MITPerson**实例。第二行代码则更复杂一些。运行时系统试图对表达式**str(p1)**求值时，它首先检查是否有与**MITPerson**类关联的**__str__**方法。因为没有这个方法，所以继续检查是否有与**MITPerson**的超类**Person**关联的**__str__**方法。这个方法存在，于是运行时系统进行调用。运行时系统试图对表达式**p1.getIdNum**求值时，它首先检查是否有与**MITPerson**类关联的**getIdNum**方法。这个方法存在，所以运行时系统调用这个方法，输出：

```
Barbara Beaver's id number is 0
```

（回忆一下，在字符串中，"\"是一个转义字符，用来表示后面的字符具有特殊意义。在以下字符串中：

```
'\'s id number is '
```

"\"表示单引号是字符串的一部分，不是表示字符串结束的分隔符。）

再看一下这段代码：

```
p1 = MITPerson('Mark Guttag')
p2 = MITPerson('Billy Bob Beaver')
p3 = MITPerson('Billy Bob Beaver')
p4 = Person('Billy Bob Beaver')
```

我们创建了4位虚拟人物，其中三人的名字都是Billy Bob Beaver，两位Billy Bob是**MITPerson**类型的，其余的一位仅是**Person**类型。如果我们执行以下代码：

```
print('p1 < p2 =', p1 < p2)
print('p3 < p2 =', p3 < p2)
print('p4 < p1 =', p4 < p1)
```

解释器会输出：

```
p1 < p2 = True
p3 < p2 = False
p4 < p1 = True
```

因为p1、p2和p3都是**MITPerson**类型，解释器评估前两个比较的结果时，会使用定义在**MITPerson**类中的**__lt__**方法，所以大小顺序是根据学号**idNum**确定的。第三个比较表达式中，<操作符被应用在两个不同类型之间，因为调用哪种**__lt__**方法是由表达式的第一个参数决定的，p4 < p1是p4.**__lt__**(p1)的简写，所以解释器使用与p4的类型**Person**关联的**__lt__**方法，按照名字排序。

运行下面的代码会发生什么呢：

```
Print('p1 < p4 =', p1 < p4)
```

运行时系统会调用与p1的类型关联的**__lt__**操作符，也就是定义在**MITPerson**类中的函数。这就会导致一个异常：

```
AttributeError: 'Person' object has no attribute 'idNum'
```

因为与p4绑定的对象中没有idNum这个属性。

## 8.2.1  多重继承

图8-4向类层次结构添加了二重继承。

```
class Student(MITPerson):
    pass

class UG(Student):
    def __init__(self, name, classYear):
        MITPerson.__init__(self, name)
        self.year = classYear
    def getClass(self):
        return self.year

class Grad(Student):
    pass
```

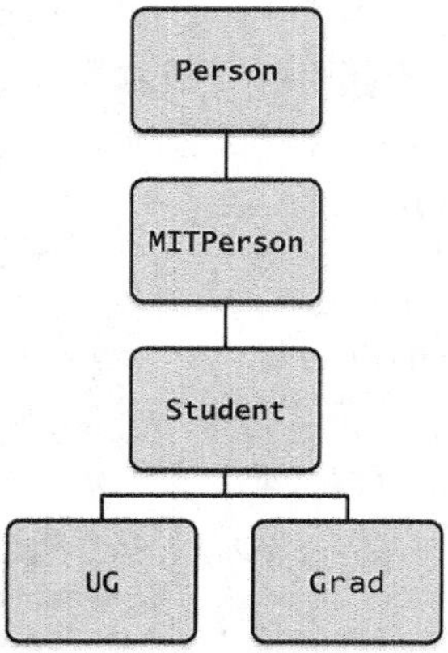

图8-4　两类学生

添加UG类应该很好理解，因为我们想为每个本科生关联一个毕业年份（或是预期毕业年份）。但Student类和Grad类的作用是什么呢？两个类都使用Python保留字pass作为类中内容，这说明它们只有继承自超类的属性。为什么会有人创建一个没有新属性的类呢？

通过引入Grad类，我们可以获得这样一种能力，即创建两种不同类型的学生并使用他们的类型来区分各自的对象。例如，以下代码：

```
p5 = Grad('Buzz Aldrin')
p6 = UG('Billy Beaver', 1984)
print(p5, 'is a graduate student is', type(p5) == Grad)
print(p5, 'is an undergraduate student is', type(p5) == UG)
```

会输出：

```
Buzz Aldrin is a graduate student is True
Buzz Aldrin is an undergraduate student is False
```

中间类型Student的作用有些微妙。假设我们回到MITPerson类，添加以下方法：

```
def isStudent(self):
    return isinstance(self, Student)
```

函数isninstance是内置在Python中的，其中第一个参数可以是任何对象，但第二个参数必须是一个type类型的对象。函数当且仅当第一个参数是第二个参数的一个实例时，才返回True。例如，isinstance([1, 2], list)的值是True。

回到我们的例子中，以下代码：

```
print(p5, 'is a student is', p5.isStudent())
print(p6, 'is a student is', p6.isStudent())
print(p3, 'is a student is', p3.isStudent())
```

会输出：

```
Buzz Aldrin is a student is True
Billy Beaver is a student is True
Billy Bob Beaver is a student is False
```

请注意，isinstance(p6, Student)与type(p6) == Student在意义上是截然不同的。与p6绑定的对象类型是UG，不是Student，但因为UG是Student的子类，所以p6绑定的对象被认为是Student类的一个实例（也是MITPerson类和Person类的实例）。

既然只有两类学生，我们也可以这样实现isStudent方法：

```
def isStudent(self):
    return type(self) == Grad or type(self) == UG
```

但这样一来，如果之后又引入了一个新的学生类型，就必须回去修改实现isStudent的代码。通过引入一个中间类Student并使用isinstance函数，可以避免这个问题。例如，如果我们加入这样一个学生类型：

```
class TransferStudent(Student):

    def __init__(self, name, fromSchool):
        MITPerson.__init__(self, name)
        self.fromSchool = fromSchool

    def getOldSchool(self):
        return self.fromSchool
```

就根本不需要对isStudent做出任何修改。

程序开发与维护过程中，向原来的类添加新类或新属性是很常见的。优秀的程序员会对程序进行精心设计，使修改程序时所需的代码量最少。

## 8.2.2　替换原则

使用子类定义一个类型的层次结构时，子类应该被看作对超类行为的扩展，这种扩展是通过添加新属性或对继承自超类的属性进行覆盖来实现的。例如，TransferStudent通过引入"前学校"这个新属性扩展了Student类。

有些时候，子类会覆盖超类中的方法，这时一定要小心。尤其是，超类中的重要行为必须被所有子类支持。如果客户代码使用超类实例能够正确运行，那么使用子类实例替换超类实例时，代码应该也能正确运行。例如，使用Student实例的代码应该能在TransferStudent的实例上正确运行。[①]

相反，我们没有理由期望使用TransferStudent的代码对于任意Student类型实例也能正确运行。

---

① 这种替换原则由芭芭拉·利斯科夫和周以真在1994年的论文"A behavioral notion of subtyping"中进行了清晰的阐述。

## 8.3  封装与信息隐藏

既然我们在设计学生类，如果不让他们尝尝上课和考试的苦头，那可就太遗憾了。

图8-5中的类可以用来记录一组学生的成绩。Grades类的实例使用一个列表和一个字典实现，列表用来记录类中的学生，字典则将学生的学号映射到一个成绩列表。

```python
class Grades(object):

    def __init__(self):
        """创建一个空的成绩册"""
        self.students = []
        self.grades = {}
        self.isSorted = True

    def addStudent(self, student):
        """假设student为Student类型
            将student添加到成绩册"""
        if student in self.students:
            raise ValueError('Duplicate student')
        self.students.append(student)
        self.grades[student.getIdNum()] = []
        self.isSorted = False

    def addGrade(self, student, grade):
        """假设grade为浮点数
            将grade添加到student的成绩列表"""
        try:
            self.grades[student.getIdNum()].append(grade)
        except:
            raise ValueError('Student not in mapping')

    def getGrades(self, student):
        """返回student的成绩列表"""
        try: #return copy of list of student's grades
            return self.grades[student.getIdNum()][:]
        except:
            raise ValueError('Student not in mapping')

    def getStudents(self):
        """返回成绩册中排好序的成绩列表"""
        if not self.isSorted:
            self.students.sort()
            self.isSorted = True
        return self.students[:]#返回一个学生列表的副本
```

图8-5  Grades类

请注意，getGrades方法返回的是某个学生的成绩列表的副本，getStudents方法返回的则是学生列表的一个副本。复制列表会导致额外的计算成本，可以直接返回实例变量本身来避免复制。但是这样做会导致一些问题。看下面的代码：

```
allStudents = course1.getStudents()
allStudents.extend(course2.getStudents())
```

如果getStudents返回self.students，那么第二行代码就可能产生一个（意料之外的）副作用，修改course1中的学生集合。

实例变量isSorted用来记录学生列表自从上次添加学生以来是否进行过排序，这使得getStudents方法不用再对一个已经排过序的列表进行排序。

图8-6中的函数使用Grades类为选修sixHundred这门课程的学生制作了一个成绩报告。

```
def gradeReport(course):
    """假设course是Grades类型"""
    report = ''
    for s in course.getStudents():
        tot = 0.0
        numGrades = 0
        for g in course.getGrades(s):
            tot += g
            numGrades += 1
        try:
            average = tot/numGrades
            report = report + '\n'\
                    + str(s) + '\'s mean grade is ' + str(average)
        except ZeroDivisionError:
            report = report + '\n'\
                    + str(s) + ' has no grades'
    return report

ug1 = UG('Jane Doe', 2014)
ug2 = UG('John Doe', 2015)
ug3 = UG('David Henry', 2003)
g1 = Grad('Billy Buckner')
g2 = Grad('Bucky F. Dent')
sixHundred = Grades()
sixHundred.addStudent(ug1)
sixHundred.addStudent(ug2)
sixHundred.addStudent(g1)
sixHundred.addStudent(g2)
for s in sixHundred.getStudents():
    sixHundred.addGrade(s, 75)
sixHundred.addGrade(g1, 25)
sixHundred.addGrade(g2, 100)
sixHundred.addStudent(ug3)
print gradeReport(sixHundred)
```

图8-6　生成成绩报告

运行图中的代码，会输出：

```
Jane Doe's mean grade is 75.0
John Doe's mean grade is 75.0
David Henry has no grades
Billy Buckner's mean grade is 50.0
Bucky F. Dent's mean grade is 87.5
```

面向对象编程的核心思想有两个重要概念。第一个就是封装，将数据属性和操作数据属性的方法打包在一起。例如下面的代码：

```
Rafael = MITPerson('Rafael Reif')
```

可以使用点标记法访问属性，比如Rafael的名字和学号。

第二个重要概念是信息隐藏，这是模块化的关键要素之一。如果程序中使用类的那部分代码（即类的客户代码）必须严格依照类方法的规范进行编写，那么程序员实现类时，就可以随心所欲地修改类的实现代码（如提高效率），而不用担心会破坏那些使用类的代码。

有些编程语言（如Java和C++）提供了强制隐藏信息的机制，程序员可以使类的属性成为私有，这样类的客户代码只能通过对象方法访问数据。在Python 3中，可以使用命名惯例使属性在类之外不可见。当一个属性的名称以__开头但不以__结束时，这个属性在类外就是不可见的。下面看看图8-7中的类。

```
class infoHiding(object):
    def __init__(self):
        self.visible = 'Look at me'
        self.__alsoVisible__ = 'Look at me too'
        self.__invisible = 'Don\'t look at me directly'

    def printVisible(self):
        print(self.visible)

    def printInvisible(self):
        print(self.__invisible)

    def __printInvisible(self):
        print(self.__invisible)

    def __printInvisible__(self):
        print(self.__invisible)
```

图8-7　在类中隐藏信息

运行以下代码：

```
test = infoHiding()
print(test.visible)
print(test.__alsoVisible__)
print(test.__invisible)
```

会输出：

```
Look at me
Look at me too
Error: 'infoHiding' object has no attribute '__invisible'
```

以下代码：

```
test = infoHiding()
test.printInvisible()
test.__printInvisible__()
test.__printInvisible()
```

会输出：

```
Don't look at me directly
Don't look at me directly
Error: 'infoHiding' object has no attribute '__printInvisible'
```

以下代码：

```
class subClass(infoHiding):
    def __init__(self):
        print('from subclass', self.__invisible)

testSub = subClass()
```

会输出：

```
Error: 'subClass' object has no attribute '_subClass__invisible'
```

请注意，一个子类想使用其超类中的隐藏属性时，会产生一个AttributeError异常，这使得在Python中实现信息隐藏有一点麻烦。

因为这点小麻烦，很多Python程序员不愿意使用__这种方法隐藏属性，我们在本书中也不用。因此，使用Person类时，可以使用表达式Rafael.lastname代替Rafael.getLastName()。

这有一点无奈，因为这样会使客户代码参照Person类规范以外的一些东西，所以如果类发生变化，客户代码就可能受到影响。例如，如果Person类的实现发生变化，不再将名字保存到一个实例变量，而是在需要时才提取，那么客户代码就会出错。

在Python中，不但允许程序在类的外部读取实例变量和类变量，而且允许程序改写这些变量。例如，代码Rafael.birthday ='8/21/50'是完全合法的。这样一来，如果在此之后调用Rafael.getAge，就有可能导致一个运行时错误。Python语言甚至允许为类的实例新建一个类定义中没有的实例变量。例如，如果在类定义之外使用以下赋值语句：

```
me.age = Rafael.getIdNum()
```

Python不会报错。

静态语义检查相对较弱是Python的一个缺点，但并不致命。一个训练有素的程序员会自觉遵守这条合理的规则，即不在类的客户代码中直接访问类的数据属性，就像我们在本书中做的那样。

## 生成器

信息隐藏有个明显的风险，禁止客户代码直接访问类中的重要数据结构会导致不可接受的极大的效率损失。在数据抽象早期，人们主要关注的是引入过多函数调用或方法调用所带来的成本。现在，编译技术已经使这种担心无关紧要，更严重的问题是，信息隐藏会迫使客户程序使用低效算法。

看一下图8-6中gradeReport类的实现。调用course.getStudent会创建并返回一个大小为*n*的列表，*n*是学生数量。这对于一个班级的学生来说不是什么问题，但想象一下，如果我们想记录参加SAT考试的170万高中学生的成绩呢？如果列表已经存在，那么创建这么大一个列表的副本绝对非常低效。一种解决方法是放弃抽象，让gradeReport直接访问实例变量course.students，但这样会违背信息隐藏的原则。幸运的是，我们还有更好的解决方法。

图8-8中的代码使用一个新版本代替Grades类中的getStudents方法，其中应用了一种我们没有用过的语句：yield语句。

```
def getStudents(self):
    """按字母顺序每次返回成绩册中的一个学生"""
        in alphabetical order"""
    if not self.isSorted:
        self.students.sort()
        self.isSorted = True
    for s in self.students:
        yield s
```

图8-8　新版getStudents

所有包含yield语句的函数都会被解释器特殊处理，yield语句告诉Python系统，这个函数是个生成器。生成器一般与for语句一起使用，如图8-6中的：

```
for s in course.getStudents():
```

使用生成器的for循环的第一次迭代开始时，解释器会调用生成器内部代码。运行至第一次执行yield语句时，生成器返回yield语句中表达式的值。下一次迭代中，生成器紧接着yield语句继续运行，此时所有局部变量都保持为上次yield语句执行完毕时的值，这次运行仍然到执行yield语句后结束。重复这个过程，直到所有代码运行完毕或者执行到一个return语句，循环结束。[①]

图8-8中的getStudent方法允许程序员使用for循环遍历Grades类型对象中的所有学生，就像使用for循环遍历list这种内置类型中的元素一样。例如，以下代码：

```
book = Grades()
book.addStudent(Grad('Julie'))
book.addStudent(Grad('Charlie'))
for s in book.getStudents():
    print(s)
```

———————————

① 这是个简化了的生成器解释。如果想充分了解生成器，你需要了解Python中内置的迭代器是如何实现的，本书不涉及这部分内容。

会输出：

```
Julie
Charlie
```

于是，图8-6中的循环：

```
for s in course.getStudents():
```

不需修改就可以使用新版Grades类，这个新版类包含了getStudents方法的新实现。（当然，那些需要getStudents返回一个列表的代码多数将不能正常工作。）这个for循环可以遍历getStudents的返回值，不管它返回一个完整的列表，还是每次生成一个值。每次生成一个值效率更高，因为不需要再创建一个包含所有学生的新列表。

## 8.4  进阶示例：抵押贷款

2008年秋，美国房价暴跌引发了一场严重的经济危机，原因之一就是很多房屋所有者使用了抵押贷款，这产生了始料未及的严重后果。[①]

抵押贷款刚出现的时候，非常简单明了。人们从银行借钱，每月支付固定的还款金额，在整个抵押贷款的期限范围内一直这样做，通常持续15~30年。到达贷款期限时，银行收回初始贷款（本金）和（最重要的）利息，房主们则"完全和彻底地"拥有了房屋。

20世纪末，抵押贷款开始变得越来越复杂。在贷款期间，借款人可以通过向出借人支付"点数"的方式获得比较低的利率，一个点就是贷款总额的1%，需要用现金支付。人们还可以选择在一定时期内"只付利息"的抵押贷款，也就是说，在贷款初期的若干个月中，借款人只需偿还应付的利息，不需偿还本金。还有一些贷款具有多种利率。一般来说，初始利率（又称"引诱利率"）比较低，随着时间的推移，利率会逐渐升高。这种贷款一般具有浮动利率，即初始阶段后的利率要根据某种指数来确定，这种指数可以反映出借人在信贷批发市场上融资的成本。[②]

理论上，让消费者有多个选择方式是件好事。但从长期来看，那些肆无忌惮的贷款承包商往往不关心各种选择方式造成的影响。于是，一些借款人的选择就带来了可怕的后果。

下面，我们编写一个程序，计算以下三种贷款方式的实际成本：

❏ 不带"点数"的固定利率抵押贷款；

❏ 带有"点数"的固定利率抵押贷款；

❏ 初始引诱利率较低，但随后需要支付更高利率的抵押贷款。

这个练习的目的是提供一些经验，告诉你如何持续开发一组相关的类，绝不是为了让你成为抵押贷款专家。

我们这样设计代码结构，首先有一个Mortgage类，对应上面列出的每种抵押贷款方式都有

① 在这个背景之下，我们有必要回忆"抵押贷款"（mortgage）这个词的由来。《美国传统英语词典》认为这个词来自古代法语，意为"死亡（mort）和保证（gage）"。（这也解释了为什么mortgage中间的t不发音。）

② 伦敦银行同业拆借利率（London Interbank Offered Rate，LIBOR）是最常用的指数。

一个子类。图8-9给出了抽象类Mortgage。抽象类中的方法可以供每个子类使用，但这个类不能直接实例化，也就是说，不会建立任何Mortgage类型的对象。

```python
def findPayment(loan, r, m):
    """假设loan和r是浮点数，m是整数
       返回一个总额为loan，月利率为r，期限为m个月的抵押贷款的每月还款额"""
    return loan*((r*(1+r)**m)/((1+r)**m - 1))

class Mortgage(object):
    """用来建立不同种类抵押贷款的抽象类"""
    def __init__(self, loan, annRate, months):
        """假设loan和annRate为浮点数，month为整数
           创建一个总额为loan，期限为months，年利率为annRate的新抵押贷款"""
        self.loan = loan
        self.rate = annRate/12
        self.months = months
        self.paid = [0.0]
        self.outstanding = [loan]
        self.payment = findPayment(loan, self.rate, months)
        self.legend = None #description of mortgage

    def makePayment(self):
        """支付每月还款额"""
        self.paid.append(self.payment)
        reduction = self.payment - self.outstanding[-1]*self.rate
        self.outstanding.append(self.outstanding[-1] - reduction)

    def getTotalPaid(self):
        """返回至今为止的支付总额"""
        return sum(self.paid)

    def __str__(self):
        return self.legend
```

图8-9  Mortgage基类

图中最上方的findPayment函数可以计算出还款期限内还清贷款所需的每月固定支付额，包括需要支付的利息。计算所用的表达式是一个著名的公式，推导这个表达式并不难，但更容易的方法是在网上查一下，这样比直接推导更准确。

请注意，网上的东西并不都正确（甚至教科书中的也一样）。如果你的代码需要用到网上的公式，请一定确认以下几点。

❑ 公式来源值得信赖。我们查找了多个可信赖的来源，每个来源中的公式都是等价的。

❑ 你充分理解公式中每个变量的意义。

❑ 你应该使用其他可信赖来源中的例子测试自己的代码。实现这个函数后，我们将代码结果与网上提供的贷款计算器的结果进行比较。

看一下__init__方法，我们知道所有Mortgage实例中都会有一些实例变量，它们表示以下

信息：初始贷款额、每月利率、贷款期限（以月计）、已支付的每月还款额列表（列表从0.0开始，因为第一个月不需还款）、每月的未支付贷款余额列表、每月需支付的金额（使用函数findPayment的返回值进行初始化）和对抵押贷款的一个简短描述（初始值为None）。每个Mortgage子类的__init__操作应该先调用Mortgage.__init__，然后再使用该子类的适当描述初始化self.legend。

makePayment方法记录抵押贷款的偿还情况。每次还款中，因为有未还清的贷款余额，所以有部分金额是用来支付利息费用的，除去利息的还款金额用来偿还贷款余额。所以，makePayment不但要更新self.paid，还要更新self.outstanding。

getTotalPaid方法使用了Python内置函数sum，它可以返回一个数字序列的总和。如果序列中有非数值型元素，就会抛出一个异常。

图8-10中的类实现了3种类型的抵押贷款。Fixed类和FixedWithPts类覆盖了Mortgage类中的__init__方法，继承了其余3种方法。TwoRate类将抵押贷款看作两种贷款的连接，每种贷款都有各自的利率。（因为self.paid在初始化时使用的是带有一个元素的列表，所以其中的元素数量要比已经发生的还款次数多1。因此，makePayment方法要比较len(self.paid)和self.teaserMonth + 1。）

```python
class Fixed(Mortgage):
    def __init__(self, loan, r, months):
        Mortgage.__init__(self, loan, r, months)
        self.legend = 'Fixed, ' + str(round(r*100, 2)) + '%'

class FixedWithPts(Mortgage):
    def __init__(self, loan, r, months, pts):
        Mortgage.__init__(self, loan, r, months)
        self.pts = pts
        self.paid = [loan*(pts/100)]
        self.legend = 'Fixed, ' + str(round(r*100, 2)) + '%, '\
                        + str(pts) + ' points'

class TwoRate(Mortgage):
    def __init__(self, loan, r, months, teaserRate, teaserMonths):
        Mortgage.__init__(self, loan, teaserRate, months)
        self.teaserMonths = teaserMonths
        self.teaserRate = teaserRate
        self.nextRate = r/12
        self.legend = str(teaserRate*100)\
                        + '% for ' + str(self.teaserMonths)\
                        + ' months, then ' + str(round(r*100, 2)) + '%'
    def makePayment(self):
        if len(self.paid) == self.teaserMonths + 1:
            self.rate = self.nextRate
            self.payment = findPayment(self.outstanding[-1],
                                       self.rate,
                                       self.months - self.teaserMonths)
        Mortgage.makePayment(self)
```

图8-10 抵押贷款子类

给定一个参数样本集合后，可以使用图8-11中的函数计算并输出每种抵押贷款的总成本。函数首先为每种类型的贷款创建一个实例，然后对于给定的贷款年份期限计算每月还款金额，最后输出每种贷款的还款总金额。

```python
def compareMortgages(amt, years, fixedRate, pts, ptsRate,
                     varRate1, varRate2, varMonths):
    totMonths = years*12
    fixed1 = Fixed(amt, fixedRate, totMonths)
    fixed2 = FixedWithPts(amt, ptsRate, totMonths, pts)
    twoRate = TwoRate(amt, varRate2, totMonths, varRate1, varMonths)
    morts = [fixed1, fixed2, twoRate]
    for m in range(totMonths):
        for mort in morts:
            mort.makePayment()
    for m in morts:
        print(m)
        print(' Total payments = $' + str(int(m.getTotalPaid())))

compareMortgages(amt=200000, years=30, fixedRate=0.07,
                 pts = 3.25, ptsRate=0.05, varRate1=0.045,
                 varRate2=0.095, varMonths=48)
```

图8-11    各种抵押贷款评估

请注意，调用compareMortgage函数时，我们使用的是关键字参数，而不是位置参数。因为compareMortgage函数的形参比较多，使用关键字参数为每个形式参数提供实际参数值比较容易。

运行图8-11中的代码，会输出以下结果：

```
Fixed, 7.0%
 Total payments = $479017
Fixed, 5.0%, 3.25 points
 Total payments = $393011
4.5% for 48 months, then 9.5%
 Total payments = $551444
```

结果一目了然，确凿无疑。浮动利率的贷款是最差的选择（对于借款人而不是出借人），带有点数的固定利率贷款的总成本是最少的。但我们需要指出的重要一点是，总成本不是评价抵押贷款的唯一指标。例如，如果一个借款人的未来预期收入会大大提高，那么他可能更愿意在远期支付更多还款，以减轻初期的还款压力。

这个例子告诉我们，不要只看一个简单的数字，而应该知道还款金额如何随时间变化。这个例子还告诉我们，程序应该能够生成一些图形，来显示抵押贷款随时间发生的变化。我们会在11.2节解决这个问题。

## 第9章

# 算法复杂度简介

设计与开发程序时，我们需要考虑的最重要的一点就是，程序的结果必须正确。我们希望程序能正确计算银行余额，汽车喷油嘴能喷出适量的燃料。不管是飞机还是操作系统，我们都不希望它们发生事故。

有时候，性能也是正确性的一个重要方面，特别是对于需要实时运行的程序，比如飞机上的障碍预警程序需要在遭遇障碍之前发出警告。性能也会影响很多非实时程序的使用效果。评价数据库系统的效用时，每分钟完成的事务数量是一个重要的指标。在智能手机上，用户会关心启动一个应用需要多少时间。生物学家则关心系统进化推理计算会持续多久。

编写高效程序并不容易，最简单直接的方法一般都不是最有效率的。有效的算法一般都会使用一些巧妙的技巧，这使得它们非常难以理解。结果经常就是，程序员努力地减少了计算复杂度，却增加了概念复杂度。为了以合理的方式提高程序效率，我们应该知道如何估计一个程序的计算复杂度，这就是本章的主要内容。

## 9.1 思考计算复杂度

请回答这个问题："运行以下函数需要多少时间？"

```
def f(i):
    """假设i是个整数并且i >= 0"""
    answer = 1
    while i >= 1:
        answer *= i
        i -= 1
    return answer
```

我们可以使用一些输入来运行程序并计时，但结果没有太大意义，因为这样做的结果依赖于以下几个因素：

❑ 运行程序的计算机性能；

❑ 计算机上Python系统的效率；

❑ 输入值。

我们可以使用一种更抽象的时间量度来解决前面两个问题。不再使用毫秒测量时间，而是以程序执行的基本步数为单位进行测量。

为简单起见，我们使用随机存取机作为计算模型。在随机存取机中，步数是顺序执行的，每次执行一步。①一步指的是一个需要固定时间量的操作，比如将变量绑定到对象、做一次比较、执行一次代数运算或访问内存中的对象。

既然我们已经使用了一种更抽象的方式来表示时间，下面就解决对输入值的依赖问题。不再用一个独立的数值表示时间复杂度，而是将时间复杂度与输入的规模联系起来。这样，比较两种算法的运行时间如何随着输入规模的增加而增加，即可比较两种算法的效率。

当然，算法的实际运行时间不仅依赖于输入规模，还依赖于具体的输入值。例如，考虑以下代码中实现的线性搜索算法：

```python
def linearSearch(L, x):
    for e in L:
        if e == x:
            return True
    return False
```

假设L是一个包含100万个元素的列表，我们看一下函数调用linearSearch(L, 3)。如果L中的第一个元素是3，那么linearSearch几乎会立刻返回True。另一方面，如果3不在L中，那么linearSearch就必须在返回False之前，检查所有100万个元素。

一般而言，我们需要考虑三种常见的情形。

❑ 最佳情形运行时间是在输入最有利的情况下算法的运行时间。也就是说，在给定输入规模的情况下的最短的运行时间。对于linearSearch，最佳情形运行时间与L的大小无关。

❑ 最差情形运行时间是在给定输入规模的情况下最长的运行时间。对于linearSearch，最差情形运行时间与L的大小成正比。

❑ 平均情形（也被称为期望情形）运行时间是在给定输入规模的情况下的平均运行时间。此外，如果关于输入值的分布有一些先验信息（例如，在90%的情形下，x在L中），也应该将这些信息考虑在内。

人们通常最关注最差情形。所有工程师都相信墨菲定律：如果事情可能出错，那它就一定会出错。最差情形给出了运行时间的上界。对计算过程有时间限制的情况下，上界是极其重要的。对于空中交通管制系统来说，"在大多数时间内"能够对即将发生的碰撞做出预警显然不会令人满意。

下面是一个使用迭代实现的阶乘函数，我们看看它的最差情形运行时间：

```python
def fact(n):
    """假设n是自然数
       返回n!"""
    answer = 1
    while n > 1:
        answer *= n
        n -= 1
    return answer
```

---

① 现代计算机的更精确模型应该是并行随机存取机。但是，这会增加算法分析的复杂度，而且也不会给结果带来重要的本质上的区别。

运行这个程序所需的步数应该是2（赋值语句需要1步，return语句需要1步）+ 5$n$（while语句中的测试需要1步，while循环中的第一个赋值语句需要2步，第二个赋值语句也需要2步）。所以，如果$n$等于1000，那么函数大概需要执行5002步。

非常明显，$n$变大时，纠结于5$n$和5$n$+2之间的区别就有点傻了。所以，我们推测运行时间时，通常会忽略加法中的常数。而乘法中的常数则不同，1000步和5000步的差别显然很大，所以乘法因子会非常重要。对于一个搜索引擎来说，执行一次搜索需要0.5秒还是2.5秒可能就决定了人们会使用这个搜索引擎，还是转向它的竞争对手。

另一方面，比较两种不同的算法时，即使是乘法常数也可以忽略，这种情况也很常见。回忆一下，在第3章中我们介绍了求一个浮点数的平方根近似值的两种算法：穷举法和二分查找法。图9-1和图9-2分别给出了基于这两种算法的函数实现。

```python
def squareRootExhaustive(x, epsilon):
    """假设x和epsilon都是正的浮点数，并且epsilon < 1
       返回一个y，使y*y与x的差小于epsilon"""
    step = epsilon**2
    ans = 0.0
    while abs(ans**2 - x) >= epsilon and ans*ans <= x:
        ans += step
    if ans*ans > x:
        raise ValueError
    return ans
```

图9-1　使用穷举法求近似平方根

```python
def squareRootBi(x, epsilon):
    """假设x和epsilon都是正的浮点数，并且epsilon < 1
       返回一个y，使y*y与x的差小于epsilon"""
    low = 0.0
    high = max(1.0, x)
    ans = (high + low)/2.0
    while abs(ans**2 - x) >= epsilon:
        if ans**2 < x:
            low = ans
        else:
            high = ans
        ans = (high + low)/2.0
    return ans
```

图9-2　使用二分查找法求近似平方根

我们可以知道，对于很多x和epsilon的组合来说，穷举法太慢了，已经变得不可接受。例如，squareRootExhaustive(100, 0.0001)大概需要while循环的10亿次迭代才能求出结果。相反，squareRootBi(100, 0.0001)只需20次稍微复杂的while循环迭代就可以求出结果。迭代次数相差如此之大时，循环中有几次操作真的已经不重要了。也就是说，乘法常数可以忽略。

## 9.2   渐近表示法

我们使用渐近表示法讨论算法运行时间与输入规模之间的关系。因为对于规模较小的输入，几乎所有算法都足够高效，所以通常对于规模特别大的输入，我们才会担心算法的效率，这是我们研究算法复杂度的基本动机。作为一种对"特别大"的表示方法，渐近表示法描述了输入规模趋近于无穷大时的算法复杂度。

举例来说，看一下图9-3中的代码。

```
def f(x):
"""假设x是正整数"""
ans = 0
#常数时间循环
for i in range(1000):
    ans += 1
print('Number of additions so far', ans)
#x时间循环
for i in range(x):
    ans += 1
print('Number of additions so far', ans)
#x**2时间的嵌套循环
for i in range(x):
    for j in range(x):
        ans += 1
        ans += 1
print('Number of additions so far', ans)
return ans
```

图9-3   渐近复杂度

如果假设执行每行代码需要一个单位时间，那么这个函数的运行时间可以描述为 $1000 + x + 2x^2$。常数1000对应着第一个循环执行的次数。$x$ 项对应着第二个循环执行的次数。最后，$2x^2$ 项对应着在嵌套的 for 循环中执行两个语句需要花费的时间。因此，调用 f(10) 会输出以下结果：

```
Number of additions so far 1000
Number of additions so far 1010
Number of additions so far 1210
```

调用 f(1000) 会输出以下结果：

```
Number of additions so far 1000
Number of additions so far 2000
Number of additions so far 2002000
```

对于比较小的 $x$ 值，常数项在结果中占有特别大的比例。如果 $x = 10$，那么超过80%的步数都是第一个循环产生的；但是，如果 $x = 1000$，那么前两个循环产生的步数大约各占总数的0.05%；如果 $x = 1\,000\,000$，那么第一个循环只占总时间的0.00000005%，第二个循环只占0.00005%。总共 2 000 001 001 000 步中，有 2 000 000 000 000 步用在了内层 for 循环中的代码上。

很明显，代码有一个大规模的输入时，只需考虑内层循环，即二次项，就可以得到一个运行时间的有意义的表示。这个循环的步数是$2x^2$，不是$x^2$，这一点我们需要考虑吗？如果计算机每秒执行大概1亿步，那么计算出$f$大约需要5.5小时。如果我们能将复杂度降低到$x^2$，那就大约需要2.25小时。在任何一种情况下，结论都是一样的：我们需要找到一个更加有效的算法。

通过上面的分析，我们可以使用以下规则描述算法的渐近复杂度：

❑ 如果运行时间是一个多项式的和，那么保留增长速度最快的项，去掉其他各项；

❑ 如果剩下的项是个乘积，那么去掉所有常数。

最常用的渐近表示法称为"大O"表示法[①]。大O表示法可以给出一个函数渐近增长（通常称为增长级数）的上界。例如，从渐近的意义上说，公式$f(x) \in O(x^2)$表示函数$f$的增长不会快于二次多项式$x^2$。

与很多计算机科学家一样，我们经常会使用"$f(x)$的复杂度是$O(x^2)$"这样的句子滥用大O表示法。这句话的意义是，在最差情形下，$f$会运行$O(x^2)$步。一个函数的运行步数"在$O(x^2)$内"和"是$O(x^2)$"之间的区别很微妙，但非常重要。如果我们说$f(x) \in O(x^2)$，那么$f$的最差情形运行时间也可以明显小于$O(x^2)$。

如果我们说$f(x)$的复杂度是$O(x^2)$，那么其实是在暗示$x^2$既是渐近最差情形运行时间的上界，也是其下界。这被称为紧界。[②]

## 9.3   一些重要的复杂度

下面列出了一些最常用的大O表示法实例。$n$表示函数的输入规模。

❑ $O(1)$表示常数运行时间。

❑ $O(\log n)$表示对数运行时间。

❑ $O(n)$表示线性运行时间。

❑ $O(n \log n)$表示对数线性运行时间。

❑ $O(n^k)$表示多项式运行时间，注意$k$是常数。

❑ $O(c^n)$表示指数运行时间，这时常数$c$为底数，复杂度为$c$的$n$次方。

### 9.3.1   常数复杂度

常数复杂度的意义是，渐近复杂度与输入规模无关。这样的程序一般没有什么太大的价值，但在所有程序中，都有一些代码片段（如求Python列表的长度，或计算两个浮点数的积）可以归于此类。常数运行时间并不意味着代码中没有循环或递归调用，但确实可以说明迭代和递归调用的次数与输入规模无关。

---

[①] Big O这个词是由20世纪70年代计算机科学家高德纳引入这个领域的。他之所以选择希腊字母Omicron，是因为从19世纪末期开始，数论学家就已经使用这个字母表示相关概念了。

[②] 在计算机科学中，有些喜欢咬文嚼字的"老学究"会用大写的Theta（Θ）而不是大O。

## 9.3.2 对数复杂度

对于这种函数的复杂度来说，它的增长速度至少是某个输入的对数。例如，二分查找的复杂度就是待搜索列表的长度的对数。（我们会在第10章介绍二分查找及其复杂度。）顺便说一下，我们不关心对数的底数，因为对于某个对数来说，使用另一个底数的区别只相当于将原来底数的对数乘以一个常数。例如，$O(\log_2(x)) = O(\log_2(10)*\log_{10}(x))$。很多有趣的函数都具有对数复杂度。例如：

```python
def intToStr(i):
    """假设i是非负整数
       返回一个表示i的十进制字符串"""
    digits = '0123456789'
    if i == 0:
        return '0'
    result = ''
    while i > 0:
        result = digits[i%10] + result
        i = i//10
    return result
```

因为这段代码中没有调用其他函数和方法，所以我们只需检查循环语句即可确定复杂度的等级。代码中只有一个循环，所以我们只需找出迭代次数。迭代次数就是一直用$i$除以10做整数除法，在结果为0之前能够做的整数除法的次数。所以，intToStr的复杂度是$O(\log(i))$。

那么下面这段代码的复杂度呢？

```python
def addDigits(n):
    """假设n是非负整数
       返回n中每个数字之和"""
    stringRep = intToStr(n)
    val = 0
    for c in stringRep:
        val += int(c)
    return val
```

使用intToStr将n转换为字符串的复杂度为$O(\log(n))$，intToStr会返回一个长度为$O(\log(n))$的字符串。for循环会被执行$O(\text{len}(stringRep))$次，也就是$O(\log(n))$次。综合以上信息，再假设将一个表示数字的字符转换为整数需要常数时间，那么程序的运行时间就与$O(\log(n))+O(\log(n))$成正比，因此复杂度为$O(\log(n))$。

## 9.3.3 线性复杂度

很多处理列表或其他类型序列的程序具有线性复杂度，因为它们对序列中的每个元素都进行常数（大于0）次处理。

例如：

```python
def addDigits(s):
    """假设s是字符串，其中每个字符都是十进制数。
```

```
    decimal digit.
  返回s中所有数值之和"""
val = 0
for c in s:
    val += int(c)
return val
```

我们仍然假设表示数字的字符在常数时间内被转换为整数，那么这个函数的复杂度就与$s$的长度成线性关系，也就是$O(len(s))$。

当然，并非必须具有循环语句的程序才有线性复杂度。看下面的代码：

```
def factorial(x):
    """假设x是正整数
       返回x!"""
    if x == 1:
        return 1
    else:
        return x*factorial(x-1)
```

这段代码中没有循环语句，所以要想知道它的复杂度，我们必须知道它进行了多少次递归调用。调用的序列很简单：

```
factorial(x), factorial(x-1), factorial(x-2), ... , factorial(1)
```

这个序列的长度就是这个函数的复杂度，正是$O(x)$。

至此为止，我们讨论的都是代码的时间复杂度。如果算法使用的空间是固定的，那么没有什么问题，但上面的阶乘实现却不具有这个特性。正如我们在第4章中讨论过的，每次对`factorial`的递归调用都会将内存空间分配给一个新的栈帧，这个栈帧会一直占用内存，直至调用返回。到最深层次的递归调用时，代码会分配$x$个栈帧，所以代码的空间复杂度也是$O(x)$。

与时间复杂度不同，要想感觉到空间复杂度的影响比较困难。对于用户来说，程序运行完成需要1分钟还是2分钟是明显能够感觉到的，但程序使用的内存是1兆字节还是2兆字节则完全无法觉察。这就是时间复杂度通常比空间复杂度更受关注的原因。运行程序所需的存储空间超过了计算机内存时，空间复杂度才能更受关注。

## 9.3.4 对数线性复杂度

这种复杂度比前面几种复杂度稍微复杂一点，它是两个项的乘积，每个项都依赖于输入的规模。这个复杂度非常重要，因为很多实用算法的复杂度都是对数线性的。最常用的对数线性复杂度算法可能是归并排序法，它的复杂度是$O(n\log(n))$，这里的$n$是待排序列表的长度。我们会在第10章介绍这种算法并分析其复杂度。

## 9.3.5 多项式复杂度

最常见的多项式算法复杂度是平方复杂度，也就是说，算法复杂度按照输入规模的平方增长。例如，图9-4中实现子集测试的函数。

```
def isSubset(L1, L2):
    """假设L1和L2是列表。
        如果L1中的每个元素也在L2中出现，则返回True
        否则返回False。"""
    for e1 in L1:
        matched = False
        for e2 in L2:
            if e1 == e2:
                matched = True
                break
        if not matched:
            return False
    return True
```

图9-4　子集测试

程序每次执行到内层循环时，内层循环都要执行$O(len(L2))$次。函数isSubset要执行外部循环$O(len(L1))$次，所以执行到内层循环的次数也是$O(len(L1))$。因此，函数isSubset的复杂度是$O(len(L1))*O(len(L2))$。

再看一下图9-5中的intersect函数。第一部分代码建立可能包含重复元素的列表，它的运行时间明显是$O(len(L1))*O(len(L2))$。第二部分代码建立没有重复元素的列表，乍看上去，它的运行时间与tmp的长度成线性关系，但其实不是。测试条件e not in result实际上会检查result中的每个元素，因此它的复杂度是$O(len(result))$，所以第二部分代码的复杂度是$O(len(type))*O(len(result))$。但是，因为result和tmp的长度由L1和L2中长度较小的一个决定，又因为我们可以忽略加法项，所以可以忽略$O(len(type))*O(len(result))$。这样，intersect函数的复杂度就是$O(len(L1))*O(len(L2))$。

```
def intersect(L1, L2):
    """假设L1和L2是列表
        返回一个不重复的列表，为L1和L2的交集"""
    #建立一个包含相同元素的列表
    tmp = []
    for e1 in L1:
        for e2 in L2:
            if e1 == e2:
                tmp.append(e1)
                break
    #建立一个不重复的列表
    result = []
    for e in tmp:
        if e not in result:
            result.append(e)
    return result
```

图9-5　求列表交集

### 9.3.6 指数复杂度

我们之后将会看到，因为内在的原因，很多重要问题的复杂度都是指数的。也就是说，要想彻底解决这些问题，所需的时间要随输入规模的指数而增长。这非常糟糕，因为编写一个运行时间以指数增长的程序对我们来说通常是得不偿失的。举例来说，看一下图9-6中的代码。

```python
def getBinaryRep(n, numDigits):
    """假设n和numDigits为非负整数
       返回一个长度为numDigits的字符串，为n的二进制表
示"""
    result = ''
    while n > 0:
        result = str(n%2) + result
        n = n//2
    if len(result) > numDigits:
        raise ValueError('not enough digits')
    for i in range(numDigits - len(result)):
        result = '0' + result
    return result

def genPowerset(L):
    """假设L是列表
       返回一个列表，包含L中元素所有可能的集合。例如，
如果
       L=[1, 2]，则返回的列表包含元素[1]、[2]和[1,
2]"""
    powerset = []
    for i in range(0, 2**len(L)):
        binStr = getBinaryRep(i, len(L))
        subset = []
        for j in range(len(L)):
            if binStr[j] == '1':
                subset.append(L[j])
        powerset.append(subset)
    return powerset
```

图9-6 生成幂集

函数genPowerset(L)返回一个列表的列表，包含L中元素所有可能的组合。例如，如果L是['x', 'y']，那么L的幂集就是包含[ ]、['x']、['y']和['x', 'y']这些列表的列表。

这个算法有点不好理解。假设有一个包含$n$个元素的列表，我们可以使用一个字符串表示这$n$个元素的任意一个组合，这个字符串由若干个0和1组成，长度为$n$，字符串中的1表示组合包含这个元素，0表示不包含这个元素。全是0的字符串表示组合不包括任意一个元素，全是1的字符串表示组合包括所有元素，100…001表示组合包括第一个元素和最后一个元素，以此类推。

于是，可以按照以下步骤生成长度为$n$的列表L的所有子列表：

❑ 生成所有$n$位的二进制数，也就是从0到$2^n$之间的所有二进制数；

❑ 对于这$2^n$+1个二进制数中的每一个数$b$，如果$b$中某一位为1，那么就从L中选择索引值对应
这一位的元素，由此生成一个列表。举例来说，如果L是['x', 'y']并且$b$是01，那么就
生成列表['y']。

如果有一个列表，其中的元素是字母表中的前10个字母，我们先在这个列表上试运行
genPowerset。程序很快结束，生成一个包含1024个元素的列表。下一步，在包含字母表中前20
个字母的列表上运行genPowerset，它会运行相当长的时间，然后返回一个大约有100万个元素
的列表。如果你使用包含26个字母的列表运行genPowerset，那么在等待程序结束的过程中，你
可能已经昏昏欲睡，除非计算机在试图建立具有几千万个元素的列表时耗尽了内存。至于在包含
所有大写字母和小写字母的列表上运行genPowerset，那更是痴人说梦。算法的第一个步骤会生
成$O(2^{\mathrm{len}(L)})$个二进制数，所以算法的复杂度是len($L$)的指数形式。

这是否意味着对于指数复杂度的问题，计算机就无能为力了呢？当然不是。这只能说明对于
这类问题，我们只能使用某种算法找出近似解，或者说对于这类问题中的某些特殊实例，我们可
以求出最优解。这是后面章节要讨论的主题。

### 9.3.7    复杂度对比

在本节中，我们会用统计图直观表示各种算法复杂度的含义。

图9-7中，左侧的统计图对比了常数复杂度算法和对数复杂度算法的运行时间增长速度。请
注意，即使是对于20这么小的常数，输入规模也需要达到100万左右，两条曲线才会相交。输入
规模达到500万时，对数复杂度算法所需的时间仍然很少。由此可知，对数复杂度算法几乎和常
数复杂度算法一样优秀。

从图9-7中右侧的统计图可以看出，对数复杂度算法与线性复杂度算法之间的区别非常明显。
请注意，X轴的最大坐标只有1000。比较常数复杂度和对数复杂度的算法时，需要一个大规模的
输入才能看出二者之间的区别，但是，对数复杂度和线性复杂度算法之间的区别只需一个小规模
输入就已经非常明显了。对数复杂度算法和线性复杂度算法在性能上明显的区别并不意味着线性
算法很糟糕，实际上，多数情况下，线性算法的效率是完全可以接受的。

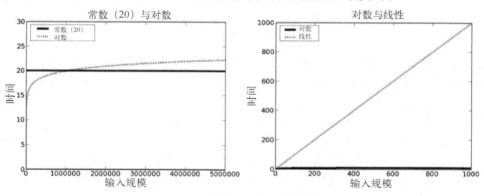

图9-7    常数、对数和线性增长

　　图9-8中左侧的统计图展示了$O(n)$和$O(n\log(n))$之间的明显区别。我们已经知道了$\log(n)$的增长十分缓慢，所以$O(n\log(n))$增长如此之快真是出乎意料，但别忘了它是一个乘法因子。我们还应该知道，在很多实际情况下，$O(n\log(n))$还是很快的，可堪一用。另一方面，如图9-8中右侧统计图所示，与平方复杂度算法的增长速度比起来，$O(n\log(n))$简直不值一提。

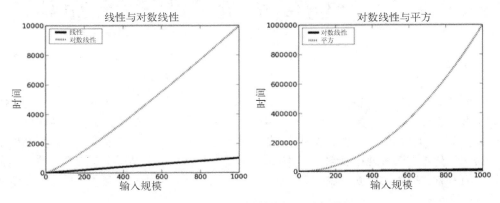

图9-8　线性、对数线性和平方增长

　　图9-9中两张统计图是关于指数复杂度的。在左侧的统计图中，Y轴的坐标从0.0到1.2，但是左上方 **x1e301** 表示Y轴上的每个单位都要乘以$10^{301}$。所以，图中Y值的范围大约是$0\sim1.1*10^{301}$。但是，在图9-9左侧的图中，似乎看不到任何曲线。因为指数函数增长得太快，以至于相对于最高点的Y值（它决定了Y轴的规模）来说，指数曲线上前面那些点（以及平方曲线上所有的点）的Y值几乎与0没有区别。

　　图9-9中右侧的统计图通过在Y轴上使用对数标度解决了这个问题。现在可以清楚地看到，除了那些规模特别小的输入，指数算法都是不现实的。

　　请注意，统计图使用对数标度时，指数曲线看上去就像一条直线。之后会详细介绍。

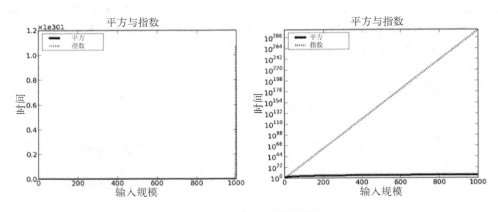

图9-9　平方和指数增长

## 第 10 章

# 一些简单算法和数据结构

我们虽然花费大量篇幅讨论程序效率，但目的不是使你成为设计高效程序的专家。关于这个问题，有很多大部头的图书（其中一些甚至非常引人入胜）进行了专门的讨论。[①]第9章介绍了一些构成复杂度分析的基本概念。在本章中，我们会使用这些概念研究几种经典算法的复杂度。本章的目的是帮助你建立某种通用直觉，以解决算法效率方面的问题。学习本章内容之后，你应该明白为什么有些程序眨眼之间就可以完成，有些程序却需要运行到第二天，而有些程序在你有生之年都不会结束运行。

我们在本书中介绍的第一个算法是暴力穷举法。当时我们声称，现代计算机的速度太快了，以至于开发那些巧妙的算法经常就是浪费时间，编写既简单又明显正确的代码才是正道。

然后我们遇到了一些问题（例如，求一个多项式的根的近似值），这时搜索空间太大，以至于暴力算法已经失效。这促使我们考虑更有效率的算法，比如二分查找法和牛顿–拉弗森法。我们的主要观点是，程序效率的关键是好的算法，而不是靠小聪明在编码时要些花招。

在科学领域（物理学、生命科学和社会科学）中，为了验证一个关于数据集的假设是否合理，程序员经常先快速地编码实现一个简单算法，然后使用少量数据运行该算法。如果结果令人鼓舞，那么接下来就要开发可以运行（可能要一次又一次地运行）在大规模数据集上的程序实现，艰苦的工作就开始了，这种实现要在高效算法的基础上才能完成。

高效算法的实现非常困难。对于那些成功的专业计算机科学家来说，整个职业生涯中可能只会开发出一种算法——如果他们足够幸运。多数人永远不会开发出新算法。我们要做的是，学会在面对问题时将复杂性减到最小，并将它们转换成以前已经解决了的问题。

更具体地说，我们需要：

❑ 理解问题的内在复杂度；

❑ 思考如何将问题分解成多个子问题；

❑ 将这些子问题与已经有高效算法的其他问题联系起来。

本章给出几个示例程序，目的是让你在算法设计方面具有一些直觉性知识。还有很多算法可以在本书其他章节中找到。

请记住，你并不总是需要选择最有效率的算法，一个在各方面都最有效率的程序经常是难以

---

① 《算法导论》对于那些不害怕大量数学理论的人来说，是一本精彩绝伦的书。

理解的，我们也没有必要去理解。一般来说，比较好的策略是先用最简单直接的方式解决手头的问题，再仔细测试找出计算上的瓶颈，然后仔细研究造成瓶颈的那部分程序，并找出改善计算复杂度的方法。

## 10.1　搜索算法

搜索算法就是在一个项目集合中找出一个或一组具有某种特点的项目。我们将项目集合称为搜索空间。它可以很具体，比如一组电子病历；也可以很抽象，比如所有整数的集合。在实际工作中，大量问题都可以转换为搜索问题。

本书前面介绍过的很多算法都可以看作搜索算法。在第3章中，我们将"为多项式的根找出近似值"这个问题形式化为搜索问题，并给出三种搜索可行解空间的算法：穷举法、二分查找法和牛顿–拉弗森法。

本节会研究两种搜索列表的算法，每种方法都满足以下规范：

```
def search(L, e):
    """假设L是列表
        如果e是L中的元素，则返回True，否则返回False"""
```

聪明的读者可能会问，这个函数在语义上不是和Python表达式e in L完全相同吗？没错，就是这样。如果我们不关心判断"e是否在L中"时的效率问题，那么只要简单地使用这个表达式就可以了。

### 10.1.1　线性搜索与间接引用元素

Python使用以下算法确定列表中是否有某个元素：

```
for i in range(len(L)):
    if L[i] == e:
        return True
return False
```

如果元素e不在列表中，那么算法就会执行$O(\text{len}(L))$次测试。也就是说，复杂度至多与L的长度成线性关系。为什么是"至多"成线性关系呢？只有当循环中的每个操作都可以在常数时间内完成时，才是线性关系。这就引发一个问题：Python能否在常数时间内提取列表中的第$i$个元素？因为我们的计算模型假设取出一个内存地址中的内容是一个常数时间操作，所以问题就变成能否在常数时间内计算出列表中第$i$个元素的地址。

首先考虑简单情形。假设列表中的每个元素都是整数，这意味着列表中每个元素的大小都相同，如4个内存单位（4个8位字节[①]）。假设列表中的元素是连续存储的，那么列表中第$i$个元素的内存地址就是start+4*i，这里的start是列表起始位置的地址。因此，我们可以认为，Python能够在常数时间内计算出整数列表中第$i$个元素的地址。

10

_____

① 保存整数的位数，通常称为"字长"，一般由计算机硬件决定。

当然，我们知道Python列表可以包含非int类型的对象，而且同一个列表中对象的大小和类型也可以都不同。你可能会认为这是一个问题，但实际上不是。

在Python中，列表被表示成一个长度（列表中对象的数量）和一个固定长度的对象指针[①]的序列。图10-1说明了指针的用法。图中的阴影区域表示一个包含4个元素的列表，最左边的阴影方块包含一个指向整数的指针，表示列表长度。其余每个阴影方块都包含一个指针，指向列表中的对象。

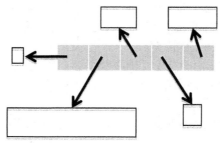

图10-1　列表的实现

如果长度域占4个内存单元，每个指针（其实就是地址）占4个内存单元，那么地址start + 4 + 4 * i中保存的就是列表中第$i$个元素的地址。同样，这个地址可以在常数时间内找到，然后使用保存在这个地址中的值就可以访问第$i$个元素。访问操作也可以在常数时间内完成。

这个例子演示了计算中最重要的实现技术之一：间接引用。[②]一般来说，间接引用就是，要访问目标元素时，先访问另一个元素，再通过包含在这个元素中的引用来访问目标元素。我们每次使用变量引用与变量绑定的对象时，就是这么做的。当我们使用一个变量访问列表并使用保存在列表中的引用访问另一个对象时，实际上进行了双重间接引用。[③]

## 10.1.2　二分查找和利用假设

回到实现search(L, e)这个问题，$O(\text{len}(L))$是我们能做到的最好情况吗？是的，如果我们对列表中元素值之间的关系以及元素的存储顺序一无所知。在最差情形中，我们必须遍历L中的每一个元素才能确定L是否包含e。

但是假如我们对元素的存储顺序有所了解呢？例如，假设我们知道一个整数列表是按照升序存储元素的，那么可以修改函数实现，搜索到一个大于目标整数的数值时，就停止搜索，如图10-2所示。

---

[①] 在一些Python版本中，对象指针是32位的，在另一些版本中则是64位的。

[②] 我的字典将"间接"定义为"不直截了当的，不公开的，有欺骗性的"。实际上，这个词通常具有贬义。直到1950年，计算机科学家意识到它可以解决很多问题。

[③] 经常有人说："计算中的任何问题都可以通过添加另一个间接层来解决。"经过三层间接引用，我们认为这种说法来自David J. Wheeler。Butler Lampson等人的论文"Authentication in Distributed Systems: Theory and Practice"包含了这种说法，论文的一个脚注说："Roger Needham认为这种说法来自剑桥大学的David Wheeler。"

```
def search(L, e):
    """假设L是列表, 其中元素按升序排列。
            ascending order.
        如果e是L中的元素, 则返回True, 否则返回False"""
    for i in range(len(L)):
        if L[i] == e:
            return True
        if L[i] > e:
            return False
    return False
```

图10-2　有序列表的线性搜索

这种算法可以缩短平均运行时间, 但不会改变最差情形下的算法复杂度, 因为在最差情形下还是需要检查L中的每个元素。

但是, 通过使用一种称为二分查找的算法, 我们可以显著改善最差情形下的复杂度, 就像第3章中求浮点数平方根近似值时所做的一样。使用二分查找时, 我们依赖的是浮点数固有的全序性。现在我们则依赖"列表有序"这个假设。

二分查找的思路非常简单:

(1) 选择一个可以将列表L大致一分为二的索引i;

(2) 检查是否有L[i] == e;

(3) 如果不是, 检查L[i]大于还是小于e;

(4) 根据上一步的结果, 确定在L的左半部分还是右半部分搜索e。

给定算法结构之后, 很显然, 实现二分查找的最简单直接的方式就是使用递归, 如图10-3所示。

```
def search(L, e):
    """假设L是列表, 其中元素按升序排列。
            ascending order.
        如果e是L中的元素, 则返回True, 否则返回False"""

    def bSearch(L, e, low, high):
        #Decrements high - low
        if high == low:
            return L[low] == e
        mid = (low + high)//2
        if L[mid] == e:
            return True
        elif L[mid] > e:
            if low == mid: #nothing left to search
                return False
            else:
                return bSearch(L, e, low, mid - 1)
        else:
            return bSearch(L, e, mid + 1, high)

    if len(L) == 0:
        return False
    else:
        return bSearch(L, e, 0, len(L) - 1)
```

图10-3　递归二分查找

图10-3中，外层函数search(L, e)与图10-2中的定义函数具有同样的参数和规范。从规范中可知，函数会假设L中的元素是以升序排列的。search函数的调用者应该确保满足这个假设。如果这个假设没有被满足，那么函数没有义务保证能够正确运行。它可能有效，也可能崩溃，还可能返回一个错误的结果。我们是否应该对search函数进行修改，并检查这个假设是否被满足呢？这样做虽然可以消除错误隐患，但会违背使用二分查找的初衷，因为检查假设这个操作本身就会带来$O(\text{len}(L))$的复杂度。

像search这样的函数经常被称为包装器函数。这种函数为客户代码提供了一个非常易用的接口，但就是一个外壳，不执行重要的计算，而使用适当的参数调用辅助函数bSearch。这就引起一个问题：为什么不去掉search，让客户代码直接调用bSearch呢？原因就在于bSearch中的两个参数low和high，它们与在列表中搜索一个元素这一抽象任务没有任何关系，只是具体实现中的细节，应该对search的调用者隐藏。

下面分析bSearch的复杂度。上一节证明了访问列表需要常数时间，因此，如果先不考虑递归调用，那么每个bSearch实例的复杂度都是$O(1)$。所以，bSearch的复杂度仅仅依赖于递归调用的次数。

如果这是一本关于算法的书，我就会使用所谓的递推关系来进行详细分析。但因为这不是一本算法书，所以我会采用一种不那么正式的方法，先从一个问题开始："我们如何知道程序会在什么时候结束？"回忆一下，在第3章关于while循环时，我们也问过同样的问题。当时通过一个循环中的递减函数回答了这个问题，现在我们也要做同样的事。在这个上下文环境中，递减函数具有以下性质：

❑ 它可以将形参绑定的值映射为一个非负整数；

❑ 当它的值为0时，递归结束；

❑ 对于每次递归调用，递减函数的值都会小于做出调用的函数实例中的递减函数的值。

bSearch中的递减函数是high - low。search中的if语句保证了第一次调用bSearch时递减函数的值至少为0（递减函数性质1）。

进入bSearch时，如果high - low正好为0，那么函数就不做任何递归调用，只返回表达式L[low] == e的值（满足递减函数性质2）。

函数bSearch中有两个递归调用。一个调用中的参数覆盖了mid左侧的所有元素，另一个调用中的参数覆盖了mid右侧的所有元素。在任何一个调用中，high - low的值都被分为两半（满足递减函数性质3）。

现在我们明白了为什么递归会结束。下一个问题就是，在high - low == 0之前，high - low的值会减半多少次呢？回忆一下，$\log_y(x)$表示的是为了达到$x$值，$y$需要和自己相乘的次数。相反，如果$x$被$y$除了$\log_y(x)$次，那么结果就是1。这说明high - low在等于0之前，至多使用整数除法减半$\log_2(high - low)$次即可。

最后，我们终于可以回答"二分查找的算法复杂度是多少？"这个问题。因为当search调用bSearch时，high - low的值是len(L) - 1，所以search函数的复杂度为$O(\log(\text{len}(L)))$。[1]

---

[1] 前面研究算法复杂度时，对数的底数是无关的。

实际练习：为什么在第二个递归调用中，代码使用的不是mid，而是mid + 1？

## 10.2 排序算法

从上一节可以看到，如果知道列表是有序的，那么我们就可以利用这个信息大大降低搜索列表所需的时间。这是否意味着在有列表搜索的需求时，应该先排序再执行搜索呢？

假设$O(\text{sortComplexity}(L))$表示列表排序的复杂度。我们已经知道搜索列表的时间在$O(\text{len}(L))$之内，所以"是否应该先排序再搜索"的问题就变成：$\text{sortComplexity}(L) + \log(\text{len}(L))$小于$\text{len}(L)$吗？很遗憾，答案是否定的。如果不能对列表中的每个元素至少检查一次，我们就不可能完成列表排序，所以排序算法的复杂度不可能小于线性复杂度。

难道二分查找只是对我们求知欲的一种满足，却没有任何实用价值吗？令人高兴的是，答案依然是否定的。假设我们希望对同一列表进行多次搜索，那么在一次列表排序上付出的成本就有很大意义了，这个成本可以分摊在多次搜索中。如果我们希望对列表进行$k$次搜索，那么问题就变成：$\text{sortComplexity}(L) + \log(\text{len}(L))$小于$k*\text{len}(L)$吗？

$k$越来越大时，列表排序所用的时间会变得越来越微不足道。$k$的大小取决于列表排序所需的时间。例如，如果排序时间与列表大小成指数关系，$k$就应该非常大。

幸运的是，排序可以相当高效地完成。例如，在大多数Python版本中，标准排序算法的运行时间大约是$O(n*\log(n))$，这里的$n$是列表长度。实际上，我们几乎不用自己实现排序函数。在大多数情况下，我们应该使用Python内置的sort方法（L.sort()可以对列表L排序），或者使用内置函数sorted（sorted(L)会返回一个列表，其中包含与L同样的元素，但是不会修改L）。我们介绍排序算法的基本目的是，帮助大家在算法设计和复杂度分析方面积累一些实际经验。

首先，从一个简单但是低效的算法开始：选择排序。如图10-4所示，选择排序的工作原理是维持一个循环不变式，它会将列表分成前缀部分（L[0 : i]）和后缀部分（L[i+1 : len(L)]），前缀部分已经排好序，而且其中的每一个元素都不大于后缀部分中的最小元素。

```python
def selSort(L):
    """假设L是列表，其中的元素可以用>进行比较。
        compared using >.
       对L进行升序排列"""
    suffixStart = 0
    while suffixStart != len(L):
        #检查后缀集合中的每个元素
        for i in range(suffixStart, len(L)):
            if L[i] < L[suffixStart]:
                #交换元素位置
                L[suffixStart], L[i] = L[i], L[suffixStart]
        suffixStart += 1
```

图10-4 选择排序

我们使用归纳法对循环不变式进行推导。

- ❑ 基础情形：第一次迭代开始时，前缀集合是空的，也就是说，后缀集合是整个列表。因此，不变式（显然）成立。
- ❑ 归纳步骤：在算法的每一步中，我们都从后缀集合向前缀集合移动一个元素，移动的方式是将后缀集合中的最小元素添加到前缀集合的末尾。因为移动元素之前，不变式是成立的，所以添加元素之后，前缀集合依然有序。而且，因为我们从后缀集合中移走的是最小元素，所以前缀集合中仍然没有任何一个元素大于后缀集合中的最小元素。
- ❑ 结束：退出循环时，前缀集合中包括了整个列表，后缀集合是空的。因此，整个列表按照升序排列。

很难想象还有比选择排序更加简单明了的排序算法。但非常遗憾，这个算法非常低效。[①]内层循环的复杂度为 $O(\text{len}(L))$，外层循环的复杂度也是 $O(\text{len}(L))$。所以，整个函数的复杂度是 $O(\text{len}(L)^2)$，即列表 L 长度的平方。

## 10.2.1　归并排序

幸运的是，我们可以使用分治算法得到比平方复杂度好得多的结果。其基本思想就是先找出初始问题的一些简单实例的解，再将这些解组合起来作为初始问题的解。一般来说，分治算法具有以下特征：

- ❑ 一个输入规模的阈值，低于这个阈值的问题不会进行分解；
- ❑ 一个实例分解成子实例的规模和数量；
- ❑ 合并子解的算法。

阈值有时被称为递归基。对于第二条特征，经常要考虑初始问题规模与子实例规模的比例。在至今为止我们见过的大多数例子中，这个比例是 2。

归并排序是一种典型的分治算法，它由约翰·冯·诺依曼于 1945 年发明，至今仍被广泛使用。和多数分治算法一样，用递归方式描述它是最容易的：

(1) 如果列表的长度是 0 或 1，那么它已经排好序了；
(2) 如果列表包含多于 1 个元素，就将其分成两个列表，并分别使用归并排序法进行排序；
(3) 合并结果。

冯·诺依曼的关键发现是，两个有序的列表可以高效地合并成一个有序列表。合并的思想是，先看每个列表的第一个元素，然后将二者之间较小的一个移到目标列表的末尾。其中一个列表为空时，就将另一个列表中余下的元素复制到目标列表末尾。举例来说，假设要合并列表 [1, 5, 12, 18, 19, 20] 和 [2, 3, 4, 17]：

```
列表1中剩余元素      | 列表2中剩余元素  | 目标列表  |
[1,5,12,18,19,20]    [2,3,4,17]      []
[5,12,18,19,20]      [2,3,4,17]      [1]
[5,12,18,19,20]      [3,4,17]        [1,2]
```

---

[①] 但它不是效率最差的排序算法。

```
[5,12,18,19,20]        [4,17]        [1,2,3]
[5,12,18,19,20]        [17]          [1,2,3,4]
[12,18,19,20]          [17]          [1,2,3,4,5]
[18,19,20]             [17]          [1,2,3,4,5,12]
[18,19,20]             []            [1,2,3,4,5,12,17]
[]                     []            [1,2,3,4,5,12,17,18,19,20]
```

合并过程的复杂度是多少呢？过程中有两个常数时间操作，比较元素的值和从一个列表向另一个列表复制元素。比较的次数是$O(\text{len}(L))$，这里的L是两个列表中较长的那个。复制操作的次数是$O(\text{len}(L1)+\text{len}(L2))$，因为每个元素都正好复制一次。（复制元素的时间依赖于元素大小，但这并不会影响排序时间增长的速度，这个速度是列表中元素个数的函数。）因此，合并两个有序列表的复杂度与列表的长度成线性关系。

归并排序算法的实现如图10-5所示。

```python
def merge(left, right, compare):
    """假设left和right是两个有序列表，compare定义了一种元素排序规则。
        返回一个新的有序列表（按照compare定义的顺序），其中包含与
        (left+right) 相同的元素。"""

    result = []
    i,j = 0, 0
    while i < len(left) and j < len(right):
        if compare(left[i], right[j]):
            result.append(left[i])
            i += 1
        else:
            result.append(right[j])
            j += 1
    while (i < len(left)):
        result.append(left[i])
        i += 1
    while (j < len(right)):
        result.append(right[j])
        j += 1
    return result

def mergeSort(L, compare = lambda x, y: x < y):
    """假设L是列表，compare定义了L中元素的排序规则
        on elements of L
        返回一个新的具有L中相同元素的有序列表。"""
    if len(L) < 2:
        return L[:]
    else:
        middle = len(L)//2
        left = mergeSort(L[:middle], compare)
        right = mergeSort(L[middle:], compare)
        return merge(left, right, compare)
```

图10-5　归并排序

请注意，我们将比较操作符作为mergeSort函数的一个参数，并编写了一个Lambda表达式作为默认值。例如，以下代码：

```
L = [2,1,4,5,3]
print(mergeSort(L), mergeSort(L, lambda x, y: x > y))
```

会输出：

```
[1, 2, 3, 4, 5] [5, 4, 3, 2, 1]
```

分析一下mergeSort的复杂度。我们已经知道，merge的时间复杂度是$O(\text{len}(L))$。在每层递归中，要合并的元素总数是len($L$)。因此，mergeSort的时间复杂度是$O(\text{len}(L))$乘以递归的层数。因为mergeSort每次将列表分为两半，所以我们可知递归层数是$O(\log(\text{len}(L)))$。因此，mergeSort的时间复杂度是$O(n*\log(n))$，这里的$n$是len($L$)。

这比选择排序的$O(\text{len}(L)^2)$要好多了。举例来说，如果$L$中有10 000个元素，那么len($L$)$^2$就是1亿，而len($L$)*log(len($L$))大约只有13万。

这种对时间复杂度的改进是有代价的。选择排序是原地排序算法的一个实例，因为它在列表内部交换元素位置，仅使用固定数量的额外存储（在我们的具体实现中，是一个元素的大小）。相比之下，合并排序算法需要复制列表，这意味着其空间复杂度是$O(\text{len}(L))$。对于大规模列表来说，这可能是个问题。[①]

## 10.2.2　将函数用作参数

假设我们要对一个姓名列表进行排序，其中姓名的形式为"先名后姓"，如列表['Chris Terman', 'Tom Brady', 'Eric Grimson', 'Gisele Bundchen']。图10-6中定义了两个定序函数，然后通过这些函数使用两种不同的定序方式对一个列表进行排序。每个函数都使用了str类型的split方法。

---

① 快速排序由C.A.R.Hoare于1960年发明。这种方法在概念上与归并排序很相似，但比归并排序复杂得多。它的优点是只需要log($n$)大小的额外空间。与归并排序不同，其运行时间依赖于列表中待排序元素之间的相对顺序。尽管快速排序在最差情形下的运行时间是$O(n^2)$，但它的期望运行时间只有$O(n*\log(n))$。

```
def lastNameFirstName(name1, name2):
    arg1 = name1.split(' ')
    arg2 = name2.split(' ')
    if arg1[1] != arg2[1]:
        return arg1[1] < arg2[1]
    else: #姓相同，则按照名排序
        return arg1[0] < arg2[0]

def firstNameLastName(name1, name2):
    arg1 = name1.split(' ')
    arg2 = name2.split(' ')
    if arg1[0] != arg2[0]:
        return arg1[0] < arg2[0]
    else: #名相同，则按照姓排序
        return arg1[1] < arg2[1]

L = ['Tom Brady', 'Eric Grimson', 'Gisele Bundchen']
newL = mergeSort(L, lastNameFirstName)
print('Sorted by last name =', newL)
newL = mergeSort(L, firstNameLastName)
print('Sorted by first name =', newL)
```

图10-6　姓名列表排序

运行图10-6中的代码，会输出以下结果：

```
Sorted by last name = ['Tom Brady', 'Gisele Bundchen', 'Eric Grimson']
Sorted by first name = ['Eric Grimson', 'Gisele Bundchen', 'Tom Brady']
```

### 10.2.3　Python 中的排序

多数Python版本中使用的排序算法被称为timsort[①]。这种算法的核心思想是利用这样一个事实，即在很多数据集中，数据已经部分有序。timsort在最差情形下的性能与归并排序一样，但平均性能要远远超过归并排序。

正如我们以前提到过的，Python的list.sort方法使用列表作为第一个参数并且修改这个列表。相反，Python中的sorted函数使用一个可迭代的对象（如列表或视图）作为第一个参数，并返回一个排好序的新列表。例如，以下代码：

```
L = [3,5,2]
D = {'a':12, 'c':5, 'b':'dog'}
print(sorted(L))
print(L)
L.sort()
print(L)
print(sorted(D))
D.sort()
```

10

---

① timsort由蒂姆·彼得斯于2002年发明，因为他对Python以前使用的排序算法很不满。

会输出：

```
[2, 3, 5]
[3, 5, 2]
[2, 3, 5]
['a', 'b', 'c']
AttributeError: 'dict' object has no attribute 'sort'
```

请注意，把sorted函数应用于一个字典时，会返回一个排好序的字典键的列表。相比之下，在字典上应用sort方法时，会引发一个异常，因为没有dict.sort这个方法。

list.sort方法和sorted函数都可以有两个附加参数。参数key的作用和我们实现归并排序时的compare一样：提供用于排序的比较函数。参数reverse指定对列表进行升序还是降序排序，升序和降序都是相对于比较函数来说的。例如，以下代码：

```
L = [[1,2,3], (3,2,1,0), 'abc']
print(sorted(L, key = len, reverse = True))
```

按照长度的相反顺序对L中的元素进行排序，会输出：

```
[(3, 2, 1, 0), [1, 2, 3], 'abc']
```

list.sort方法和sorted函数都采用稳定排序方法，这意味着如果两个元素的比较项目（本例中是长度）是相等的，那么它们在初始列表（或其他可迭代对象）中的相对顺序会被保留到最终列表。（因为没有键会在一个dict对象中出现一次以上，所以应用于dict时，sorted函数是否稳定这个问题其实没有意义。）

## 10.3　散列表

如果我们将归并排序与二分查找结合起来，就可以很好地解决列表搜索的问题。使用归并排序在$O(n*\log(n))$时间内对列表进行预处理，然后使用二分查找在$O(\log(n))$时间内检验元素是否在列表中。如果对列表进行$k$次搜索，那么总体时间复杂度就是$O(n*\log(n)) + k*O(\log(n))$。

这已经相当不错了，但我们还是要问，可以做一些预处理工作时，对数复杂度就是我们在搜索问题上能得到的最好结果吗？

第5章介绍dict类型时说过，字典使用一种称为"散列"的技术进行搜索，这种技术使得搜索时间几乎与字典大小无关。散列表背后的基本思想非常简单，我们将键转换为一个整数，然后使用这个整数索引一个列表，这都可以在常数时间内完成。理论上，任何类型的值都可以轻松转换为一个整数。归根结底，每个对象在计算机内部的表示都是一个位序列，任何一个位序列都可以表示一个整数。举例来说，字符串'abc'的内部表示是位序列011000010110001001100011，它可以表示十进制整数6 382 179。当然，如果想使用字符串的内部表示作为列表索引，那列表肯定会非常长。

如果键已经是整数，又当如何？设想一下，如果我们正在实现一个字典，字典的键是美国社保号码（9位整数）。用一个包含$10^9$个元素的列表来表示这个字典，并用社保号码索引这个列表，就可以在常数时间内完成查找工作。当然，如果字典中只包含10 000（$10^4$）个人员的条目，就会浪费大量空间。

为了解决这个问题，我们引入散列函数。它会将一个大规模的输入空间（如所有自然数）映射为一个小规模的输出空间（如0~5000的自然数）。所以，可以使用散列函数将数量巨大的键转换为数量较少的整数索引。

因为输出空间小于输入空间，所以散列函数是个多对一映射。也就是说，多个不同输入会被映射为同一输出。当两个输入被映射为同一个输出时，我们称这种情况为碰撞，随后会对其进行介绍。一个好的散列函数会生成一个均匀分布，也就是说，范围内出现每种输出的可能性都是相等的，这会使产生碰撞的可能性最小化。

图10-7中，我们使用一个简单的散列函数（回忆一下，$i\%j$返回整数$i$除以整数$j$后的余数）实现带有整数键的字典。

```python
class intDict(object):
    """键为整数的字典"""

    def __init__(self, numBuckets):
        """创建一个空字典"""
        self.buckets = []
        self.numBuckets = numBuckets
        for i in range(numBuckets):
            self.buckets.append([])

    def addEntry(self, key, dictVal):
        """假设key是整数。添加一个字典条目。"""
        hashBucket = self.buckets[key%self.numBuckets]
        for i in range(len(hashBucket)):
            if hashBucket[i][0] == key:
                hashBucket[i] = (key, dictVal)
                return
        hashBucket.append((key, dictVal))

    def getValue(self, key):
        """假设key是整数。
           返回键为key的字典值"""
        hashBucket = self.buckets[key%self.numBuckets]
        for e in hashBucket:
            if e[0] == key:
                return e[1]
        return None

    def __str__(self):
        result = '{'
        for b in self.buckets:
            for e in b:
                result = result + str(e[0]) + ':' + str(e[1]) + ','
        return result[:-1] + '}' #result[:-1] omits the last comma
```

图10-7　使用散列算法实现字典

上述实现的基本思想是通过散列桶列表表示intDict类的实例，每个散列桶都是一个元组形式的键/值对列表。通过这种每个桶都是一个列表的方式，我们可以将散列到同一个桶的所有值都保存在列表里，从而解决碰撞问题。

散列表的工作方式如下：实例变量buckets被初始化为一个列表，其中包含numBuckets个空列表。如果想保存或查找一个键值为dictKey的条目，首先要使用散列函数%将dictKey转换为一个整数，并使用这个整数在buckets中索引，找到与dictKey关联的散列桶。然后对这个桶（其实是一个列表）进行线性搜索，看看是否有一个条目的键是dictKey。如果我们执行的是查找工作，并且有一个条目的键是dictKey，那么返回保存在该条目中的值即可；如果没有条目的键是dictKey，则返回None。如果要保存一个值，应当首先检查散列桶中是否已经有带有这个键的条目。如果有，就使用一个新元组替换这个条目，否则向桶中添加一个新条目。

还有很多其他方法可以解决碰撞问题，有些方法比使用列表更高效。但这可能是最简单的一种方法，如果散列表相对于要保存的元素数量足够大，并且散列函数能提供对均匀分布足够好的近似，那么这种方法的效果会非常好。

请注意，__str__方法提供了一种字典的表示方法，这种方法与元素添加到字典中的顺序无关，而是按照键的散列值排序的。这就解释了我们为什么不能预测dict类型对象中的键的顺序。

下面的代码首先创建一个带有17个桶和20个条目的intDict对象。条目中的值是0~19的整数。键在$0$~$10^5-1$且使用random.choice随机选择。（我们会在第14章和第15章讨论random模块。）代码接着使用定义在类中的__str__方法输出intDict对象。最后，代码通过遍历D.buckets输出每个散列桶。（这严重违背了信息隐藏原则，但在教学上很有用。）

```python
import random
D = intDict(17)
for i in range(20):
    #从0~10**5-1中选择一个随机整数
    key = random.choice(range(10**5))
    D.addEntry(key, i)
print('The value of the intDict is:')
print(D)
print('\n', 'The buckets are:')
for hashBucket in D.buckets: #破坏了抽象的屏障
    print('  ', hashBucket)
```

运行这段代码会输出以下结果：[①]

```
The value of the intDict is:
{99740:6,61898:8,15455:4,99913:18,276:19,63944:13,79618:17,51093:15,827
1:2,3715:14,74606:1,33432:3,58915:7,12302:12,56723:16,27519:11,64937:5,
85405:9,49756:10,17611:0}

The buckets are:
  []
  [(99740, 6), (61898, 8)]
  [(15455, 4)]
```

---

① 因为整数是随机选择的，所以你运行代码会得到一些不同的结果。

```
[]
[(99913, 18), (276, 19)]
[]
[]
[(63944, 13), (79618, 17)]
[(51093, 15)]
[(8271, 2), (3715, 14)]
[(74606, 1), (33432, 3), (58915, 7)]
[(12302, 12), (56723, 16)]
[]
[(27519, 11)]
[(64937, 5), (85405, 9), (49756, 10)]
[]
[(17611, 0)]
```

当我们越过抽象边界,窥视indict对象的内部表示时,可以发现有些散列桶是空的,有些散列桶则包含了一个、两个或三个条目,这取决于发生碰撞的次数。

那么,getVal的复杂度是多少呢?如果没有碰撞,复杂度就是$O(1)$,因为每个散列桶的长度都是0或1。但是,碰撞当然无法避免。如果所有键都被散列映射到同一个桶中,复杂度就是$O(n)$,这里的$n$是字典中的条目数量,因为代码会对该散列桶执行线性搜索。如果散列表足够大,就可以减少碰撞次数,完全将复杂度降低到$O(1)$。也就是说,我们能够以空间换时间。但是如何进行取舍呢?为了回答这个问题,需要了解一些概率方面的知识,所以我们将答案留到第15章。

**10**

## 第 11 章

# 绘图以及类的进一步扩展

文本通常是交流信息的最好方式，但有些时候，中国谚语"一图胜千言"也是事实。但多数程序仍然依赖文本输出与用户进行交流。原因何在？因为在多数编程语言中，提供可视化数据太难了。幸运的是，在Python中非常简单。

## 11.1 使用 PyLab 绘图

PyLab是一个Python标准库模块，提供了MATLAB的很多功能。MATLAB是"一种高级的技术计算语言和交互环境，可以用于算法开发、数据可视化、数据分析和数值计算"。[1]在本书后面的章节中，我们还会介绍一些关于PyLab的更高级的内容，但在本章，我们重点介绍其绘制数据图形的功能。PyLab绘图能力的完整用户指南参见matplotlib.sourceforge.net/users/index.html。

还有很多网页也提供了非常精彩的教程。本书目的不是提供用户指南或完整教程，相反，本章只提供若干绘图示例，并解释如何用代码生成这些图形。其他示例将会在后面的章节中介绍。

我们先从一个简单的例子开始，使用pylab.plot生成两张图。运行以下代码：

```
import pylab

pylab.figure(1)                    #创建图1
pylab.plot([1,2,3,4], [1,7,3,5])   #在图1上绘图
pylab.show()                       #在屏幕上显示
```

会在显示器上打开一个窗口，窗口的具体外观取决于你的Python环境，但会与图11-1（使用Anaconda生成）非常相似。运行这段代码时，如果你使用的是多数PyLab安装版本的默认参数设置，那图中的线就可能不会像图11-1那么粗。我们使用的线宽和字号不是标准默认值，这样图形会在印刷成书的时候好看一些。在后面的小节将介绍如何设置图形参数。

---

① http://www.mathworks.com/products/matlab/description1.html?s_cid=ML_b1008_desintro

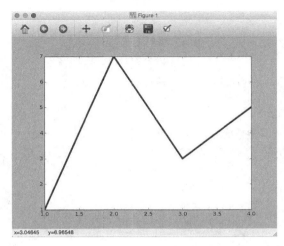

图11-1　一个简单的绘图

图形最上方的标题栏中有窗口名称，本例中是Figure 1。

窗口中间部分是调用pylab.plot生成的图形。pylab.plot中的两个参数必须是同样长度的序列。第一个参数指定了图中所有点的X轴坐标，第二个参数指定Y轴坐标。两个参数一起提供一个序列，其中包括4个坐标对：[(1，1)，(2，7)，(3，3)，(4，5)]。这些点依次绘制在图中，绘制每个点时，都用一条直线与前面的点相连。

最后一行代码pylab.show()会使窗口显示在计算机屏幕中。[1]在某些Python环境中，如果没有这行代码，图形依然会生成，但是不会显示。这种做法乍一听很傻，但其实不是，因为我们完全可以选择将图形直接保存在文件中（我们之后会这样做），而不是显示在屏幕上。

窗口上方工具栏中有几个按钮。最右侧的按钮会弹出一个窗口，里面有一些可以用来调整图形设置的选项。左侧与之相邻的按钮用来将图形保存到文件。[2]再往左的按钮用来调整窗口中图形的外观。再往左的两个按钮用来缩放和平移。看上去像箭头的两个按钮用来查看以前的视图（类似网页浏览器中的"前进"和"后退"按钮）。当你使用其他按钮对图形进行一番操作后，可以使用最左边的按钮将图形还原为初始状态。

我们可以生成多个图形并将其保存到文件中。文件可以使用任何名称，只要你喜欢，但扩展名会是.png，表示文件的格式是可移植网络图形（Portable Network Graphics）。这是一种表示图形的公共领域标准。

---

① 在有些Python环境中，pylab.show()会挂起Python进程，直到图形被关掉（点击窗口左上角的红色圆钮）。这非常不方便，常用的规避方式是确保pylab.show()是最后一行可执行代码。

② 比较年轻的读者可能不知道这是什么东西，它表示"软盘"。软盘由IBM在1971年开发，直径8英寸，可以保存80 000字节数据。和后来的软盘不同，它真的是软的。最初的IBM个人电脑只有一个5.5英寸的16万字节的软盘驱动器。20世纪七八十年代，软盘是个人电脑的主要存储设备。从20世纪80年代中期（苹果电脑）开始，软件变为硬质外壳，但人们仍然称其为软盘。到1998年，全世界每年都要消费20亿张软盘。如今，你已经很难再找到卖软盘的地方了。世间万种荣耀，转头皆空。

以下代码：

```
pylab.figure(1)                    #创建图1
pylab.plot([1,2,3,4], [1,2,3,4])   #在图1上绘图
pylab.figure(2)                    #创建图2
pylab.plot([1,4,2,3], [5,6,7,8])   #在图2上绘图
pylab.savefig('Figure-Addie')      #保存图2
pylab.figure(1)                    #回到图1
pylab.plot([5,6,10,3])             #继续在图1上绘图
pylab.savefig('Figure-Jane')       #保存图1
```

会生成图11-2中的两幅图形，并将其保存到文件Figure-Jane.png和Figure-Addie.png中。

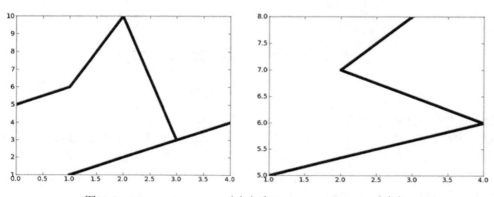

图11-2　Figure-Jane.png（左）和Figure-Addie.png（右）

我们注意到，最后一个pylab.plot只使用了一个参数，这个参数提供了Y值，相应的X值默认为由range(len([5，6，10，3]))产生的序列。在本例子中，就是0~3的整数。

Pylab中有个概念叫作"当前图"。运行pylab.figure(x)可以将当前图设置为第x个图形，随后的绘图函数调用都会作用在这个图上，直到再一次调用pylab.figure。所以写入文件Figure-Addie.png的图是第二张图。

再看另一个例子，以下代码：

```
principal = 10000 #初始投资
interestRate = 0.05
years = 20
values = []
for i in range(years + 1):
    values.append(principal)
    principal += principal*interestRate
pylab.plot(values)
```

会生成图11-3中左侧的图。

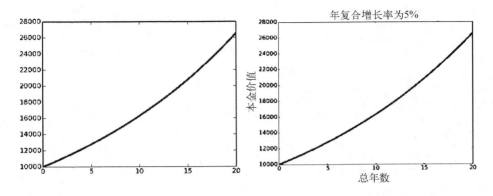

图11-3 绘制复利增长

通过代码可以推断,这幅图展示了一笔投资的增长,初始投资额为10 000美元,年利率为5%。但是,只凭这幅图可不容易推理出这些信息。这很糟糕,所有图形都应该有意义明确的标题,所有坐标轴都应该有标注。

如果在上述代码的后面添加以下代码:

```
pylab.title('5% Growth, Compounded Annually')
pylab.xlabel('Years of Compounding')
pylab.ylabel('Value of Principal ($)')
```

可以得到图11-3中右侧的图。

对于每条绘制的曲线,都有一个可选的参数,这个参数是一个格式化的字符串,表示图形中曲线的颜色和线型。[①]格式化字符串中的字母和符号都来自MATLAB,由一个颜色标识符和一个线型标识符组成,线型标识符是可选的。格式化字符串的默认值是'b-',表示一条蓝色实线。如果想以黑色圆点绘制本金增长情况,应该使用pylab.plot(values,'ko')替换pylab.plot (values),这样就可以生成图11-4。如果想查看完整的颜色和线型标识符列表,参见http://matplotlib.org/api/pyplot_api.html#matplotlib.pyplot.plot。

11

---

① 为了降低成本,我们选择了黑白印刷方式。这就产生一个困境:我们是否应当介绍如何在绘图时使用颜色?最后的结论是,颜色特别重要,不能忽略。但我们还是采用了这种印刷方式。如果出版彩色书的话,很多使用黑色的地方都应该使用其他颜色。

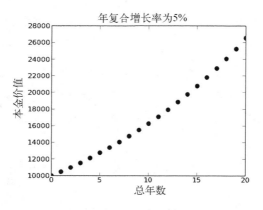

图11-4    另一复利增长图

调用函数时，使用关键字参数还可以改变图形中的字体大小和线条宽度。例如，以下代码：

```
principal = 10000 #初始投资
interestRate = 0.05
years = 20
values = []
for i in range(years + 1):
    values.append(principal)
    principal += principal*interestRate
pylab.plot(values, linewidth = 30)
pylab.title('5% Growth, Compounded Annually',
            fontsize = 'xx-large')
pylab.xlabel('Years of Compounding', fontsize = 'x-small')
pylab.ylabel('Value of Principal ($)')
```

通过设置关键字参数，有意生成了一幅风格怪异的图，如图11-5所示。

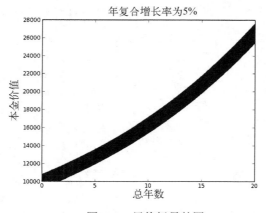

图11-5    风格怪异的图

我们也可以修改绘图时的默认值，这个操作称为"rc设置"（rc来源于Unix运行时配置文件的扩展名.rc）。这些默认值保存在一个类似字典的变量中，可以使用pylab.rcParams访问。举例来说，你可以通过运行以下代码，将默认线宽设置为6点[①]。

```
pylab.rcParams['lines.linewidth'] = 6.
```

rcParams中有很多设置项，完整的列表参见http://matplotlib.org/users/customizing.html。如果你不想花费精力对这些参数进行单独设置，可以使用一个预定义的样式表，具体介绍参见http://matplotlib.org/users/style_sheets.html#style-sheets。

在本书后面的例子中，最常用的rc设置通过以下代码完成：

```
#设置线宽
pylab.rcParams['lines.linewidth'] = 4
#设置标题字体大小
pylab.rcParams['axes.titlesize'] = 20
#设置坐标轴标签字体大小
pylab.rcParams['axes.labelsize'] = 20
#设置X轴数字大小
pylab.rcParams['xtick.labelsize'] = 16
#设置Y轴数字大小
pylab.rcParams['ytick.labelsize'] = 16
#设置X轴刻度大小
pylab.rcParams['xtick.major.size'] = 7
#设置Y轴刻度大小
pylab.rcParams['ytick.major.size'] = 7
#设置标记点大小，例如，表示点的圆圈大小
pylab.rcParams['lines.markersize'] = 10
#显示图例时，设置图例中标记点的数量
pylab.rcParams['legend.numpoints'] = 1
```

如果你在彩色显示器上查看图形，那么完全可以不进行这些自定义设置。我们这样做目的是使图形在缩小和转换为黑白图形之后更好看。

## 11.2 进阶示例：绘制抵押贷款

在第8章中，我们开发了一个有层次结构的抵押贷款类，并以此为例介绍了子类的用法。当时我们留下了一个伏笔："程序应该能够生成一些图形，以显示抵押贷款随着时间发生的变化。"图11-6给出了一个Mortgage类的增强版本，向类添加了一些方法，可以轻松生成前面所说的那些图形。（8.4节介绍过函数findPayment，定义如图8-9所示。）

新Mortgage类中比较重要方法的是plotTotPd和plotNet。plotTotPd方法简单绘制已支付贷款的累积总额，plotNet方法使用支付的现金总额减去因付清部分贷款而获得的本金，绘制抵押贷款随着时间变化的总成本近似值。[②]

11

---

① "点"是排版中的计量单位。1点=1/72英寸，也就是0.3527毫米。
② 这是个近似值，因为没有考虑资金的时间价值而进行净现值计算。

```
class Mortgage(object):
    """建立不同种类抵押贷款的抽象类"""
    def __init__(self, loan, annRate, months):
        self.loan = loan
        self.rate = annRate/12.0
        self.months = months
        self.paid = [0.0]
        self.outstanding = [loan]
        self.payment = findPayment(loan, self.rate, months)
        self.legend = None #description of mortgage

    def makePayment(self):
        self.paid.append(self.payment)
        reduction = self.payment - self.outstanding[-1]*self.rate
        self.outstanding.append(self.outstanding[-1] - reduction)

    def getTotalPaid(self):
        return sum(self.paid)
    def __str__(self):
        return self.legend

    def plotPayments(self, style):
        pylab.plot(self.paid[1:], style, label = self.legend)

    def plotBalance(self, style):
        pylab.plot(self.outstanding, style, label = self.legend)

    def plotTotPd(self, style):
        totPd = [self.paid[0]]
        for i in range(1, len(self.paid)):
            totPd.append(totPd[-1] + self.paid[i])
        pylab.plot(totPd, style, label = self.legend)

    def plotNet(self, style):
        totPd = [self.paid[0]]
        for i in range(1, len(self.paid)):
            totPd.append(totPd[-1] + self.paid[i])
        equityAcquired = pylab.array([self.loan] * \
                        len(self.outstanding))
        equityAcquired = equityAcquired - \
                        pylab.array(self.outstanding)
        net = pylab.array(totPd) - equityAcquired
        pylab.plot(net, style, label = self.legend)
```

图11-6　带有绘图方法的Mortgage类

在函数plotNet中，表达式pylab.array(self.outstanding)执行了一个类型转换。到现在为止，调用PyLab中的绘图函数时，都要求我们使用list类型作为参数。但这只是表面现象，实际上PyLab会将列表参数转换为另一类型，即从numpy继承的array类型。①调用pylab.array只是将这个过程显性化了。数组提供了很多列表中没有的便捷操作方式，特别地，使用数组和算术操作符可以组成表达式。PyLab中有很多方法可以创建数组，但最常用的方式是先创建一个列表，然后进行转换。如下面的代码：

--------

① numpy是一个提供科学计算工具的Python模块，除了多维数组，还提供大量线性代数工具。

```
a1 = pylab.array([1, 2, 4])
print('a1 =', a1)
a2 = a1*2
print('a2 =', a2)
print('a1 + 3 =', a1 + 3)
print('3 - a1 =', 3 - a1)
print('a1 - a2 =', a1 - a2)
print('a1*a2 =', a1*a2)
```

表达式a1*2将a1中的每个元素都乘以常数2。表达式a1 + 3将a1中的每个元素都加上整数3。表达式a1 - a2将a1中的每个元素都减去a2中对应的元素（如果两个数组长度不同，就会发生错误）。表达式a1*a2将a1中的每个元素都乘以a2中对应的元素。运行上面代码，会输出以下结果：

```
a1 = [1 2 4]
a2 = [2 4 8]
a1 + 3 = [4 5 7]
3 - a1 = [ 2 1 -1]
a1 - a2 = [-1 -2 -4]
a1*a2 = [ 2 8 32]
```

图11-7重新实现了图8-10中的三个Mortgage子类。每个子类都使用自己特有的__init__方法覆盖了Mortgage类中的__init__方法。TwoRate子类还覆盖了Mortgage类的makePayment方法。

```
class Fixed(Mortgage):
    def __init__(self, loan, r, months):
        Mortgage.__init__(self, loan, r, months)
        self.legend = 'Fixed, ' + str(r*100) + '%'

class FixedWithPts(Mortgage):
    def __init__(self, loan, r, months, pts):
        Mortgage.__init__(self, loan, r, months)
        self.pts = pts
        self.paid = [loan*(pts/100.0)]
        self.legend = 'Fixed, ' + str(r*100) + '%, '\
                    + str(pts) + ' points'

class TwoRate(Mortgage):
    def __init__(self, loan, r, months, teaserRate, teaserMonths):
        Mortgage.__init__(self, loan, teaserRate, months)
        self.teaserMonths = teaserMonths
        self.teaserRate = teaserRate
        self.nextRate = r/12.0
        self.legend = str(teaserRate*100)\
                    + '% for ' + str(self.teaserMonths)\
                    + ' months, then ' + str(r*100) + '%'

    def makePayment(self):
        if len(self.paid) == self.teaserMonths + 1:
            self.rate = self.nextRate
            self.payment = findPayment(self.outstanding[-1],
                                       self.rate,
                                       self.months - self.teaserMonths)
        Mortgage.makePayment(self)
```

图11-7　Mortgage子类

图11-8和图11-9中的函数可以生成图形，我们可以通过这些图形对不同类型的抵押贷款有更深入的了解。

图11-8中的compareMortgage函数创建了一个包含不同类型抵押贷款的列表，并模拟了每种贷款的一系列还款，就像图8-11一样。然后调用图11-9中的plotMortgage函数，生成图形。

```python
def compareMortgages(amt, years, fixedRate, pts, ptsRate,
                     varRate1, varRate2, varMonths):
    totMonths = years*12
    fixed1 = Fixed(amt, fixedRate, totMonths)
    fixed2 = FixedWithPts(amt, ptsRate, totMonths, pts)
    twoRate = TwoRate(amt, varRate2, totMonths, varRate1, varMonths)
    morts = [fixed1, fixed2, twoRate]
    for m in range(totMonths):
        for mort in morts:
            mort.makePayment()
    plotMortgages(morts, amt)
```

图11-8    比较各种抵押贷款

图11-9中的plotMortgage函数使用Mortgage类中的绘图方法生成图形，图形包含三种抵押贷款的信息。plotMortgage中的循环使用索引i从列表morts和styles中选择元素，保证不同类型的抵押贷款以同样的方式表示到不同的图形。举例来说，因为morts中的第三个元素表示浮动利率的抵押贷款，styles中的第三个元素是k:，所以浮动利率的抵押贷款总是使用黑色点线绘制。内部函数labelPlot为每张图生成合适的标题和坐标轴标注。调用pylab.figure可以保证将标题和坐标轴标注与相应的图形关联起来。

```python
def plotMortgages(morts, amt):
    def labelPlot(figure, title, xLabel, yLabel):
        pylab.figure(figure)
        pylab.title(title)
        pylab.xlabel(xLabel)
        pylab.ylabel(yLabel)
        pylab.legend(loc = 'best')
    styles = ['k-', 'k-.', 'k:']
    #给图编号赋名
    payments, cost, balance, netCost = 0, 1, 2, 3
    for i in range(len(morts)):
        pylab.figure(payments)
        morts[i].plotPayments(styles[i])
        pylab.figure(cost)
        morts[i].plotTotPd(styles[i])
        pylab.figure(balance)
        morts[i].plotBalance(styles[i])
        pylab.figure(netCost)
        morts[i].plotNet(styles[i])
    labelPlot(payments, 'Monthly Payments of $' + str(amt) +
              ' Mortgages', 'Months', 'Monthly Payments')
    labelPlot(cost, 'Cash Outlay of $' + str(amt) +
              'Mortgages', 'Months', 'Total Payments')
    labelPlot(balance, 'Balance Remaining of $' + str(amt) +
              'Mortgages', 'Months', 'Remaining Loan Balance of $')
    labelPlot(netCost, 'Net Cost of $' + str(amt) + ' Mortgages',
              'Months', 'Payments - Equity $')
```

图11-9    绘制抵押贷款图形

以下函数调用：

```
compareMortgages(amt=200000, years=30, fixedRate=0.07,
                 pts = 3.25, ptsRate=0.05,
                 varRate1=0.045, varRate2=0.095, varMonths=48)
```

可以生成一系列图形（图11-10~图11-12），对8.4节中讨论的抵押贷款进行更加形象的阐释。

图11-10中的图形是通过调用plotPayments方法生成的，它简单地绘制了每种抵押贷款的每月还款额随时间发生的变化。因为调用pylab.legend时使用关键字参数loc进行了设置，当loc设置为best时，程序会自动选择图例位置，所以图例出现在图中现在的位置。这幅图清楚地显示了每月还款额随着时间发生的变化，但没有对每种抵押贷款的相对成本提供太多的信息。

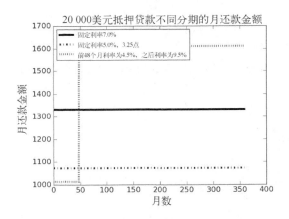

图11-10 不同类型抵押贷款月还款额

图11-11中的图形是通过调用plotTotPd方法生成的，它绘制了每月月初发生的累积成本的变化，从而反映出每种抵押贷款的成本信息。左侧是完整的图形，右图是左图放大后的一部分。

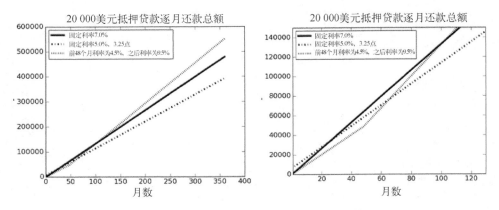

图11-11 不同类型抵押贷款成本随时间的变化

图11-12的图形展示了每种贷款的剩余债务（左图）和总成本净值（右图）。

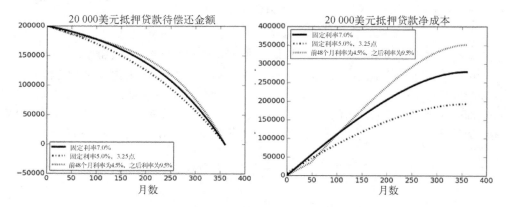

图11-12    不同类型抵押贷款的余额与净成本

## 第 12 章

# 背包与图的最优化问题

最优化问题提供了一种结构化的方法，可以解决很多计算问题。解决问题时，如果涉及求最大、最小、最多、最少、最快、最低价格等情况，那么你就非常有可能将这个问题转换为一个典型的最优化问题，从而使用已知的计算方法进行解决。

最优化问题通常包括两部分。

❑ 目标函数：需要最大化或最小化的值。例如，波士顿和伊斯坦布尔之间的飞机票价。

❑ 约束条件集合（可以为空）：必须满足的条件集合。例如旅行时间的上界。

在本章中，我们会介绍最优化问题的概念，并给出几个例子，当然，还会给出解决这些问题的一些简单算法。在第13章中，我们会详细讨论一类重要最优化问题的有效解决方法。

本章要点如下：

❑ 很多具有重要现实意义的问题都可以表述为一种简单的形式，并顺理成章地使用计算方法来解决；

❑ 将一个貌似新鲜的问题归结为我们熟知问题的一个实例，就可以使用已有的方案解决这个问题；

❑ 很多其他问题都可以归结为背包问题和图的最优化问题；

❑ 穷举法提供了一种搜索最优解的简单方法，但在计算上经常是不可行的；

❑ 贪婪算法非常实用，经常可以为最优化问题找出相当好的解，但不一定是最优解。

和往常一样，我们会补充一些计算思维方面的知识，有些是关于Python的，有些则关于编程技巧。

## 12.1 背包问题

当入室窃贼并不容易。除了要解决那些显而易见的问题（确认家里没人、开锁、绕过警报器、克服负罪感等），窃贼还要确定偷哪些东西。问题是，多数家庭中有价值的东西都不是普通窃贼能全部带走的。窃贼该怎么办呢？他需要找出一组能够带走的价值最高的东西。

假设窃贼有一个背包[①]，最多能装20磅赃物，他闯入一户人家，发现图12-1中的物品。很显

---

[①] 有些年轻人可能不会记得，knapsack就是人们过去常背的一种简单的小背包——那是双肩包流行之前很久的事情了。如果你参加过童子军的活动，那么应该会记得"快乐的流浪汉"这首歌中的词："沿着山间小路，我四处流浪，背上背着背包，边走边唱。"

然，他不能把所有物品都装进背包，所以必须确定拿走哪些物品，留下哪些物品。

| | 价值 | 重量 | 价值/重量 |
|---|---|---|---|
| 钟 | 175 | 10 | 17.5 |
| 油画 | 90 | 9 | 10 |
| 收音机 | 20 | 4 | 5 |
| 花瓶 | 50 | 2 | 25 |
| 书 | 10 | 1 | 10 |
| 电脑 | 200 | 20 | 10 |

图12-1    物品表

### 12.1.1    贪婪算法

对于这个问题，找出近似解的最简单方法就是贪婪算法。窃贼会首先选择最好的物品，然后是次好的，这样继续下去，直到将背包装满。当然，在此之前，窃贼必须确定什么是"最好"的。最好的物品是价值最高的，重量最轻的？还是具有最高价值/重量比值的呢？如果选择价值最高的物品，就应该只带电脑离开，这样可以得到200美元。如果选择重量最轻的，那么应该依次带走书、花瓶、收音机和油画，一共价值170美元。最后，如果确定"最好"的含义是价值/重量比值最高，那么应当首先拿走花瓶和钟。然后有三种物品的价值/重量比值都是10，但背包里只能放下书了。拿走书之后，他还可以拿走收音机。这样，所有赃物的价值是255美元。

对于这个数据集，尽管按照密度（价值与重量的比值）进行贪婪恰好得到了最优结果，但相对于按照重量或价值进行贪婪的算法来说，我们不能保证按照密度贪婪的算法一直能得到更好的解。更普遍地说，对于这种背包问题，无法确保使用贪婪算法找出的解是最优解。[①]稍后会更详细地讨论这个问题。

图12-2~图12-4中的代码实现了所有3种贪婪算法。在图12-2中，我们定义了 Item 类。每个 Item 对象都有 name、value 和 weight 属性。我们还定义了3个函数，都可以作为 greedy 函数实现中参数 keyFunction 的值。参见图12-3。

---

① 从这个事实我们可以获取很多深刻的经验教训，但不太可能支持"贪婪是好的"这一观点。

```
class Item(object):
    def __init__(self, n, v, w):
        self.name = n
        self.value = v
        self.weight = w
    def getName(self):
        return self.name
    def getValue(self):
        return self.value
    def getWeight(self):
        return self.weight
    def __str__(self):
        result = '<' + self.name + ', ' + str(self.value)\
                 + ', ' + str(self.weight) + '>'
        return result
def value(item):
    return item.getValue()

def weightInverse(item):
    return 1.0/item.getWeight()

def density(item):
    return item.getValue()/item.getWeight()
```

图12-2　Item类

```
def greedy(items, maxWeight, keyFunction):
    """假设Items是列表, maxWeight >= 0
       keyFunctions将物品元素映射为数值"""
    itemsCopy = sorted(items, key=keyFunction, reverse = True)
    result = []
    totalValue, totalWeight = 0.0, 0.0
    for i in range(len(itemsCopy)):
        if (totalWeight + itemsCopy[i].getWeight()) <= maxWeight:
            result.append(itemsCopy[i])
            totalWeight += itemsCopy[i].getWeight()
            totalValue += itemsCopy[i].getValue()
    return (result, totalValue)
```

图12-3　贪婪算法的实现

通过引入参数keyFunction，我们使greedy函数在处理一个物品列表时，完全不用考虑列表中元素的排列顺序，只要keyFunction定义了items中元素的排序规则即可。可以使用定义在keyFunction中的排序规则对items进行排序，并生成一个和items具有同样元素的排好序的列表。使用Python内置的sorted函数进行排序。（使用sorted而不用sort的原因是，我们想生成一个新列表，而不是修改作为函数参数的列表。）我们还使用reverse参数表示按照从大到小的方式对列表进行排序（排序规则在keyFunction中定义）。

**12**

那么greedy算法的效率如何呢？我们需要考虑两件事情：内置函数sorted的时间复杂度，以及greedy函数内部for循环执行的次数。循环迭代次数由items中的元素数量决定，也就是说，复杂度为$O(n)$，这里的$n$是items的长度。然而，在最差情形下，Python内置排序函数的复杂度大概是$O(n\log(n))$，这里的$n$是待排序列表的长度①。因此，贪婪算法的时间复杂度是$O(n\log(n))$。

图12-4中的代码建立了一个物品列表，并使用3种列表排序方式对greedy函数进行了测试。

```python
def buildItems():
    names = ['clock','painting','radio','vase','book','computer']
    values = [175,90,20,50,10,200]
    weights = [10,9,4,2,1,20]
    Items = []
    for i in range(len(values)):
        Items.append(Item(names[i], values[i], weights[i]))
    return Items

def testGreedy(items, maxWeight, keyFunction):
    taken, val = greedy(items, maxWeight, keyFunction)
    print('Total value of items taken is', val)
    for item in taken:
        print(' ', item)

def testGreedys(maxWeight = 20):
    items = buildItems()
    print('Use greedy by value to fill knapsack of size', maxWeight)
    testGreedy(items, maxWeight, value)
    print('\nUse greedy by weight to fill knapsack of size',
            maxWeight)
    testGreedy(items, maxWeight, weightInverse)
    print('\nUse greedy by density to fill knapsack of size',
            maxWeight)
    testGreedy(items, maxWeight, density)
```

图12-4    使用贪婪算法选择物品

`testGreedys()`执行完毕后，会输出以下结果：

```
Use greedy by value to fill knapsack of size 20
Total value of items taken is 200
    <computer, 200, 20>

Use greedy by weight to fill knapsack of size 20
Total value of items taken is 170
    <book, 10, 1>
    <vase, 50, 2>
    <radio, 20, 4>
    <painting, 90, 9>
```

① 正如我们在第10章所讨论的，多数Python版本中使用的timsort排序算法的时间复杂度是$O(n\log(n))$。

```
Use greedy by density to fill knapsack of size 20
Total value of items taken is 255
    <vase, 50, 2>
    <clock, 175, 10>
    <book, 10, 1>
    <radio, 20, 4>
```

## 12.1.2 0/1 背包问题的最优解

假设我们认为近似解还不够好，那就需要找出这个问题的最优解决方案。这种解称为最优解，没错，因为我们解决的是最优化问题。窃贼面临的问题恰好就是一种典型的最优化问题，称为0/1背包问题。0/1背包问题可以定义如下。

- ❑ 每个物品都可以用一个值对<价值，重量>表示；
- ❑ 背包能够容纳的物品总重量不能超过$w$；
- ❑ 长度为$n$的向量I表示一个可用的物品集合，向量中的每个元素都代表一个物品；
- ❑ 长度为$n$的向量V表示物品是否被窃贼带走。如果V[$i$]＝1，则物品I[$i$]被带走；如果V[$i$]＝0，则物品I[$i$]没有被带走；
- ❑ 目标是找到一个V，使得：

$$\sum_{i=0}^{n-1} V[i] * I[i].value$$

的值最大，并满足以下约束条件：

$$\sum_{i=0}^{n-1} V[i] * I[i].weight \leqslant w$$

我们看看如何简单直接地解决这个问题。

(1) 枚举所有可能的物品组合。也就是说，生成物品集合的所有子集。[①]即物品集合的幂集，我们在第9章讨论过。

(2) 去掉所有超过背包允许重量的物品组合。

(3) 在余下的物品组合中，选出任意一个价值最大的组合。

这种方法一定可以找到一个最优解。但如果初始物品集合很大，就需要运行很长时间。原因正如我们在9.3.6节看到的那样，随着物品数量的增长，子集数量呈现指数型增长。

图12-5给出一个0/1背包问题的暴力解决法。它使用了图12-2和图12-4中定义的类和函数，以及定义在图9-6中的genPowerset函数。

---

① 回忆一下，每个集合都是它本身的子集，空集是所有集合的子集。

```
def chooseBest(pset, maxWeight, getVal, getWeight):
    bestVal = 0.0
    bestSet = None
    for items in pset:
        itemsVal = 0.0
        itemsWeight = 0.0
        for item in items:
            itemsVal += getVal(item)
            itemsWeight += getWeight(item)
        if itemsWeight <= maxWeight and itemsVal > bestVal:
            bestVal = itemsVal
            bestSet = items
    return (bestSet, bestVal)

def testBest(maxWeight = 20):
    items = buildItems()
    pset = genPowerset(items)
    taken, val = chooseBest(pset, maxWeight, Item.getValue,
                                   Item.getWeight)
    print('Total value of items taken is', val)
    for item in taken:
        print(item)
```

图12-5    0/1背包问题的暴力最优解

这种解决方案的复杂度是$O(n \times 2^n)$，这里的$n$是items的长度。函数genPowerset返回一个列表，其中的元素是Items类型的对象组成的子列表。这个列表的长度是$2^n$，其中最长子列表的长度是$n$。因此，在chooseBest函数中，外层循环会被执行$O(2^n)$次，内层循环的执行次数则取决于具体的$n$值。

我们可以对这个程序进行一些小小的优化，以提高运行速度。例如，可以将genPowerset函数的头部修改为：

```
def genPowerset(items, constraint, getVal, getWeight)
```

使它只返回那些满足重量约束的物品组合。或者，在chooseBest函数中，可以在超出重量约束时立刻跳出循环。尽管进行这些优化可以起到一些作用，但不能解决根本问题。chooseBest的复杂度仍然是$O(n \times 2^n)$，这里的$n$是items的长度，因此，items很大时，chooseBest还是会运行很长时间。

理论上，0/1背包问题没有完美的解法，从本质上说，它的复杂度就是与物品数量成指数关系的。但从实际角度讲，这个问题还远远没到绝望的程度，我们会在13.2节继续讨论。

运行testBest后，输出以下结果：

```
Total value of items taken is 275.0
<clock, 175, 10>
<painting, 90, 9>
<book, 10, 1>
```

请注意，这个解优于通过贪婪算法找到的任何一个解。贪婪算法的本质是在每一步都做出当前情况下最优（按照某种测量方式的定义）的选择，即它的选择是局部最优的。但正如这个例子所示，一系列局部最优决策不一定会得出全局最优的解决方案。

尽管贪婪算法确实不一定能找出最优解，但它在实践中依然很常用。相对于那些一定能找到最优解的算法，它更易于实现，运行效率也更高。正如伊万·博斯基所说："我认为贪婪有益健康，你可以在贪婪的同时自我感觉良好。"[1]

背包问题有一个变种，称为分数背包问题，或者连续背包问题。对于这种问题，贪婪算法一定可以找到最优解。因为物品是无限可分的，所以对于具有最高价值/重量比值的物品来说，肯定拿得越多越好。举例来说，假如我们的窃贼在一间屋子中只发现3种有价值的物品：一袋金粉、一袋银粉和一袋葡萄干。那么在这种情况下，密度贪婪算法肯定能找到最优解。

## 12.2　图的最优化问题

我们下面研究另一种最优化问题。假设你有一个航空公司航线的价格列表，其中包括美国任意两个城市之间的航班价格。假设有3个城市A、B和C，从A出发经过B到达C的价格是从A到B的价格加上从B到C的价格。你可能会有以下几个问题：

❑ 某两个城市之间最少的停留次数是多少？

❑ 某两个城市之间最便宜的飞机票价是多少？

❑ 某两个城市之间，如果停留次数不超过两次，那么最便宜的飞机票价是多少？

❑ 如果想访问多个城市，那么最便宜的路线是什么？

所有这些问题（以及许多其他问题）都可以轻松转化为图的问题。

图[2]是由边连接起来的节点对象的集合，边也可称为弧，节点也可称为顶点。如果边是单向的，则图称为有向图。在有向图中，从节点n1到n2有一条边，我们就称n1为源节点或父节点，n2为目标节点或子节点。

通常，当事物的各个部分之间存在某种有价值的关系时，就可以用图表示。图在数学中第一次有记载的应用是在1735年，瑞士数学家莱昂哈德·欧拉使用后来被称为图论的方法描述并解决了著名的哥尼斯堡七桥问题。

哥尼斯堡当时是东普鲁士的首府，修建于两条河流交汇处，河中有几个岛屿。有七座桥将岛屿和大陆互相连接在一起，如图12-6的左图所示。出于某种原因，城中的居民想知道能否一次性走遍每一座桥，而且每座桥只走一次。

欧拉具有非凡的洞察力，他将这个问题进行了极大的简化：可以将每块单独的陆地或岛看作一个点（即节点），将每座桥看作连接两个点的一条线（即边）。这样就可以使用图12-6中的右图

---

[1] 在1986年加州大学伯克利分校商学院的毕业典礼演讲中，他说了这句话，并博得了热烈的掌声。几个月之后，他被指控进行内部交易，并因此入狱两年，罚款100 000 000美元。

[2] 对于计算机科学家和数学家来说，他们使用graph这个词表示的意义与本书一样。而使用plot或chart指代对信息的图形化表示。

表示小镇地图。然后，欧拉证明，如果想一次性遍历每座桥且每座桥只走一次，那么必须满足：行走过程中间的每个节点（也就是行走过程中既走入又走出的岛屿，不包括起点和终点）必须被偶数条边相连。因为这个图中没有一个节点具有偶数条边，所以欧拉得出结论，不可能在每座桥只走一次的情况下遍历每一座桥。

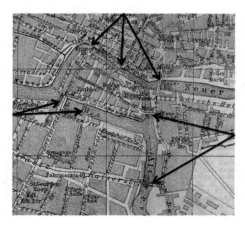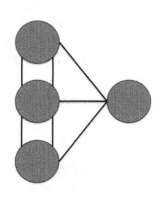

图12-6　哥尼斯堡的七座桥（左）及欧拉的简化地图（右）

科学家们已经发展出了使用图论帮助理解问题的一整套思想，这比哥尼斯堡七桥问题甚至欧拉定理（哥尼斯堡七桥问题解法的扩展）都有趣得多。

举例来说，仅需对欧拉使用的图进行一点小小的扩展，就可以对一个国家的公路系统进行建模。如果图（或者有向图）中每条边都被赋予一个权重，那么这个图就被称为加权图。使用加权图表示公路系统时，图中的节点表示城市，边表示连接城市的公路，每条边都使用两个节点之间的距离进行标注。再扩展一下，我们可以将任意一张路线图（包括有单行道的路线图）表示为加权图。

同样，万维网的结构也可以用有向图表示，其中的节点是网页，当且仅当网页A中有一个到网页B的链接时，节点A和节点B之间有一条边。向每条边添加一个表示使用频率的权重，即可对流量模式进行建模。

还有很多图的应用不那么显而易见。生物学家使用图建立多种模型，从蛋白质之间的相互作用到基因表达网络；物理学家使用图描述相变；流行病学家使用图对疾病传播的轨迹进行建模；等等。

图12-7中定义了几个类，分别实现了对应于节点、加权边和普通边的抽象类型。

```
class Node(object):
    def __init__(self, name):
        """假设name是字符串"""
        self.name = name
    def getName(self):
        return self.name
    def __str__(self):
        return self.name

class Edge(object):
    def __init__(self, src, dest):
        """假设src和dest是节点"""
        self.src = src
        self.dest = dest
    def getSource(self):
        return self.src
    def getDestination(self):
        return self.dest
    def __str__(self):
        return self.src.getName() + '->' + self.dest.getName()

class WeightedEdge(Edge):
    def __init__(self, src, dest, weight = 1.0):
        """假设src和dest是节点，weight是个数值"""
        self.src = src
        self.dest = dest
        self.weight = weight
    def getWeight(self):
        return self.weight
    def __str__(self):
        return self.src.getName() + '->(' + str(self.weight) + ')'\
                + self.dest.getName()
```

图12-7　节点和边

专门为节点建立一个类似乎有些过分了，毕竟，Node类中没有一种方法能够执行有价值的计算。我们引入这个类仅是为了提供一种灵活性，也许在以后某些时候可能引入一个具有附加属性的Node子类。

图12-8给出Graph类和Digraph类的具体实现。

**12**

```
Class Digraph(object):
    #nodes是图中节点的列表
    #edges是一个字典, 将每个节点映射到其子节点列表
    def __init__(self):
        self.nodes = []
        self.edges = {}
    def addNode(self, node):
        if node in self.nodes:
            raise ValueError('Duplicate node')
        else:
            self.nodes.append(node)
            self.edges[node] = []
    def addEdge(self, edge):
        src = edge.getSource()
        dest = edge.getDestination()
        if not (src in self.nodes and dest in self.nodes):
            raise ValueError('Node not in graph')
        self.edges[src].append(dest)
    def childrenOf(self, node):
        return self.edges[node]
    def hasNode(self, node):
        return node in self.nodes
    def __str__(self):
        result = ''
        for src in self.nodes:
            for dest in self.edges[src]:
                result = result + src.getName() + '->'\
                         + dest.getName() + '\n'
        return result[:-1] #omit final newline

class Graph(Digraph):
    def addEdge(self, edge):
        Digraph.addEdge(self, edge)
        rev = Edge(edge.getDestination(), edge.getSource())
        Digraph.addEdge(self, rev)
```

图12-8    Graph类和Digraph类

我们需要做的一项重要决策是, 如何选择表示Digraph类的数据结构。通常的表示方法是使用$n×n$的邻接矩阵, 这里的$n$是图中节点个数。矩阵中每个元素都包含有连接<i, j>这两个节点的边的信息 (比如权重)。如果边没有权重, 那么当且仅当从$i$到$j$有一条边时, 元素中每个信息条目才为True。

另一种常用的表示方法是使用邻接表, 也就是我们在这里使用的方法。Digraph类有两个实例变量, 变量nodes是一个Python列表, 其中的元素是Digraph中节点的名称。节点之间的连接是使用字典形式的邻接表来表示的。变量edges是一个字典, 将Digraph中的每个Node对象映射到一个列表, 其中元素是Node的子节点。

Graph类是Digraph的子类。除覆盖了addEdge方法以外, 它继承了Digraph类的所有方法。(这并不是实现Graph类的最节省空间的方法, 因为它将每条边保存了两次, 即将Digraph中每条边的两个方向都保存一次。但这样做的好处是简单明了。)

你也许应该暂停一下, 考虑为什么使用Graph作为Digraph的子类, 而不是反过来。在我们见过

的很多子类示例中，子类会向超类添加属性。例如，WeightedEdge类向Edge类添加了weight属性。

在这里，Digraph类和Graph类具有同样的属性，唯一区别是对addEdge方法的实现。通过继承彼此的方法，这两个类都非常容易实现，但将哪个类作为超类却需要仔细斟酌。在第8章中，我们强调了遵守替换原则的重要性：如果客户代码在超类的实例上运行正常，那么使用子类实例替换超类实例的话，客户代码依然能够正常工作。

实际上，如果客户代码使用Digraph实例能够正确运行，那么使用Graph实例替换Digraph实例之后，客户代码依然能够正确运行。反之则不行，很多用于无向图的算法（利用了边的对称性）不能在有向图上正常工作。

## 12.2.1　一些典型的图论问题

有很多著名的算法可以用来解决图的最优化问题，这是使用图论表示和解决问题的一个优势。以下是一些最著名的图的最优化问题。

- ❑ 最短路径：对于两个节点$n1$和$n2$，找到边<s___n___, d___n___>（源节点和目标节点）的最短序列，使得：
  - ■ 第一条边的源节点是$n1$；
  - ■ 最后一条边的目标节点是$n2$；
  - ■ 对于序列中任意的边$e1$和$e2$，如果$e2$在序列中紧跟在$e1$后面，那么$e2$的源节点是$e1$的目标节点。
- ❑ 最短加权路径：与最短路径非常相似，但它的目标不是找出连接两个节点的最短的边的序列。对于序列中边的权重，我们会定义某种函数（比如权重的和），并使这个函数的值最小化。Google Maps计算两点之间的最短驾驶距离时，就是在解决这种问题。
- ❑ 最大团：团是一个节点集合，集合中每两个节点之间都有一条边。①最大团是一个图中规模最大的团。
- ❑ 最小割：在一个图中，给定两个节点集合，割就是一个边的集合。去掉这组边之后，一个节点集合中的每个节点和另一个节点集合中的每个节点之间都不存在任何相连的路径。最小割就是这样一个最小的边的集合。

## 12.2.2　最短路径：深度优先搜索和广度优先搜索

社交网络由个体和个体之间的关系组成。通常可以用图对其进行建模，节点表示个体，边表示关系。如果关系是对称的，边就是无向的；如果关系是不对称的，边就是有向的。有些社交网络还会对多种关系进行建模，在这种情况下，会对边进行标注以表示各种不同的关系。

1990年，剧作家约翰·奎尔创作了《六度分离》，这部戏剧基于一个不怎么令人信服的前

---

① 这个概念非常类似于社会中的圈子，即彼此之间联系非常紧密但对其他人持排斥态度的一群人。例如电影《希德姐妹帮》。

提："这个星球上的所有人之间只隔着六个人。"奎尔认为，如果我们想通过"认识"这个关系建立一个包括地球上所有人的社交网络，那么任意两个个体之间的最短路径至多只会穿过六个其他节点。

另一个更现实一些的问题是，Facebook上具有"朋友"关系的两个人之间的距离。例如，你会很想知道，你是否有这样一个朋友，他的朋友的朋友的朋友是米克·贾格尔。我们可以设计一个程序来回答这个问题。

朋友关系（至少在Facebook上）是对称的，例如，如果斯蒂芬妮是安德烈娅的朋友，那么安德烈娅也是斯蒂芬妮的朋友。因此，我们会使用Graph类型实现这个社交网络。然后可以定义寻找你和米克·贾格尔之间的最短连接的问题，如下所示。

❏ 令G为表示朋友关系的无向图；

❏ 对于G，找到一个最短的节点序列[你，……，米克·贾格尔]，使得：如果$n_i$和$n_{i+1}$是路径中两个连续的节点，那么G中有一条边连接$n_i$和$n_{i+1}$。

图12-9包含一个递归函数，可以在一个Digraph对象中找出start和end两个节点之间的最短路径。因为Graph是Digraph的子类，所以这个函数也适用于我们的Fackbook问题。

```
def printPath(path):
    """假设path是节点列表"""
    result = ''
    for i in range(len(path)):
        result = result + str(path[i])
        if i != len(path) - 1:
            result = result + '->'
    return result

def DFS(graph, start, end, path, shortest, toPrint = False):
    """假设graph是无向图；start和end是节点；
        path和shortest是节点列表
        返回graph中从start到end的最短路径。"""
    path = path + [start]
    if toPrint:
        print('Current DFS path:', printPath(path))
    if start == end:
        return path
    for node in graph.childrenOf(start):
        if node not in path: #avoid cycles
            if shortest == None or len(path) < len(shortest):
                newPath = DFS(graph, node, end, path, shortest,
                              toPrint)
                if newPath != None:
                    shortest = newPath
    return shortest

def shortestPath(graph, start, end, toPrint = False):
    """假设graph是无向图；start和end是节点
        返回graph中从start到end的最短路径。"""
    return DFS(graph, start, end, [], None, toPrint)
```

图12-9　最短路径的深度优先搜索算法

DFS函数实现的算法是递归形式的深度优先搜索算法。一般地，深度优先搜索算法开始时，会先选择起始节点的一个子节点，然后再选择这个子节点的一个子节点，以此类推，直到到达目标节点或者一个没有子节点的节点。然后，搜索开始回溯，返回到最近一个没有访问过的带有子节点的节点。遍历所有路径之后，算法就可以选择一个从起点到终点的最短路径（如果有）。

与我们刚才描述的算法相比，代码实现更复杂一些，因为代码要处理图中包含循环路径的可能性。当路径长度已经超过当前最短路径时，就不用继续探索这条路径了。

❑ 函数shortestPath使用path == [ ]（表示当前探索过的路径为空）和shortest == None（表示没有发现从start到end的路径）作为参数调用函数DFS；

❑ DFS函数开始时先选择start节点的一个子节点，然后选择这个子节点的一个子节点，以此类推，直到到达end节点或者所有子节点均得到访问的节点；

- 检查if node not in path可以防止程序陷入死循环；
- 检查if shortest == None or len(path) < len(shortest)可以确定如果继续搜索这条路径，是否可能找到一条比当前最短路径还短的路径；
- 如果可以继续搜索，DFS就进行递归调用。如果找到一条到达end节点的不长于当前最短路径的路径，就更新shortest；
- 如果path中最后一个节点没有子节点可供访问，程序就回溯到前一个访问过的节点，访问这个节点的另一个子节点；

❑ 探索完start和end之间所有可能的最短路径后，函数返回。

图12-10中的代码测试了图12-9中的代码。函数testSP首先建立了一个和图片中一样的有向图，然后搜索节点0和节点5之间的最短路径。

```
def testSP():
    nodes = []
    for name in range(6): #Create 6 nodes
        nodes.append(Node(str(name)))
    g = Digraph()
    for n in nodes:
        g.addNode(n)
    g.addEdge(Edge(nodes[0],nodes[1]))
    g.addEdge(Edge(nodes[1],nodes[2]))
    g.addEdge(Edge(nodes[2],nodes[3]))
    g.addEdge(Edge(nodes[2],nodes[4]))
    g.addEdge(Edge(nodes[3],nodes[4]))
    g.addEdge(Edge(nodes[3],nodes[5]))
    g.addEdge(Edge(nodes[0],nodes[2]))
    g.addEdge(Edge(nodes[1],nodes[0]))
    g.addEdge(Edge(nodes[3],nodes[1]))
    g.addEdge(Edge(nodes[4],nodes[0]))
    sp = shortestPath(g, nodes[0], nodes[5], toPrint = True)
    print('Shortest path is', printPath(sp))
```

图12-10　测试深度优先搜索代码

运行函数testSP会生成以下输出：

```
Current DFS path: 0
Current DFS path: 0->1
Current DFS path: 0->1->2
Current DFS path: 0->1->2->3
Current DFS path: 0->1->2->3->4
Current DFS path: 0->1->2->3->5
Current DFS path: 0->1->2->4
Current DFS path: 0->2
Current DFS path: 0->2->3
Current DFS path: 0->2->3->4
Current DFS path: 0->2->3->5
Current DFS path: 0->2->3->1
Current DFS path: 0->2->4
Shortest path is 0->2->3->5
```

请注意，探索完路径0->1->2->3->4后，函数返回到节点3，并探索路径0->1->2->3->5。将其保存为当前最短路径后，函数返回到节点2，并探索路径0->1->2->4。函数到达这条路径的终点（节点4）时，会一直回溯到节点0，然后沿着从0到2的那条边继续探索，以此类推。

图12-9中实现的DFS算法可以找出边数最少的路径。如果边具有权重，那么这个算法无法找出边上权重总和最小的路径，但只要稍加改动即可。

当然，除了深度优先之外，还有其他方式对图进行遍历。另一种常用的方法称为广度优先搜索。广度优先搜索会先访问起始节点的所有子节点，如果这些子节点都不是最终节点，就继续访问每个子节点的所有子节点，以此类推。深度优先搜索经常使用递归实现，广度优先搜索则不同，它一般使用迭代来实现。BFS会同时探索多条路径，每次迭代向每条路径添加一个节点。由于算法生成路径时是按照长度升序进行的，所以第一次找到的最终节点为目标节点的路径一定具有最少数量的边。

图12-11中的代码使用广度优先搜索在一个有向图中找出最短路径。变量pathQueue保存当前已经探索的所有路径。每次迭代都先从pathQueue中删除一条路径，并把这条路径赋给变量tmpPath。如果tmpPath的最后一个节点是end，那么tmpPath就是最短路径，并被返回。否则创建一个新的路径集合，其中的每条路径都是tmpPath加上它的一个子节点而构成的。这些新路径会被添加到pathQueue。

```
def BFS(graph, start, end, toPrint = False):
    """假设graph是无向图；start和end是节点
       返回graph中从start到end的最短路径。"""
    initPath = [start]
    pathQueue = [initPath]
    if toPrint:
        print('Current BFS path:', printPath(path))
    while len(pathQueue) != 0:
        #Get and remove oldest element in pathQueue
        tmpPath = pathQueue.pop(0)
        print('Current BFS path:', printPath(tmpPath))
        lastNode = tmpPath[-1]
        if lastNode == end:
            return tmpPath
        for nextNode in graph.childrenOf(lastNode):
            if nextNode not in tmpPath:
                newPath = tmpPath + [nextNode]
                pathQueue.append(newPath)
    return None
```

图12-11　最短路径的广度优先搜索算法

如果向函数testSP的末尾添加如下代码：

```
sp = BFS(g, nodes[0], nodes[5])
print('Shortest path found by BFS:', printPath(sp))
```

运行后会输出：

```
Current DFS path: 0
Current DFS path: 0->1
Current DFS path: 0->1->2
Current DFS path: 0->1->2->3
Current DFS path: 0->1->2->3->4
Current DFS path: 0->1->2->3->5
Current DFS path: 0->1->2->4
Current DFS path: 0->2
Current DFS path: 0->2->3
Current DFS path: 0->2->3->4
Current DFS path: 0->2->3->5
Current DFS path: 0->2->3->1
Current DFS path: 0->2->4
Shortest path found by DFS: 0->2->3->5
Current BFS path: 0
Current BFS path: 0->1
Current BFS path: 0->2
Current BFS path: 0->1->2
Current BFS path: 0->2->3
Current BFS path: 0->2->4
Current BFS path: 0->1->2->3
Current BFS path: 0->1->2->4
Current BFS path: 0->2->3->4
```

**12**

```
Current BFS path: 0->2->3->5
Shortest path found by BFS: 0->2->3->5
```

令人欣慰的是,每种算法找出的路径都具有相同的长度。在本例中,两种算法找出的是同样的路径。但如果图中两个节点之间的最短路径不止一条,那么DFS和BFS就不一定会找出同样的最短路径。

如上所述,如果要找出一条边数最少的路径,那么BFS更方便,因为它第一次找到的路径就一定是这样的路径。

**实际练习**:假设有一个带有加权边的有向图,那么使用BFS找到的第一条路径一定是边的权重总和最小的路径吗?

## 第 13 章
# 动态规划 *13*

动态规划由理查德·贝尔曼在20世纪50年代发明。请不要从这项技术的名称中推测任何细节。正如贝尔曼自己所说，之所以选择"动态规划"这个名称，是为了在申请政府资助基金时隐藏某些事实，"事实就是我其实是在搞数学……没有一个国会议员会反对的（动态规划这个词）"。[①]

动态规划是一种非常高效的方法，适用于解决具有重复子问题和最优子结构的问题。幸运的是，很多最优化问题都表现出这些特性。

如果一个问题的全局最优解可以通过组合局部子问题的最优解求出，那么这个问题就具有最优子结构。我们已经见过一些这样的问题，比如归并排序。归并排序对一个列表进行排序的方式就是先对子列表进行排序，然后再合并子列表的排序结果。

如果求出一个问题的最优解时需要对同样的某个问题求解多次，那么这个问题就具有重叠子问题。归并排序没有表现出这个特性，尽管我们会进行多次合并，但每次合并的都是不同的列表。

0/1背包问题具有这两个特性，尽管不太明显。然而，我们要先看一个更明显具有最优子结构和重叠子问题的问题。

## 13.1 又见斐波那契数列

在第4章中，我们介绍了一个很直观的斐波那契数列的递归实现：

```
def fib(n):
    """假设n是非负整数
       返回第n个斐波那契数"""
    if n == 0 or n == 1:
        return 1
    else:
        return fib(n-1) + fib(n-2)
```

虽然这个递归实现是正确的，但效率太差。例如，试着计算fib(120)，但不要傻傻地等到计算结束。这个实现的复杂度推导起来有些困难，但大概是$O(fib(n))$。也就是说，复杂度的增长与函数结果的增长成正比，而斐波那契数列的增长速度非常快。举例来说，fib(120)

---

[①] 引自斯图尔特·德雷福斯的文章 "Richard Bellman on the Birth of Dynamic Programming"，*Operations Research*, vol. 50. no.1 (2002).

是8 670 007 398 507 948 658 051 921。

如果每次递归调用需要1纳秒，那么fib(120)需要250 000年才能结束。

我们得搞清楚为什么会这么慢。fib函数只有寥寥几行代码，很明显问题出在fib函数调用自己的次数上。举个例子，我们看一下fib(6)的调用树，如图13-1所示。

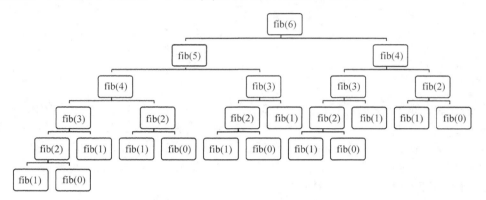

图13-1    递归形式的斐波那契调用树

请注意，我们在一遍又一遍地计算同一个值。例如，fib(3)被调用了3次，而且每一次调用又引发了对fib函数的另外4次调用。很容易就能想到，可以将fib函数的第一次调用结果保存下来，然后在需要的时候直接查找，而不是重新计算。这种方法称为备忘录法，是动态规划的核心思想。

图13-2给出了一个基于备忘录法的斐波那契函数的具体实现。函数fastFib中有一个参数memo，用来记录已经计算过的函数值，这个参数的默认值是一个空字典，所以fastFib的客户代码不用给它提供初始值。当使用一个大于1的整数n调用fastFib时，fastFib会先在memo中寻找n，如果没有找到（因为这时是第一次使用这个值调用fastFib），就会抛出一个异常。此时，fastFib就使用标准的斐波那契递推公式，并将结果保存在memo中。

```
def fastFib(n, memo = {}):
    """假设n是非负整数，memo只进行递归调用 返回第n个斐波那契数"""
    if n == 0 or n == 1:
        return 1
    try:
        return memo[n]
    except KeyError:
        result = fastFib(n-1, memo) + fastFib(n-2, memo)
        memo[n] = result
        return result
```

图13-2    使用备忘录法的斐波那契数列实现

如果你试着运行fastFib,会发现它确实非常快:几乎会立刻返回第120个斐波那契数列的值。

**13**

那么fastFib的复杂度如何呢？对于从0到$n$的每一个整数，它都只计算一次数列值。因此，基于字典查找可以在常数时间内完成这一假设，`fastFib(n)`的复杂度为$O(n)$。[1]

## 13.2　动态规划与 0/1 背包问题

在第12章中，我们介绍过一种最优化问题，即0/1背包问题。回忆一下，我们还介绍了一种复杂度为$O(n\log(n))$的贪婪算法，但这种算法不能保证找到最优解。除此之外，我们还介绍了一种可以保证找到最优解的暴力算法，但运行时间是指数增长的。最后，我们讨论了这种问题本质上的复杂度，它与输入规模成指数关系。在最差情形下，需要遍历所有可能的答案才能找出最优解。

幸运的是，事情还有转机。动态规划可以提供一种实用的方法，在合理的时间内解决大部分0/1背包问题。作为推导解决方案的第一步，我们先基于穷举法得到一个指数级别的解法。核心思想就是构造一个根二叉树，枚举所有满足重量约束的状态，从而探索可行解空间。

根二叉树是一个无环有向图，其中：

❏ 只有一个没有父节点的节点，称为根；
❏ 每个非根节点都有且只有一个父节点；
❏ 每个节点最多有两个子节点。没有子节点的节点称为叶节点。

在0/1背包问题的搜索树中，每个节点都使用一个四元组进行标注，这个四元组表示的是这种背包问题的一个局部解。四元组中的四个元素如下：

❏ 要带走的物品集合；
❏ 还没有决定是否要带走的物品列表；
❏ 要带走的物品集合中的物品总价值（这个值只是为了优化算法，因为可以从集合中计算出这个值）；
❏ 背包的剩余空间（这也同样是一种算法优化方式，因为这个值可以通过背包允许的总重量减去当前要带走的物品总重量计算出来）。

这个树是从根节点开始，自顶向下地构建出来的。[2]我们从待定物品中选择出一个，如果背包放得下这个物品，就建立一个节点，反映出选择带走这个物品的后果。按照惯例，我们将这个节点作为左子节点，而用右子节点表示不带走这个物品的后果。以递归方式不断执行这个过程，直到背包被装满或者没有待定物品。因为每条边都表示一个决策（带走或不带走某个物品），所以这种树称为决策树。[3]

图13-3中是一个表示物品集合的表格。

---

[1] 尽管这个实现非常酷，在教学上也非常有趣，但还不是实现斐波那契数列的最好方法。还有一个可以在线性时间内完成的简单迭代实现。
[2] 把根放在树的最上面看起来很奇怪，但这就是数学家和计算机科学家通常用来画树的方式。或许通过这个证据可以看出他们非常"宅"，不太接触大自然。
[3] 决策树不一定是二叉树，它提供了一种结构化的方式，表示按次序做出一系列决策的后果。很多领域都广泛应用决策树。

| 名称 | 值 | 重量 |
|------|-----|------|
| a | 6 | 3 |
| b | 7 | 3 |
| c | 8 | 2 |
| d | 9 | 5 |

图13-3    带有价值和重量的物品表

图13-4给出一个决策树,在背包能够容纳的最大重量为5的假设之下,可以确定应该带走哪些物品。树的根节点(节点0)有一个标签<{}, [a, b, c, d], 0, 5>,表示没有选择物品,所有物品都处于待定状态,带走的物品总值为0,背包剩余空间还能容纳的重量为5。节点1表示物品a被带走,物品[b, c, d]处于待定状态,带走的物品总值为6,背包还能容纳2的重量。节点1没有左子节点,因为物品b的重量为3,不能放在背包中。

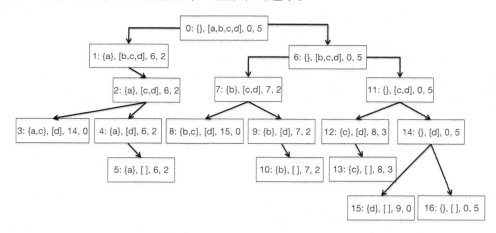

图13-4    背包问题的决策树

图13-4中,每个节点中冒号前面的数字表示生成节点的一种顺序。这个图中的顺序称为左侧深度优先。在每个节点上,我们都先试图生成左子节点,如果不行,才试图生成右子节点。如果还是不行,就返回上一个节点(父节点)并重复这个过程。最后,我们生成了根节点的所有后代节点,过程停止。这个过程停止后,已经生成了可以放进背包的所有物品组合,带有最大价值的任意一个叶节点都可以表示一个最优解。请注意,对于每个叶节点,或者第二个元素为空列表(表示没有物品可以考虑是否带走),或者第四个元素为0(表示背包中已经没有剩余空间)。

不出所料(特别是如果你读了第12章的话),这种深度优先的树搜索可以顺理成章地使用递归实现。图13-5就给出了这样一种实现方法。

```
def maxVal(toConsider, avail):
    """假设toConsider是一个物品列表，avail表示重量
       返回一个元组表示0/1背包问题的解，包括物品总价值和物品列表"""
    if toConsider == [] or avail == 0:
        result = (0, ())
    elif toConsider[0].getWeight() > avail:
        #探索右侧分支
        result = maxVal(toConsider[1:], avail)
    else:
        nextItem = toConsider[0]
        #探索左侧分支
        withVal, withToTake = maxVal(toConsider[1:],
                                     avail - nextItem.getWeight())
        withVal += nextItem.getValue()
        #探索右侧分支
        withoutVal, withoutToTake = maxVal(toConsider[1:], avail)
        #选择更好的分支
        if withVal > withoutVal:
            result = (withVal, withToTake + (nextItem,))
        else:
            result = (withoutVal, withoutToTake)
    return result
```

图13-5　使用决策树解决背包问题

这个实现使用了图12-2中的Item类。函数maxVal返回两个值，选定的物品集合以及这些物品的总价值。maxVal有两个参数，分别对应于树节点标注中的第二个和第四个元素：

❑ toConsider：树中上层节点（对应递归调用栈中前面的调用）还没有考虑的那些物品；

❑ avail：可用的空间数量。

请注意，在maxVal的实现中，没有建立决策树并查找最优节点，而是使用局部变量result记录当前最优解。图13-6中的代码可以用来测试maxVal。

运行smallTest（它使用了图13-3中的值）后，输出以下结果，表示图13-4中的节点8是一个最优解：

```
<c, 8, 2>
<b, 7, 3>
Total value of items taken = 15
```

函数buildManyItems和bigTest可以使用一组随机生成的物品测试maxVal。我们可以试一下bigTest(10)，再试一下bigTest(40)。如果你厌烦了漫长的等待，就停止程序，扪心自问到底发生了什么。

思考一下刚才探索的树的大小。因为在树的每一层我们都要确定是否带走一个物品，所以树的最大深度是len(items)。在第0层，我们只有1个节点，在第1层最多有2个节点，在第2层最多有4个节点，在第3层最多有8个节点。在第39层，我们最多有$2^{39}$个节点。难怪程序要运行那么长时间！

```
def smallTest():
    names = ['a', 'b', 'c', 'd']
    vals = [6, 7, 8, 9]
    weights = [3, 3, 2, 5]
    Items = []
    for i in range(len(vals)):
        Items.append(Item(names[i], vals[i], weights[i]))
    val, taken = maxVal(Items, 5)
    for item in taken:
        print(item)
    print('Total value of items taken =', val)

def buildManyItems(numItems, maxVal, maxWeight):
    items = []
    for i in range(numItems):
        items.append(Item(str(i),
                          random.randint(1, maxVal),
                          random.randint(1, maxWeight)))
    return items

def bigTest(numItems):
    items = buildManyItems(numItems, 10, 10)
    val, taken = maxVal(items, 40)
    print('Items Taken')
    for item in taken:
        print(item)
    print('Total value of items taken =', val)
```

图13-6    测试基于决策树的实现

那么该怎么做呢？首先要问一个问题，这个程序与我们前面对斐波那契数列的实现是否有共同之处？尤其是，其中存在最优子结构和重叠子问题吗？

从图13-4和图13-5中，都可以看出最优子结构。每个父节点都可以将其子节点得到的解组合起来，得出以这个父节点为根的子树的最优解。这种情况反映在图13-5中，就是注释#选择更好的分支后面的那些代码。

程序中是否还有重叠子问题呢？乍一看似乎没有。在树的每一层，我们考虑的都是不同的可用物品集合，这说明如果确实存在普通的重叠子问题，那么它们一定在树的同一层。实际上，同一层的每个节点的待定物品集合确实是一样的。不过，从图13-4中的标注可以看出，某层的每一个节点的待定物品集合和更高层中节点的待定物品集合是不同的。

考虑一下每个节点需要解决的问题。这个的问题就是，在给定剩余可用重量的情况下，从待定物品集中找到一个最优的物品。决定剩余可用重量的不是带走的具体物品或带走的物品的总价值，而是带走的物品的总重量。所以，举例来说，在图13-4中，节点2和节点7要解决的实际上是同一个问题：在给定剩余可用重量为2的情况下，确定待定物品集合[c, d]中应该带走哪个物品。

图13-7中的代码利用最优子结构和重叠子问题，为0/1背包问题提供了一个动态规划解决方案。通过添加一个附加参数memo，记录已经解决的子问题的解。memo是使用字典实现的，它的键由toConsider的长度和剩余可用重量构成。表达式len(toConsider)是待定物品集合的一种简洁表示，可以这样表示的原因是物品总是从列表toConsider的同一端（前端）被移除。

```
def fastMaxVal(toConsider, avail, memo = {}):
    """假设toConsider是物品列表，avail表示重量
         memo进行递归调用
       返回一个元组表示0/1背包问题的解，包括物品总价值和物品列表"""
    if (len(toConsider), avail) in memo:
        result = memo[(len(toConsider), avail)]
    elif toConsider == [] or avail == 0:
        result = (0, ())
    elif toConsider[0].getWeight() > avail:
        #探索右侧分支
        result = fastMaxVal(toConsider[1:], avail, memo)
    else:
        nextItem = toConsider[0]
        #探索左侧分支
        withVal, withToTake =\
                fastMaxVal(toConsider[1:],
                             avail - nextItem.getWeight(), memo)
        withVal += nextItem.getValue()
        #探索右侧分支
        withoutVal, withoutToTake = fastMaxVal(toConsider[1:],
                                                 avail, memo)
        #选择更好的分支
        if withVal > withoutVal:
            result = (withVal, withToTake + (nextItem,))
        else:
            result = (withoutVal, withoutToTake)
    memo[(len(toConsider), avail)] = result
    return result
```

图13-7　背包问题的动态规划解法

图13-8展示了在不同规模的问题上运行代码所需的调用次数。调用次数的增长很难量化，但肯定远远小于指数增长。[1]但是为什么会这样呢？我们不是知道0/1背包问题本质上与物品数量成指数关系吗？难道我们找到了一种推翻宇宙基本定律的方法？当然不是，但我们发现计算复杂度是一个微妙的概念。[2]

| len(Items) | Number of items selected | Number of calls |
| --- | --- | --- |
| 4 | 4 | 31 |
| 8 | 6 | 337 |
| 16 | 9 | 1 493 |
| 32 | 12 | 3 650 |
| 64 | 19 | 8 707 |
| 128 | 27 | 18 306 |
| 256 | 40 | 36 675 |

图13-8　动态规划解法性能

---

[1] 因为 $2^{128}$ = 340 282 366 920 938 463 463 374 607 431 768 211 456。
[2] 好吧，"发现"这个词可能言过其实了。人们其实在很早之前就知道这个。你可能在第9章就明白了。

fastMaxVal的计算时间是由函数生成的不同的<toConsider, avail>变量对决定的。因为下一步的决策只取决于剩余的物品和已经带走的物品的总重量。

toConsider中可能的值的数量不会超过len(items)。avail中可能的值的数量则更难描述，它的上界应该是背包中可以容纳的物品的不同总重量的最大数量。如果背包最多容纳n个物品（基于背包容量和可用物品的重量），那么avail最多可以有$2^n$个不同的值。理论上，这是个相当大的值，但实际情况下一般不会那么大。即使背包的容量很大，如果物品重量来自一个相当小的重量集合，那么很多物品集合都会具有相同的总重量，这样就极大地缩短了程序运行时间。

这样的算法复杂度称为伪多项式复杂度，对于这个概念的详细解释已经超出了本书范围。简言之，fastMaxVal的复杂度与表示avail可能值所需的位数成指数关系。

如果avail的值来自一个相当大的空间，会发生什么事情呢。将图13-6中bigTest函数对maxVal的调用修改为：

```
val, taken = fastMaxVal(items, 1000)
```

这时，物品数量为256时，找到一个解需要调用1 802 817次。

如果物品的重量来自一个非常大的集合，又会出现什么情况呢。原来物品可能的重量来自一个正整数集合，我们可以将其修改为正实数集合。要完成这个操作，可以将buildManyItems函数中的以下代码：

```
items.append(Item(str(i),
                  random.randint(1, maxVal),
                  random.randint(1, maxWeight)))
```

替换为：

```
items.append(Item(str(i),
                  random.randint(1, maxVal),
                  random.randint(1, maxWeight)*random.random()))
```

每次调用函数random.random()时，都会返回一个0.0~1.0的随机浮点数，所以无论如何，重量的可能取值会有无限多个。别指望这最后一个测试会正常结束。动态规划可能是一门"奇迹般的"技术，这只是从这个词的一般意义上来说的[①]，千万不要迷信它真能带来奇迹。

## 13.3　动态规划与分治算法

与分治算法一样，动态规划的基础也是先解决独立的子问题，再将子问题的解组合起来。但是，二者之间也有一些重要的不同之处。

分治算法的基础是找到规模远远小于初始问题的子问题。例如，归并排序的工作原理是在每一步都将问题规模减半。相比之下，动态规划解决的子问题的规模只稍稍小于初始问题。举例来说，计算第19个斐波那契数并不是一个规模远远小于计算第20个斐波那契数的问题。

另一个重要的区别是，分治算法的效率并不取决于算法结构，所以同样的问题会被重复解决。相比之下，只有在不同子问题的数量远远小于所有子问题的数量时，动态规划才是有效率的。

---

① 非同寻常并且能带来受人欢迎的结果。

## 第 14 章

# 随机游走与数据可视化

本书的主要目标是使用计算技术解决问题。到现在为止,我们重点关注的还是能够用确定性程序解决的问题。对于一个程序来说,如果在运行时只要使用同样的输入就能产生同样的输出,那么这个程序就是确定性的。确定性程序用处特别大,但解决某种问题时还是力不从心。我们生活的世界中有很多种情况,要想准确地描述它们,只能使用随机过程这个词。[1]一个过程,如果它的下一个状态依赖于一些随机因素,那么这个过程就是随机的。随机过程的结果通常是不确定的,因此,我们很少对随机过程的行为做出明确描述,而是对它可能的行为做出概率上的描述。在本书余下的内容中,我们将重点介绍如何编写程序来帮助理解不确定的情况,很多这种程序都是模拟模型。

模拟模型会模仿实际系统的活动。例如,图8-11中的代码就模拟了某个借款人的一系列抵押贷款还款。我们可以将代码看作一种实验设备,称为模拟模型。它可以提供一些有价值的信息,这些信息是关于被模拟系统的可能的行为的。除此之外,模拟模型还经常用于预测一个实体系统的未来状态(如50年后的地球温度),或者替代那些昂贵的、费时的或非常危险的实体实验(如修改税法带来的影响)。

模拟模型与其他模型一样,只是对现实的近似,这一点非常重要,必须牢记。千万不要确信实际系统会按照模型预测的方式运行,实际上,我们通常相当确定的是,实际系统不会严格按照模型预测运行。举例来说,并非每一个借款人都能按时偿还抵押贷款。有句名言说得好:"所有模型都是错误的,只不过有些是有用的。"[2]

## 14.1 随机游走

1827年,苏格兰植物学家罗伯特·布朗观察到,悬浮在水中的花粉颗粒似乎在随机地运动。对这种后来被称为"布朗运动"的现象,他当时并没有给出合理的解释,也没有尝试使用数学理论对其建模。[3]1900年,路易·巴舍利耶在他的博士论文 "The Theory of Speculation" 中,第一

---

① 这个词源自希腊语stokhastikos,意思类似于"能预测到的事情"。正如我们将看到的,随机性程序的目标是得到一个好的结果,但不能保证得到确定的结果。

② 人们通常认为,这句话来自统计学家乔治·E.P. 伯克斯。

③ 他并不是观察到这种现象的第一人。早在公元前60年,罗马诗人提图斯·卢克莱修就在他的长诗*On the Nature of Things*中描述了这类似的现象,甚至暗示这一现象是由原子的随机运动引起的。

次明确提出了关于这种现象的数学模型。但是，由于这篇论文研究的是当时为人所不齿的理解金融市场的问题，所以这个模型几乎完全被主流学术界忽视了。5年之后，年轻的爱因斯坦通过一个与巴舍利耶几乎完全相同的模型，将这种随机思想应用到了物理学领域，并描述了如何使用这个模型确定原子的存在。[①]由于某种原因，人们好像认为研究物理学比赚钱更重要，于是全世界都将注意力放在物理学上。世事还真是无常啊。

布朗运动是随机游走的一种。随机游走广泛应用于对物理过程（如扩散）、生物过程（如DNA在异源双链中替换RNA的动力学过程）和社会过程（如股市走向）的建模。

我们之所以要在本章介绍随机游走，有如下三个原因。

❑ 从本质上说，随机游走非常有趣，而且应用广泛。

❑ 它为我们提供了一个非常好的示例来学习如何使用抽象数据类型和继承。我们一般使用抽象数据类型和继承对程序进行结构化，一个特别的用处是进行模拟建模。

❑ 它为我们提供了一个非常好的机会来学习更多Python语言特性，并可以演示一些生成图形的技术。

## 14.2　醉汉游走

我们来研究一个真正涉及行走的随机游走问题。一个酩酊大醉的农夫站在一片田地的正中央，他每秒钟都会向一个随机的方向迈出一步。那么1000秒之后，他与原点的期望距离是多少？如果他走了很多步，那么会离原点越来越远，还是更可能一遍又一遍地走回原点，并停留在附近？我们编写一个模拟模型来找出答案。

开始设计程序之前，最好先直观感受程序要进行建模的情形。我们先使用笛卡儿坐标系对这种情形建立一个粗略的模型。假设农夫站在一片田地中，田地被一种神秘的力量切割成方格纸的样子。再假设农夫每一步的距离都是一个长度单位，而且方向平行于X轴或者Y轴。

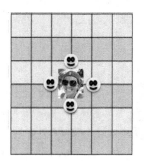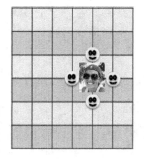

图14-1　一个怪怪的农夫

---

① On the movement of small particles suspended in a stationary liquid demanded by the molecular-kinetic theory of heat, *Annalen der Physik*, 1905年5月。爱因斯坦将1905年变成了自己的"奇迹之年"。在这一年，除了关于布朗运动的论文，他还发表了关于光的产生和转化的论文（量子理论发展的关键）、动体的电动力学的论文（狭义相对论）和关于质能等价的论文（$E = mc^2$）。对于一个新晋博士来说，这绝对是不错的一年。

图14-1中，左图表示一个农夫[①]站在田地中央，笑脸表示这个农夫走出一步之后可能的位置。请注意，走出一步之后，他肯定离出发地点只有一个单位的距离。我们假设他从初始位置向东游荡了一步，那么他走出第二步之后，离原点会有多远呢？

看一下右图中的笑脸，可以看出，有0.25的概率距离为0个单位，有0.25的概率距离为2个单位，有0.5的概率距离为$\sqrt{2}$个单位。[②]所以，平均来看，他走出两步之后，会比一步之后更加远离原点。那么第三步之后呢？如果第二步走到上面或者下面的笑脸，那么第三步会有一半可能使离原点更近，也有一半可能离原点更远。如果第二步走到左侧的笑脸（即原点），那么第三步会使农夫离开原点。如果第二步走到右侧的笑脸，那么第三步会有0.25的可能离原点更近，0.75的可能离原点更远。

看上去似乎醉汉走的步数越多，与原点之间的期望距离就越远。我们可以继续穷举各种可能性，对距离随着步数的变化也会有一个相当好的了解。但是，这个过程太无聊了，所以更好的方法是写一个程序来帮助我们做这件事。

开始这个设计过程时，我们应该先设计一些数据抽象，帮助建立这个模拟模型，这些数据抽象也可能应用于其他类型的随机游走过程的模拟。一般来说，我们开发出的新数据类型应该对应于建模情形中出现的对象。这个情形中有3个明显的类型：Location、Field和Drunk。我们介绍实现这些类型的类时，你应该思考每个类在我们即将建立的模拟模型中会起到什么作用。

我们从图14-2中的Location类开始，这个类虽然简单，但明确体现了两个重要的决策。首先，它告诉我们这个模拟中最多只有两个维度。例如，模拟模型中不会包含高度的变化，这和上面的图形是一致的。其次，因为提供给deltaX和deltaY的值可以是浮点数，不要求是整数，所以这个类没有限制醉汉可能的移动方向。这就对前面的非正式模型进行了扩展。在那个模型中，每一步都是一个长度单位，而且必须平行于X轴或Y轴。

图14-2中的Field类也很简单，但也体现了一些值得注意的决策。这个类的作用是将醉汉与位置进行映射。它对位置没有限制，所以可以认为Field的范围是无限的。它允许将多个醉汉以位置随机的方式添加到一个Field对象中。对醉汉移动的方式没有任何限制，没有禁止多个醉汉出现在同一位置，也没有禁止一个醉汉穿过被其他醉汉占据的空间。

图14-3中的Drunk类和UsualDrunk类定义了醉汉在田地中游走的方式。特别地，UsualDrunk类中的stepChoices的值引入了一个限制，即每一步都是一个长度单位，并且必须平行于X轴或Y轴。因为函数random.choice随机返回参数序列中的一个元素，所以4种游走方式都具有同样的概率，而且不受上一次游走的影响。稍后会介绍Drunk类的另一个子类，它具有不同的行为方式。

---

[①] 实话实说，图中人是一个冒充农夫的演员。
[②] 为什么是$\sqrt{2}$呢？因为我们使用了勾股定理。

```python
class Location(object):
    def __init__(self, x, y):
        """x和y为数值型"""
        self.x, self.y = x, y

    def move(self, deltaX, deltaY):
        """deltaX和deltaY为数值型"""
        return Location(self.x + deltaX, self.y + deltaY)

    def getX(self):
        return self.x

    def getY(self):
        return self.y

    def distFrom(self, other):
        ox, oy = other.x, other.y
        xDist, ydist = self.x - ox, self.y - oy
        return (xDist**2 + yDist**2)**0.5

    def __str__(self):
        return '<' + str(self.x) + ', ' + str(self.y) + '>'

class Field(object):
    def __init__(self):
        self.drunks = {}

    def addDrunk(self, drunk, loc):
        if drunk in self.drunks:
            raise ValueError('Duplicate drunk')
        else:
            self.drunks[drunk] = loc

    def moveDrunk(self, drunk):
        if drunk not in self.drunks:
            raise ValueError('Drunk not in field')
        xDist, yDist = drunk.takeStep()
        currentLocation = self.drunks[drunk]
        #使用Location的move方法获得一个新位置
        self.drunks[drunk] = currentLocation.move(xDist, yDist)

    def getLoc(self, drunk):
        if drunk not in self.drunks:
            raise ValueError('Drunk not in field')
        return self.drunks[drunk]
```

图14-2    Location类和Field类

```
import random

class Drunk(object):
    def __init__(self, name = None):
        """假设name是字符串"""
        self.name = name

    def __str__(self):
        if self != None:
            return self.name
        return 'Anonymous'

class UsualDrunk(Drunk):
    def takeStep(self):
        stepChoices = [(0,1), (0,-1), (1, 0), (-1, 0)]
        return random.choice(stepChoices)
        return random.choice(stepChoices)
```

图14-3  定义醉汉的类

下一步就是使用这些类建立一个模拟模型来回答最初的问题。图14-4给出了模型中使用的3个函数。

```
def walk(f, d, numSteps):
    """假设f是一个Field对象，d是f中的一个Drunk对象，numSteps是正整数。
       将d移动numSteps次；返回这次游走最终位置与开始位置之间的距离"""
    start = f.getLoc(d)
    for s in range(numSteps):
        f.moveDrunk(d)
    return start.distFrom(f.getLoc(d))

def simWalks(numSteps, numTrials, dClass):
    """假设numSteps是非负整数，numTrials是正整数，
       dClass是Drunk的一个子类。
       模拟numTrials次游走，每次游走numSteps步。
       返回一个列表，表示每次模拟的最终距离"""
    Homer = dClass()
    origin = Location(0, 0)
    distances = []
    for t in range(numTrials):
        f = Field()
        f.addDrunk(Homer, origin)
        distances.append(round(walk(f, Homer, numTrials), 1))
    return distances

def drunkTest(walkLengths, numTrials, dClass):
    """假设walkLengths是非负整数序列
       numTrials是正整数，dClass是Drunk的一个子类
       对于walkLengths中的每个步数，运行numTrials次simWalks函数，并输出结果"""
    for numSteps in walkLengths:
        distances = simWalks(numSteps, numTrials, dClass)
        print(dClass.__name__, 'random walk of', numSteps, 'steps')
        print(' Mean =', round(sum(distances)/len(distances), 4))
        print(' Max =', max(distances), 'Min =', min(distances))
```

图14-4  （有bug的）醉汉游走

　　函数walk模拟了numSteps步的一次游走。函数simWalks调用walk模拟numTrials次游走，每次numSteps步。函数drunkTest调用simWalks模拟多次不同长度的游走。

　　simWalks的参数dClass是一个class类型，用于在函数的第一行代码中创建一个合适的Drunk子类。然后，从Field.moveDrunk中调用drunk.takeStep时，会自动选择相应子类中的方法。

　　函数drunkTest中也有一个class类型的参数dClass，它被使用了两次，一次在调用simWalks时，一次在第一条print语句中。在print语句中，使用class类型的内置属性__name__得到一个字符串，这个字符串就是类名。

　　运行drunkTest((10, 100, 1000, 10000), 100, UsualDrunk)，输出以下结果：

```
UsualDrunk random walk of 10 steps
 Mean = 8.634
 Max = 21.6 Min = 1.4
UsualDrunk random walk of 100 steps
 Mean = 8.57
 Max = 22.0 Min = 0.0
UsualDrunk random walk of 1000 steps
 Mean = 9.206
 Max = 21.6 Min = 1.4
UsualDrunk random walk of 10000 steps
 Mean = 8.727
 Max = 23.5 Min = 1.4
```

　　这真出乎意料，根据我们在前面得到的直观印象，平均距离应该随着步数的增加而增加。这个结果说明，或者我们的直观印象是错的，或者模拟过程有错误，也可能二者都错了。

　　首先要做的就是使用我们已经知道答案的值再做一次模拟，然后确定模拟得出的结果是否与预期结果相匹配。我们试一下走0步（这时与原点之间距离的均值、最小值和最大值都是0）和走1步（这时与原点之间距离的均值、最小值和最大值都是1）的结果。

　　运行drunkTest((0, 1), 100, UsualDrunk)后，得到的结果令人难以置信：

```
UsualDrunk random walk of 0 steps
 Mean = 8.634
 Max = 21.6 Min = 1.4
UsualDrunk random walk of 1 steps
 Mean = 8.57
 Max = 22.0 Min = 0.0
```

走0步的平均距离怎么可能比8还大？我们的模拟模型中肯定至少有一个bug。进行了一番调查之后，问题清楚了。在simWalks中，函数调用walk(f, Homer, numTrials)应该是walk(f, Homer, numSteps)。

　　这件事给了我们一个非常重要的教训：看到模拟结果时，永远要持有一种怀疑态度。我们应该扪心自问，这个结果是否真的合理，还要使用对结果非常有把握的参数进行"冒烟测试"[①]。

---

　　① 在19世纪，管道工测试封闭管道系统的一种标准做法是为这个系统充满烟雾。后来，电子工程师使用这个术语描述对某种电子设备的首次测试——接通电源并看看是否冒烟。再后来，软件开发者开始使用这个术语描述对程序进行一次快速测试，看看能否产生有用的结果。

使用修正过的模型运行那两个最简单的测试时，模型给出了完全符合我们预期的答案：

```
UsualDrunk random walk of 0 steps
 Mean = 0.0
 Max = 0.0 Min = 0.0
UsualDrunk random walk of 1 steps
 Mean = 1.0
 Max = 1.0 Min = 1.0
```

现在运行步数更多的游走测试时，会输出以下结果：

```
UsualDrunk random walk of 10 steps
 Mean = 2.863
 Max = 7.2 Min = 0.0
UsualDrunk random walk of 100 steps
 Mean = 8.296
 Max = 21.6 Min = 1.4
UsualDrunk random walk of 1000 steps
 Mean = 27.297
 Max = 66.3 Min = 4.2
UsualDrunk random walk of 10000 steps
 Mean = 89.241
 Max = 226.5 Min = 10.0
```

正如我们所料，到原点的平均距离会随着步数的增加而增加。

下面看图14-5中到原点的平均距离的统计图形。为了感觉这个距离增长的速度，我们在图中放置了一条直线，表示步数的平方根（并将步数提高到100万）。从图14-5中可以看出，步数的平方根和到原点的距离都是一条直线，因为我们在两个坐标轴上都使用了对数标度。

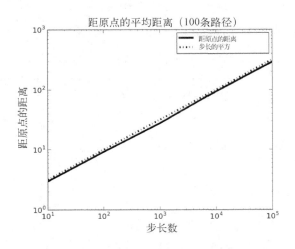

图14-5　到出发点的距离与游走步数的关系

我们能从这张图中得到一些信息，来预测醉汉的最终位置吗？这张图确实可以告诉我们，从平均意义上来说，醉汉应该位于以原点为圆心、到原点的期望距离为半径的圆上的某个位置。但它几乎不能告诉我们，在一次具体的游走结束后，我们在哪个确切的位置能够找到醉汉。下一节会继续讨论这个问题。

## 14.3　有偏随机游走

既然已经有了一个可用的模拟模型，我们就可以对其进行修改来研究其他类型的随机游走。举例来说，假设要研究一个北半球的醉酒的农夫行为，他讨厌寒冷，喜欢温暖，即使烂醉如泥，向南方进行随机移动时的速度还是其他方向的两倍。或者有一个喜欢阳光的醉汉，总是向着太阳移动（上午向东，下午向西）。这些都属于有偏随机游走。游走仍然是随机的，但结果是有偏的。

图14-6定义了Drunk的另外两个子类。每个子类都定义了专门的方式，为stepChoices选择合适的值。函数simAll可以遍历Drunk的子类序列，并对每个子类的行为进行模拟，生成相应信息。

```python
class ColdDrunk(Drunk):
    def takeStep(self):
        stepChoices = [(0.0,1.0), (0.0,-2.0), (1.0, 0.0),\
                       (-1.0, 0.0)]
        return random.choice(stepChoices)

class EWDrunk(Drunk):
    def takeStep(self):
        stepChoices = [(1.0, 0.0), (-1.0, 0.0)]
        return random.choice(stepChoices)

def simAll(drunkKinds, walkLengths, numTrials):
    for dClass in drunkKinds:
        drunkTest(walkLengths, numTrials, dClass)
```

图14-6　Drunk基类的子类

运行以下代码：

```python
simAll((UsualDrunk, ColdDrunk, EWDrunk), (100, 1000), 10)
```

会输出：

```
UsualDrunk random walk of 100 steps
 Mean = 9.64
 Max = 17.2 Min = 4.2
UsualDrunk random walk of 1000 steps
 Mean = 22.37
 Max = 45.5 Min = 4.5
ColdDrunk random walk of 100 steps
 Mean = 27.96
 Max = 51.2 Min = 4.1
ColdDrunk random walk of 1000 steps
```

```
Mean = 259.49
Max = 320.7 Min = 215.1
EWDrunk random walk of 100 steps
Mean = 7.8
Max = 16.0 Min = 0.0
EWDrunk random walk of 1000 steps
Mean = 20.2
Max = 48.0 Min = 4.0
```

看上去追寻温暖的醉汉离开原点的速度比其他两种类型的醉汉更快。但在这个输出中，要想领会所有信息还是不容易的。我们再次将文字输出放在一边，开始使用图形表示结果。

因为要在同一张图中表示多个不同类型的醉汉，所以要为每种类型的醉汉关联一种明确的样式以便更好地区分。样式包含以下3部分内容：

❑ 线和标记的颜色；

❑ 标记的形状；

❑ 线的类型，如实线或虚线。

图14-7中的styleIterator类是一个迭代器，可以在一个样式序列间滚动轮换，这个样式序列由styleIterator.__init__方法的参数进行定义。

```
class styleIterator(object):
    def __init__(self, styles):
        self.index = 0
        self.styles = styles

    def nextStyle(self):
        result = self.styles[self.index]
        if self.index == len(self.styles) - 1:
            self.index = 0
        else:
            self.index += 1
        return result
```

图14-7　遍历样式

图14-8中代码的结构与图14-4中代码的结构非常相似。simDrunk和simAll1中的print语句对模拟结果没有丝毫贡献，使用print语句是因为这次模拟要经过相当长的时间才能结束，时不时地输出一些消息，表示程序仍然在运行。这样可以消除用户的疑虑，否则用户就会担心程序是否真的还在执行。

图14-8中的代码会生成图14-9中的图形。请注意X轴和Y轴使用的都是对数标度，这可以通过调用绘图函数pylab.semilogx和semilogy实现。这些函数总是应用在当前图中。

```python
def simDrunk(numTrials, dClass, walkLengths):
    meanDistances = []
    for numSteps in walkLengths:
        print('Starting simulation of', numSteps, 'steps')
        trials = simWalks(numSteps, numTrials, dClass)
        mean = sum(trials)/len(trials)
        meanDistances.append(mean)
    return meanDistances

def simAll1(drunkKinds, walkLengths, numTrials):
    styleChoice = styleIterator(('m-', 'r:', 'k-.'))
    for dClass in drunkKinds:
        curStyle = styleChoice.nextStyle()
        print('Starting simulation of', dClass.__name__)
        means = simDrunk(numTrials, dClass, walkLengths)
        pylab.plot(walkLengths, means, curStyle,
                   label = dClass.__name__)
    pylab.title('Mean Distance from Origin ('
                + str(numTrials) + ' trials)')
    pylab.xlabel('Number of Steps')
    pylab.ylabel('Distance from Origin')
    pylab.legend(loc = 'best')
    pylab.semilogx()
    pylab.semilogy()

simAll1((UsualDrunk, ColdDrunk, EWDrunk),
        (10,100,1000,10000,100000), 100)
```

图14-8　绘制不同类型醉汉的游走

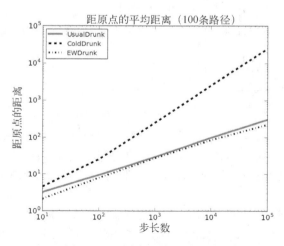

图14-9　不同类型醉汉的平均距离

　　普通醉汉和追寻阳光的醉汉（EWDrunk）看上去以大致相同的节奏离开原点，但是追寻温暖的醉汉（ColdDrunk）离开原点的速度看上去高出不止一个数量级。这很有趣，因为平均来说，他的移动速度只比其他醉汉快25%（平均来说，他走5步时其他人只走4步）。

我们再生成一张图，它可能帮助我们更加深刻地理解3种醉汉的行为。图14-10中的代码没有绘制步数增加时距离随着时间发生的变化，而是绘制了对于某个特定的步数，各个醉汉的最终位置分布。

```python
def getFinalLocs(numSteps, numTrials, dClass):
    locs = []
    d = dClass()
    for t in range(numTrials):
        f = Field()
        f.addDrunk(d, Location(0, 0))
        for s in range(numSteps):
            f.moveDrunk(d)
        locs.append(f.getLoc(d))
    return locs

def plotLocs(drunkKinds, numSteps, numTrials):
    styleChoice = styleIterator(('k+', 'r^', 'mo'))
    for dClass in drunkKinds:
        locs = getFinalLocs(numSteps, numTrials, dClass)
        xVals, yVals = [], []
        for loc in locs:
            xVals.append(loc.getX())
            yVals.append(loc.getY())
        meanX = sum(xVals)/len(xVals)
        meanY = sum(yVals)/len(yVals)
        curStyle = styleChoice.nextStyle()
        pylab.plot(xVals, yVals, curStyle,
                    label = dClass.__name__ + ' mean loc. = <'
                    + str(meanX) + ', ' + str(meanY) + '>')
    pylab.title('Location at End of Walks ('
                + str(numSteps) + ' steps)')
    pylab.xlabel('Steps East/West of Origin')
    pylab.ylabel('Steps North/South of Origin')
    pylab.legend(loc = 'lower left')

plotLocs((UsualDrunk, ColdDrunk, EWDrunk), 100, 200)
```

图14-10　绘制最终位置

函数plotLocs做的第一件事是创建一个styleIterator实例，其中有3种标记样式。然后使用pylab.plot在每次游走实验的最终位置放置一个标记。pylab.plot会使用从迭代器styleIterator中返回的值设置标记的颜色和形状。

调用plotLocs((UsualDrunk, ColdDrunk, EWDrunk), 100, 200)生成图14-11中的图形。

首先，从图中可以看出，醉汉的行为正如我们所料。EWDrunk最终停留在X轴上，ColdDrunk移动到了南方，UsualDrunk则漫无目的地到处游荡。

但是，为什么圆点标记看起来比三角形和加号标记少那么多？因为EWDrunk的很多游走最终停留在相同位置。在给定数量较少的可能终点（200个）的情况下，这个结果并不奇怪。还可以看出，圆点标记在X轴上分布得相当均匀。

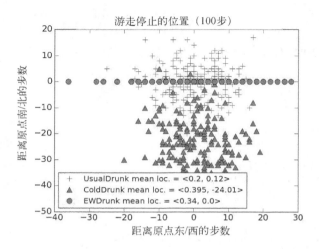

图14-11 醉汉的最终位置

还有一个问题至少对我来说不那么一目了然，那就是，从平均意义上说，为什么ColdDrunk相对于其他两种类型的醉汉，总是试图从原点走得更远。要搞清这个问题，恐怕不能从多次游走的终点入手，而应该看一下单次游走经过的路径。图14-12中的代码会生成图14-13。

```python
def traceWalk(drunkKinds, numSteps):
    styleChoice = styleIterator(('k+', 'r^', 'mo'))
    f = Field()
    for dClass in drunkKinds:
        d = dClass()
        f.addDrunk(d, Location(0, 0))
        locs = []
        for s in range(numSteps):
            f.moveDrunk(d)
            locs.append(f.getLoc(d))
        xVals, yVals = [], []
        for loc in locs:
            xVals.append(loc.getX())
            yVals.append(loc.getY())
        curStyle = styleChoice.nextStyle()
        pylab.plot(xVals, yVals, curStyle,
                   label = dClass.__name__)
    pylab.title('Spots Visited on Walk ('
                + str(numSteps) + ' steps)')
    pylab.xlabel('Steps East/West of Origin')
    pylab.ylabel('Steps North/South of Origin')
    pylab.legend(loc = 'best')

traceWalk((UsualDrunk, ColdDrunk, EWDrunk), 200)
```

图14-12 跟踪游走

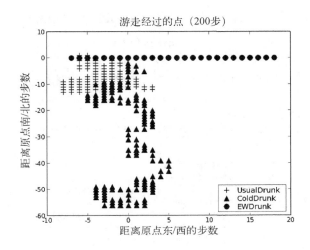

图14-13　游走轨迹

因为游走步数为200，EWDrunk游走时到达的不同位置还不到30个，所以很明显，他花费了大量时间重复走了很多路。UsualDrunk也有同样的情况。相比之下，尽管ColdDrunk没有精确地径直走向佛罗里达，他依然很少重复已经走过的位置。

这些模拟就其本身来说不是特别有趣（第16章会介绍一个本质上更加有趣的模拟。），但有如下几点值得我们借鉴。

- 首先，我们将模拟代码分成了4个独立的部分。其中3个为类（Location、Field和Drunk），对应于问题非正式描述中出现的3个抽象数据类型。第4部分是一组函数，可以使用这些类进行一些简单的模拟。

- 然后，我们为Drunk类精心设计了一个层次结构，这样可以观察各种不同类型的有偏随机游走。关于Location和Field的代码依然保持不变，但修改了模拟代码来遍历Drunk的不同子类。在此期间，我们利用了"类本身也是一个对象"这一特点，将其作为实参进行传递。

- 最后，我们对模拟过程进行了一系列增量修改，但其中没有任何修改涉及表示抽象类型的类。这些修改多数是为了生成图形，这些图形可以使我们对不同类型的游走有更深刻的理解。这是一种典型的开发模拟模型的方法，先使基础的模拟运行起来，然后不断添加新功能。

## 14.4　变幻莫测的田地

你玩过美国的飞行棋或者英国的蛇梯棋吗？这个儿童游戏起源于印度（大约公元前2世纪），在那里被称为蛇棋。如果玩家走到代表美德（比如慷慨）的方格，就可以通过梯子多走几格。如果走到代表罪恶（比如欲望）的方格，玩家就会后退几格。

通过创建一个带有虫洞[1]的Field，我们可以在随机游走问题中轻松加入这种特性，如图14-14所示。此外，还要将函数traceWalk中的第2行代码替换为：

```
f = oddField(1000, 100, 200)
```

在oddField中，如果醉汉走到了有虫洞的地方，就会被瞬间传送到虫洞的另一端。

```
class oddField(Field):
    def __init__(self, numHoles, xRange, yRange):
        Field.__init__(self)
        self.wormholes = {}
        for w in range(numHoles):
            x = random.randint(-xRange, xRange)
            y = random.randint(-yRange, yRange)
            newX = random.randint(-xRange, xRange)
            newY = random.randint(-yRange, yRange)
            newLoc = Location(newX, newY)
            self.wormholes[(x, y)] = newLoc

    def moveDrunk(self, drunk):
        Field.moveDrunk(self, drunk)
        x = self.drunks[drunk].getX()
        y = self.drunks[drunk].getY()
        if (x, y) in self.wormholes:
            self.drunks[drunk] = self.wormholes[(x, y)]
```

图14-14　属性奇特的田地

运行traceWalk((UsualDrunk, ColdDrunk, EWDrunk), 500)，会得到一张非常奇怪的图形，如图14-15所示。

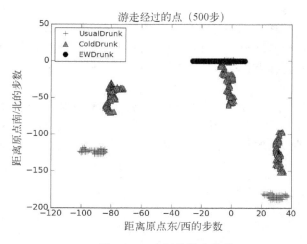

图14-15　奇怪的游走路线

---

① 这种虫洞是理论物理学家（也可能是科幻小说家）提出的一个假想概念。它可以在连续的时空中提供一条捷径。

显然，修改田地属性后，游走具有了一种戏剧性的效果。但本例的重点在于以下两点。

- 我们的代码是高度结构化的，所以很容易适应建模情形的重大改变。就像可以在不修改 Field 的情况下添加不同类型的醉汉一样，我们也可以在不对 Drunk 及其任何子类进行修改的情况下，添加一种新的 Field 类型。（如果有足够的先见之明，在 trackWalk 中使用一个形参表示田地，甚至都不用修改 traceWalk 中的第 2 行代码。）
- 在简单随机游走问题甚至有偏随机游走问题中，通过分析方法推导各种不同类型醉汉的预期行为还是比较可行的，但如果引入虫洞再做这些分析就很困难了。相比之下，修改模型以模拟新的情形则非常容易。与分析性模型相比，适应性强是模拟模型引以为傲的一大优点。

14

## 第 15 章

# 随机程序、概率与分布

牛顿力学就是很完美。你按下杠杆的一端，另一端就会翘起来。你向空中扔出一个球，它会沿着抛物线飞行，最后落下来。$F = ma$。简而言之，任何事情的发生都是有原因的。物质世界是完全可预测的——实体系统的所有未来状态都可以根据当前状态推导出来。

几个世纪以来，牛顿力学都是一种被普遍认同的科学常识，直到量子力学和哥本哈根学派的产生。以玻尔和海森堡为首的哥本哈根学派认为，在最基础的层面上，物质世界的行为是不可预测的，我们只能做出像"x非常可能发生"这样的概率上的说明，不能做出像"x一定会发生"这样的确定性的说明。其他一些杰出的物理学家强烈反对这种观点，其中最著名的是爱因斯坦和薛定谔。

这场辩论惊动了物理界、哲学界，甚至宗教界。辩论的核心是因果关系不确定性是否正确。也就是说，是否相信所有事件都是由以前的事件引起的。爱因斯坦和薛定谔认为这种观点在哲学上是不可接受的，佐证就是爱因斯坦那句经常被引用的名言："上帝不掷骰子。"他们能够接受的只是预测不确定性，也就是说，是我们不能对物质世界进行准确无误的测量，才导致了不能对未来状态进行精确的预测。爱因斯坦非常好地总结了这二者之间的区别，他说："当代理论在本质上具有统计特性，只能归因于一个事实——这种理论对物质世界的描述是不完整的。"

因果关系不确定性的问题至今尚无定论。但是，无论我们不能预测未来事件是因为它们根本就不可预测，还是因为我们没有掌握足够的信息去预测，都没有实际意义。

尽管玻尔和爱因斯坦争论的是如何理解物质世界最微观的层面，但在宏观层面上也会出现同样的问题。赛马、轮盘赌中转轮的旋转和股票市场的投资可能具有确定的因果关系，但有足够的证据表明，将它们当作预测确定性的事件是非常危险的。[①]

## 15.1 随机程序

如果一个程序运行时使用相同输入就会产生相同输出，那么这个程序就是确定性的。请注意，这并不是说输出完全是由问题的规范来定义的。例如，函数squreRoot(x, epsilon)的规范：

```
def squareRoot(x, epsilon):
    """假设x和epsilon为浮点数类型；x >= 0, epsilon > 0
        返回浮点数y，使得x-epsilon<=y*y<=x+epsilon"""
```

---

① 当然，这依然不能阻止某些人相信他们可以预测出这些事件的结果，并因为这种自信而输掉很多钱。

从这个规范可以看出，函数调用squareRoot(2, 0.001)可以返回的值有很多种可能。但是，如果使用我们在第3章介绍过的连续逼近算法实现这个函数，那么总会返回同一个值。规范中并没有要求具体实现是确定性的，但它也确实允许确定性的实现。

不是所有有意义的规范都可以用确定性的程序来实现。例如，考虑实现一个程序来玩掷骰子的游戏，比如双陆棋或双骰儿赌博。在程序中，需要一个函数模拟一个六面骰子的一次公平的投掷。[①]假设这个函数的规范如下：

```
def rollDie():
    """返回一个1~6的整数"""
```

这是有问题的，因为这样就允许函数在每次被调用时返回同一个数，游戏就变得枯燥无味了。对rollDie更好的说明应该是returns a randomly chosen int between 1 and 6，这就要求一个随机性的函数实现。

包括Python在内，很多编程语言都可以通过一种简单的方式编写随机程序，即利用随机性的程序。图15-1中的小程序是一个模拟模型。我们没有找一些人来扔骰子，而是写了一个程序来模拟这种活动。代码先导入一个Python标准库模块random，然后使用了其中几个有用的函数。正如我们前面所看到的，函数random.choice接受一个非空序列作为参数，然后返回一个从序列中随机选择的元素。random中几乎所有函数都以random.random为基础，这个函数我们在前面也见过，它会生成一个0.0~1.0的随机浮点数。[②]

```
import random

def rollDie():
    """返回一个1~6的随机整数"""
    return random.choice([1,2,3,4,5,6])

def rollN(n):
    result = ''
    for i in range(n):
        result = result + str(rollDie())
    print(result)
```

图15-1 掷骰子

现在运行rollN(10)，如果输出1111111111或5442462412，那么其中哪个结果更让你惊奇？或者换句话说，哪个序列是更随机的？这个问题其实是一个陷阱。这两个序列出现的概率是一样的，因为每次投掷得到的值都独立于前面那些投掷结果。在随机过程中，如果一个事件的结果不

① 如果六个面中每个面向上的概率都相同，那么这次投掷就是公平的。这可不总是理所当然的。挖掘庞贝古城时，人们就发现过灌了铅的骰子，一点铅的重量就可以使投掷的结果发生偏离。最近，一个在线供应商网站上有这样一句话："在掷骰子时你是不是经常不走运？呃，那么买一对儿更听话的骰子吧，这正是你需要的。"

② 实际上，random.random返回的值并不是真正随机的。这在数学上称为伪随机数。从实际应用的角度来说，它和真正的随机数没有本质上的区别，可以忽略。

会影响另一个事件的结果，我们就称这两个事件是相互独立的。

如果我们将情形简化为一个只有0和1两个面的骰子（你也可以称它为硬币），问题就会更容易。这样就可以将rollN的输出用二进制数表示。如果我们使用这个二进制骰子，那么n次测试就可能返回$2^n$种序列，每种序列出现的可能性都相等，因此每种序列出现的概率为$(1/2)^n$。

我们还是回到六面骰子。长度为10的不同序列有多少个？$6^{10}$个。所以，连续扔出10个1的概率是$(1/6)^{10}$，比六千万分之一还要小。概率相当低，但并不比其他序列的概率更低，比如5442462412这个序列。

## 15.2    计算简单概率

一般来说，当我们讨论具有某种特性的结果的概率时，实际上是想知道在所有结果中，具有这种特性的结果占多少比例。这就是概率取值范围在0~1的原因。假设我们想知道，在掷骰子时得到除了1111111111以外的序列的概率。这非常简单，就是$1 - (1/6^{10})$，因为某个事情发生的概率与它不发生的概率加起来肯定等于1。

假设我们想知道掷10次骰子但是没有一次掷出1的概率。解决这个问题的一种方法是将它转换为：在$6^{10}$个序列中，不包含1的序列有多少。这个问题可以计算如下：

(1) 在一次投掷中，没有掷出1的概率为5/6；

(2) 第一次和第二次投掷都没有掷出1的概率为(5/6) × (5/6)，即$(5/6)^2$；

(3) 所以，一连10次都没有掷出1的概率为$(5/6)^{10}$，稍大于0.16。

第二步应用了独立概率的乘法法则。举例来说，考虑两个独立事件A和B。如果A发生的概率是1/3，B发生的概率是1/4，那么A和B同时发生的概率就是(1/3) × (1/4)。

那么至少掷出一次1的概率是多少呢？只要用1减去没有掷出1的概率即可，即$1 - (5/6)^{10}$。请注意，下面这种计算方法是错误的：因为在1次投掷中，掷出1的概率是1/6，所以10次投掷至少掷出1次1的概率就是10 × (1/6)。这明显是错误的，因为概率不能大于1。

那么在10次投掷中，正好掷出两次1的概率是多少呢？这等价于：在用六进制表示的前$6^{10}$个整数中，正好有两位是1的比例是多少。我们很容易写出一个程序，生成所有这些序列，然后计算正好包含两个1的序列数量。以分析的方法推导这个概率有点复杂，我们将在15.4.4节进行介绍。

## 15.3    统计推断

正如我们刚才看到的，可以使用一种系统的方法，在知道一个或多个简单事件的概率的基础上，推导出一些复杂事件的精确概率。例如，我们可以基于"每次抛掷硬币都是一个独立事件"这一假设，以及在每次抛掷中硬币正面向上的概率，很容易地计算出硬币连续10次正面向上的概率。但是，如果我们确实不知道简单事件的概率呢？比如，我们不知道硬币是否公平（也就是说，硬币正面向上和反面向上的可能性是一样的）。

还没到山穷水尽的时候。如果我们有一些关于硬币行为的数据，那么就可以将这些数据与概率知识结合起来，得到一个真实概率的估计。可以使用统计推断估计这个不公平的硬币在一次抛掷中正面向上的概率，然后使用传统方法计算这个硬币连续10次正面向上的概率。

简而言之（因为这不是一本概率教材），统计推断的指导原则就是：一个从总体数据中随机抽取的样本往往可以表现出与总体相同的特性。

假设哈维·丹特（又称双面人）抛出一个硬币，正面向上，那么根据这个事实，你不会推测下一次硬币还会正面向上。假设他抛了两次，而且两次都是正面向上，那么你可以解释说对于一个均匀的硬币，发生这种情况的概率有0.25，然而还是没有任何理由认为下一次抛掷还会正面向上。但是，如果100次抛掷都是正面向上的话，因为$(1/2)^{100}$（硬币是均匀的假设下发生这种情况的概率）这个值太小了，所以你完全可以怀疑硬币的两面都是正面。

基于你的直觉和常识，你对硬币是否均匀产生了怀疑，抛一次硬币的结果应该能够反映出抛100次硬币的结果。当100次抛掷都是正面向上时，你的这种怀疑是非常有道理的。再假设有52次抛掷是正面向上的，48次抛掷是反面向上的，那么你是否觉得再抛100次的话，正面向上与反面向上的比例还会如此吗？同样，你是否觉得再抛100次的话，正面向上的次数会比反面向上的次数多？花点时间思考一下这几个问题，然后做个实验。如果你手头没有硬币，可以使用图15-2中的代码进行模拟。

```
def flip(numFlips):
    """假设numFlips是一个正整数"""
    heads = 0
    for i in range(numFlips):
        if random.choice(('H', 'T')) == 'H':
            heads += 1
    return heads/numFlips

def flipSim(numFlipsPerTrial, numTrials):
    """假设numFlipsPerTrial和numTrials是正整数"""
    fracHeads = []
    for i in range(numTrials):
        fracHeads.append(flip(numFlipsPerTrial))
    mean = sum(fracHeads)/len(fracHeads)
    return mean
```

图15-2　抛硬币

图15-2中的函数flip可以模拟抛掷一个均匀的硬币numFlips次，然后返回正面向上的比例。对于每次抛掷，它都会调用random.choice(('H', 'T'))随机地返回一个'H'或'T'。

试着多运行几次函数flipSim(10, 1)，下面是使用print('Mean =', flipSim(10, 1))输出的前两次运行的结果：

```
Mean = 0.2
Mean = 0.6
```

看上去在一次实验中抛10次硬币得不到什么有用的结论（除了硬币确实有正反两面），这就是我们通常要做多次实验并比较实验结果的原因。试运行两次flipSim(10, 100)：

```
Mean = 0.5029999999999999
Mean = 0.496
```

这次的结果是不是更有意义？如果运行flipSim(100, 100000)，会得到以下结果：

```
Mean = 0.5005000000000038
Mean = 0.5003139999999954
```

这次的结果真的特别棒（特别是因为我们知道答案应该是0.5，这就有点像作弊了）。看来我们完全可以得出下一次抛掷的结论，即正面向上和反面向上具有相同的可能性。但是，为什么能得出这样的结论呢？

我们的依据就是大数定律（也称为伯努利定理[①]）。这个定律说明，在独立可重复的实验中，如果每次实验中出现某种特定结果的实际概率为p（例如，每次抛硬币正面向上的实际概率为0.5），那么实验次数接近无穷大时，出现这种结果的比例与实际概率p之间的差收敛于0。

值得注意的是，大数定律并不意味着如果预期行为出现偏差，那么这些偏差会在未来被相反的偏差"扯平"，尽管太多的人都是这样认为的。这种对大数定律的滥用称为赌徒谬误。[②]

人们经常将赌徒谬误与均值回归混淆。均值回归[③]说明，如果出现一个极端的随机事件，那么下一个随机事件很可能就不是极端的。如果你将一个均匀的硬币抛了6次，每次都是正面向上，那么均值回归就意味着如果再抛6次硬币，结果就非常可能接近3次正面向上这个期望值。而不是像赌徒谬误那样，认为在下一个抛掷序列中，正面向上的概率要小于反面向上的概率。

在很多工作中，成功既需要能力，也需要运气。能力决定了均值，运气则导致了方差。运气的随机性解释了均值回归。

图15-3中的代码会生成一张图，如图15-4所示，这张图演示了均值回归。函数regressToMean首先生成numTrials次实验，每次实验抛掷硬币numFlips次。然后，它找出所有正面向上比例小于1/3或大于2/3的实验，将这些极端值以圆点的形式绘制在图中。此后，对于其中每个圆点，找出紧随其后的那次实验，并以三角形的形式将其结果绘制在圆点正下方。

---

① 尽管大数定律是卡尔达诺在16世纪第一次提出的，但直到18世纪早期，才由雅各布·伯努利公布了首次证明。它和流体力学中的伯努利定理没有关系，这个定理是由雅各布的侄子丹尼尔·伯努利证明的。

② "1913年8月18日，蒙特卡罗赌场，（在轮盘赌中）黑色创纪录地连续出现了26次……从第15次不寻常地出现黑色开始，人们就像发生恐慌一样争相下注红色。根据（机会）成熟原则，玩家们下了双倍乃至三倍赌注，这个原则使他们相信，黑色出现20次之后，再次出现的机会都不到百万分之一。最终，这次罕见的事件使赌场增加了几百万法郎的收入。"Huff and Geis, *How to Take a Chance*, pp.28-29.

③ "均值回归"这个名词是1885年弗朗西斯·高尔顿在"Regression Toward Mediocrity in Hereditary Stature"这篇论文中第一次使用的。在这项研究中，他发现如果父母身高特别高，那么孩子的身高很可能要比父母矮。

```
def regressToMean(numFlips, numTrials):
    #获取每次实验（抛掷numFlips次硬币）中正面向上的比例
    fracHeads = []
    for t in range(numTrials):
        fracHeads.append(flip(numFlips))
    #找出具有极端结果的实验，以及这些实验的下一次实验
    extremes, nextTrials = [], []
    for i in range(len(fracHeads) - 1):
        if fracHeads[i] < 0.33 or fracHeads[i] > 0.66:
            extremes.append(fracHeads[i])
            nextTrials.append(fracHeads[i+1])
    #绘制结果
    pylab.plot(range(len(extremes)), extremes, 'ko',
               label = 'Extreme')
    pylab.plot(range(len(nextTrials)), nextTrials, 'k^',
               label = 'Next Trial')
    pylab.axhline(0.5)
    pylab.ylim(0, 1)
    pylab.xlim(-1, len(extremes) + 1)
    pylab.xlabel('Extreme Example and Next Trial')
    pylab.ylabel('Fraction Heads')
    pylab.title('Regression to the Mean')
    pylab.legend(loc = 'best')

regressToMean(15, 40)
```

图15-3　均值回归

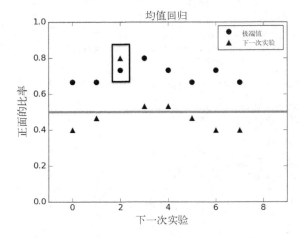

图15-4　图解均值回归

　　图中的横线使用函数axhline生成，正好位于0.5处，表示期望的均值。函数pylab.xlim设置了X轴的范围。函数调用pylab.xlim(xmin, xmax)可以设置当前图中X轴的最小值和最大值。函

数调用pylab.xlim()则会返回一个由当前图中X轴的最小值和最大值组成的元组。函数pylab.ylim的工作方式也是一样的。

请注意，如果一个实验得到了极端结果，那么紧跟在它后面的实验结果一般会比上次的极端结果更靠近均值，但也并非总是如此，比如方框中的那两次实验。

**实际练习**：萨莉在打高尔夫球时，平均每洞要打5杆。一天，她打完前9个洞用了40杆。她的球友猜想她会回归正常水平，打完后9个洞要用50杆。你同意这种判断吗？

图15-5中的函数flipPlot可以生成两个图形，如图15-6所示。从这两个图形中可以看出大数定律的作用。第一张图表示的是正面与反面向上次数的差的绝对值随着硬币抛掷次数发生的变化，第二张图则绘制出了正面与反面向上次数二者之间的比率与抛掷次数之间的关系。差不多最后面的那行代码random.seed(0)保证了random.random使用的伪随机数生成器在函数每次运行时都生成同样的伪随机数序列。[1]这一点对于程序的调试是非常有利的。调用random.seed时可以使用任何数值，如果没有使用参数，那么函数就随机选择一个种子。

```python
def flipPlot(minExp, maxExp):
    """假设minExp和maxExp是正整数；minExp<maxExp
       绘制出从2**minExp到2**maxExp次硬币投掷的结果"""
    ratios, diffs, xAxis = [], [], []
    for exp in range(minExp, maxExp + 1):
        xAxis.append(2**exp)
    for numFlips in xAxis:
        numHeads = 0
        for n in range(numFlips):
            if random.choice(('H', 'T')) == 'H':
                numHeads += 1
        numTails = numFlips - numHeads
        try:
            ratios.append(numHeads/numTails)
            diffs.append(abs(numHeads - numTails))
        except ZeroDivisionError:
            continue
    pylab.title('Difference Between Heads and Tails')
    pylab.xlabel('Number of Flips')
    pylab.ylabel('Abs(#Heads - #Tails)')
    pylab.plot(xAxis, diffs, 'k')
    pylab.figure()
    pylab.title('Heads/Tails Ratios')
    pylab.xlabel('Number of Flips')
    pylab.ylabel('#Heads/#Tails')
    pylab.plot(xAxis, ratios, 'k')

random.seed(0)
flipPlot(4, 20)
```

图15-5　绘制抛硬币的结果

---

[1] 你应该知道，Python 2和Python 3中使用的伪随机数生成器是不一样的。这意味着即使设置了随机数种子，也不能期望程序在不同的语言版本中运行时会得到相同的结果。

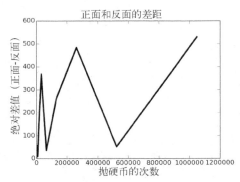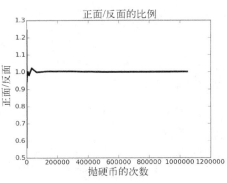

图15-6　大数定律的作用

　　左边的图形似乎是要说明，正面与反面向上的差的绝对值从一开始就在大幅波动，有时一落千丈，立刻又直上九天。但需要注意的是，`x = 300 000`的右面只有两个数据点。`pylab.plot`用线将所有的点都连接起来，缺少其他信息时，这会误导我们对趋势的判断。这种现象比较常见，所以应该在做出结论之前，先看看图中到底有多少个点。

　　在右边的图中很难看出一些有用的东西，几乎就是一条平行直线。这也是一种假象。尽管图中只有16个数据点，但大部分都拥挤在图中最左侧的一小块区域中，所以无法展现细节。发生这种情况是因为这些点的X轴坐标是$2^4, 2^5, 2^6, \cdots, 2^{20}$，所以X轴的取值范围是16~100万多，除非明确采用其他方式，Pylab会按照与原点之间的距离来放置这些点，这种方式称为线性缩放。因为多数点的$x$值与$2^{20}$相比都非常小，所以它们会非常靠近原点。

　　幸运的是，这种可视化问题在Pylab中非常容易解决。正如我们在第11章和本章前面所见到的，可以很容易地让程序绘制出未连接的点，例如，可以使用代码`pylab.plot(xAxis, diffs, 'ko')`。

　　图15-7中的两幅图都在X轴上使用了对数标度。因为函数`flipPlot`生成的$x$值都是$2^{\text{minExp}}$，$2^{\text{minExp}+1}, \cdots, 2^{\text{maxExp}}$的形式，所以使用对数标度的X轴可以使点之间的间隔达到最大，均匀地分布在X轴上。图15-7中左侧的图在Y轴上也使用了对数标度，和X轴一样。这幅图中$y$的取值范围是0~550左右。如果Y轴使用线性标度，那么在图的左侧就很难看出$y$值之间的细微差别。另一方面，如果右侧的图也在Y轴使用对数标度，那么$y$值就会非常紧密地聚在一起，所以仍然使用线性标度。

　　**实际练习**：修改图15-5中的代码，绘制图15-7中的两张图。

　　这两张图比前面的图更容易解释。右边的图非常有力地说明了，当抛掷次数增加时，正面向上与反面向上次数的比是收敛于1.0的。左侧图形的含义则不那么清晰，它表明了当投掷次数增加时，正面向上与反面向上次数的差的绝对值会随之增加，但不那么令人心悦诚服。

　　不使用总体数据而只使用抽样数据，是不可能得到完全准确的结果的。不管我们使用了多少个样本，只要没有检查总体中所有的数据，就不能确定样本集可以代表总体（我们还经常会遇到无限大的总体的情况，例如，所有可能出现的抛硬币的序列。所以，检查总体经常是不可能的）。当然，这并不是说我们估计不出精确的结果。可以抛两次硬币，一次正面向上，一次反面向上，然后得出结论，每种情况的真实概率是0.5。我们得到的结论是正确的，但推理过程则是错误的。

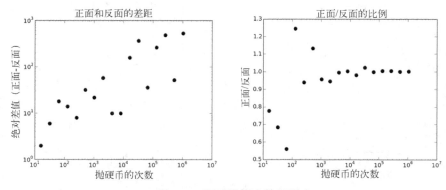

图15-7 硬币抛掷次数的影响

那么，需要使用多少样本才能得到令人信服的结果呢？这取决于基础分布的方差。简而言之，方差是一种测量方式，用来表示可能出现的不同结果的分散程度。更正式一些，一个数值集合的方差X可以定义为：

$$\text{variance}(X) = \frac{\sum_{x \in X} (x - \mu)^2}{|X|}$$

这里的|X|是集合中元素的数量，$\mu$是均值。通俗地说，方差描述了集合中接近于均值的数值的比例。如果很多值都非常接近均值，方差就会很小。如果很多值都非常远离均值，方差就会很大。如果所有值都一样，方差就是0。

一个数值集合的标准差是方差的平方根。尽管它包含的信息与方差完全相同，但标准差更容易解释，因为它与原始数据的单位是一致的。举例来说，相对于"总体的平均身高是70英寸，方差为16平方英寸"，我们更容易理解"总体的平均身高是70英寸，标准差为4英寸"这种表达。

图15-8给出了方差和标准差的实现。[①]

```
def variance(X):
    """假设X是一个数值型列表。
       返回X的方差"""
    mean = sum(X)/len(X)
    tot = 0.0
    for x in X:
        tot += (x - mean)**2
    return tot/len(X)

def stdDev(X):
    """假设X是一个数值型列表。
       返回X的标准差"""
    return variance(X)**0.5
```

图15-8 方差与标准差

---

① 你根本不需要实现这些代码。已经有现成的统计库实现了这些函数和其他标准统计函数。但我们仍然给出了代码，因为有些读者更喜欢看代码而不喜欢看公式，当然这种可能性非常小。

我们可以使用"标准差"这一概念考虑计算结果可信度和所需样本数量之间的关系。图15-9给出了一个函数flipPlot的修正版本，它在图的上方定义了两个辅助函数，用来进行多次实验，每次实验中抛硬币的次数都是不一样的。然后绘制出abs(heads - tails)的均值和heads/tails这一比例的均值，以及这两个值的标准差。辅助函数makePlot中的代码用来生成绘图。函数runTrial用来模拟抛numFlips次硬币的一次实验。

```python
def makePlot(xVals, yVals, title, xLabel, yLabel, style,
             logX = False, logY = False):
    pylab.figure()
    pylab.title(title)
    pylab.xlabel(xLabel)
    pylab.ylabel(yLabel)
    pylab.plot(xVals, yVals, style)
    if logX:
        pylab.semilogx()
    if logY:
        pylab.semilogy()

def runTrial(numFlips):
    numHeads = 0
    for n in range(numFlips):
        if random.choice(('H', 'T')) == 'H':
            numHeads += 1
    numTails = numFlips - numHeads
    return (numHeads, numTails)

def flipPlot1(minExp, maxExp, numTrials):
    """假设minExp、maxExp和numTrials为大于0的整数；minExp<maxExp。
       绘制出numTrials次硬币抛掷实验（抛掷次数从2**minExp到2**maxExp）的摘要统计结果"""
    ratiosMeans, diffsMeans, ratiosSDs, diffsSDs = [], [], [], []
    xAxis = []
    for exp in range(minExp, maxExp + 1):
        xAxis.append(2**exp)
    for numFlips in xAxis:
        ratios, diffs = [], []
        for t in range(numTrials):
            numHeads, numTails = runTrial(numFlips)
            ratios.append(numHeads/numTails)
            diffs.append(abs(numHeads - numTails))
        ratiosMeans.append(sum(ratios)/numTrials)
        diffsMeans.append(sum(diffs)/numTrials)
        ratiosSDs.append(stdDev(ratios))
        diffsSDs.append(stdDev(diffs))
    numTrialsString = ' (' + str(numTrials) + ' Trials)'
    title = 'Mean Heads/Tails Ratios' + numTrialsString
    makePlot(xAxis, ratiosMeans, title, 'Number of flips',
             'Mean Heads/Tails', 'ko', logX = True)
    title = 'SD Heads/Tails Ratios' + numTrialsString
    makePlot(xAxis, ratiosSDs, title, 'Number of Flips',
             'Standard Deviation', 'ko', logX = True, logY = True)
```

图15-9 硬币抛掷模拟

我们试一下flipPlot1(4, 20, 20)，它会生成图15-10中的图形。

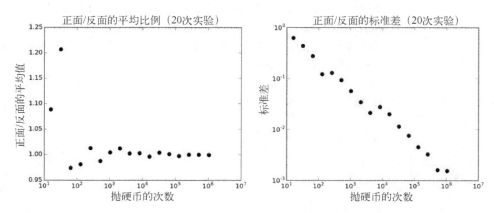

图15-10    正面/反面比例值的收敛

结果很令人振奋。正面/反面比例值收敛于1，并且随着每次实验中抛掷次数的增加，标准差也随之线性降低。当每次实验抛掷$10^6$次硬币时，标准差（约为$10^{-3}$）大概比均值（约为1）低了3个数量级，这说明实验之间的方差非常小。因此，我们可以满怀信心地宣布，正面向上与反面向上次数之间比例的期望值非常接近1.0。抛硬币次数越多，得到的结果越精确，而且更重要的是，还越有理由相信这个结果更接近正确的答案。

那么正面向上和反面向上次数的差的绝对值呢？我们可以将图15-11中的代码添加到flipPlot1的末尾，然后试着运行。这会绘制出图15-12中的图形。

```
title = 'Mean abs(#Heads - #Tails)' + numTrialsString
makePlot(xAxis, diffsMeans, title,
      'Number of Flips', 'Mean abs(#Heads - #Tails)', 'ko',
      logX = True, logY = True)
title = 'SD abs(#Heads - #Tails)' + numTrialsString
makePlot(xAxis, diffsSDs, title,
      'Number of Flips', 'Standard Deviation', 'ko',
      logX = True, logY = True)
```

图15-11    差的绝对值

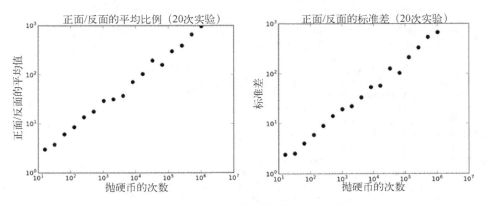

图15-12 正面/反面的均值和标准差

不出所料，差的绝对值会随着抛掷次数的增加而增加。而且，因为这个结果是20次实验的平均值，所以这个图形明显比图15-7中的图形更加平滑，那个图形是使用单次实验的结果绘制的。但图15-12中右侧图形的情况如何呢？标准差是随着投掷次数的增加而增加的。这是否意味着当投掷次数增加时，这个差的估计值的可信度不是更大，而是更小了呢？

不，当然不是。标准差应该总是和均值一起考虑。如果均值是10亿，标准差是100，我们应该认为数据的离散程度很小。但如果均值是100，标准差也是100，那么我们就认为离散程度非常大。

标准差除以均值所得的值称为*变异系数*。当我们比较具有不同均值的数据集合时（比如本例），变异系数比标准差更合适。如图15-13中的代码所示，当均值为0时，变异系数是没有意义的。

```
def CV(X):
    mean = sum(X)/len(X)
    try:
        return stdDev(X)/mean
    except ZeroDivisionError:
        return float('nan')
```

图15-13 变异系数

图15-14中的函数可以绘制出变异系数。除了`flipPlot1`生成的那些图形外，这个函数还可以生成图15-15中的图形。

```
def flipPlot2(minExp, maxExp, numTrials):
    """假设minExp、maxExp为正整数；minExp<maxExp。
        numTrial为正整数。
        绘制出numTrials次硬币抛掷实验（抛掷次数从2**minExp到2**maxExp）的摘要统计结果"""
    ratiosMeans, diffsMeans, ratiosSDs, diffsSDs = [], [], [], []
    ratiosCVs, diffsCVs, xAxis = [], [], []
    for exp in range(minExp, maxExp + 1):
        xAxis.append(2**exp)
    for numFlips in xAxis:
        ratios, diffs = [], []
        for t in range(numTrials):
            numHeads, numTails = runTrial(numFlips)
            ratios.append(numHeads/float(numTails))
            diffs.append(abs(numHeads - numTails))
        ratiosMeans.append(sum(ratios)/numTrials)
        diffsMeans.append(sum(diffs)/numTrials)
        ratiosSDs.append(stdDev(ratios))
        diffsSDs.append(stdDev(diffs))
        ratiosCVs.append(CV(ratios))
        diffsCVs.append(CV(diffs))
    numTrialsString = ' (' + str(numTrials) + ' Trials)'
    title = 'Mean Heads/Tails Ratios' + numTrialsString
    makePlot(xAxis, ratiosMeans, title, 'Number of flips',
             'Mean Heads/Tails', 'ko', logX = True)
    title = 'SD Heads/Tails Ratios' + numTrialsString
    makePlot(xAxis, ratiosSDs, title, 'Number of flips',
             'Standard Deviation', 'ko',logX = True, logY = True)
    title = 'Mean abs(#Heads - #Tails)' + numTrialsString
    makePlot(xAxis, diffsMeans, title,'Number of Flips',
             'Mean abs(#Heads - #Tails)', 'ko',
              logX = True, logY = True)
    title =  'SD abs(#Heads - #Tails)' + numTrialsString
    makePlot(xAxis, diffsSDs, title, 'Number of Flips',
             'Standard Deviation', 'ko', logX = True, logY = True)
    title = 'Coeff. of Var. abs(#Heads - #Tails)' + numTrialsString
    makePlot(xAxis, diffsCVs, title, 'Number of Flips',
             'Coeff. of Var.', 'ko', logX = True)
    title = 'Coeff. of Var. Heads/Tails Ratio' + numTrialsString
    makePlot(xAxis, ratiosCVs, title, 'Number of Flips',
             'Coeff. of Var.', 'ko', logX = True, logY = True)
```

图15-14　flipPlot1的最终版本

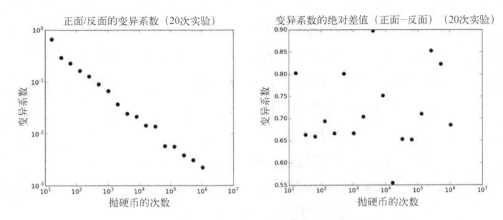

图15-15　正面/反面和正面－反面的绝对值的变异系数

从这两张图中可以看出，就表示正面/反面的比例的图形来说，变异系数的图形与图15-10中标准差的图形相差不大。这并不奇怪，因为二者之间唯一的区别是变异系数是标准差除以均值，而均值非常接近于1，所以没有大的差别。

但另一方面，对于差的绝对值来说，变异系数的图形则与标准差的图形完全不同。图15-12中的标准差表现出了明显的趋势，可是如果你认为图15-15右边的变异系数也存在某种趋势的话，那你还真是无所畏惧。它的波动非常大，这表明abs(heads - tails)的值的离散程度与硬币抛掷次数无关，既不会像误导我们的标准差那样随之增加，也不会随之减少。如果实验次数不是20，而是1000，是否可能出现明显趋势呢？那我们就来试一下。

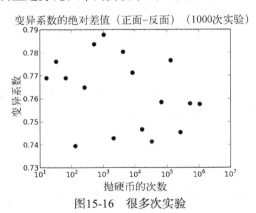

图15-16　很多次实验

在图15-16中，似乎变异系数稳定地分布在0.74~0.78这个区间附近。一般来说，变异系数的值如果小于1，就可以认为方差很小。

与标准差相比，变异系数的主要优点是，它可以用来比较具有不同均值的数据集合的离散程度。例如，考虑一下澳大利亚联邦不同地区的每周收入的分布，如图15-17所示。

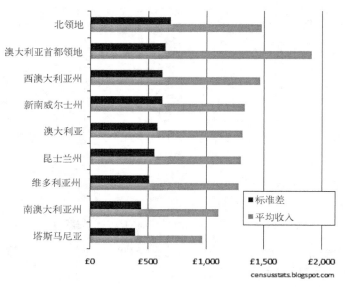

图15-17　澳大利亚联邦收入分布

　　如果使用标准差作为衡量收入不平等的方式，那么塔斯马尼亚地区的收入不平等性看似显著小于ACT（澳大利亚首都特区）地区。但是，如果看一下变异系数（ACT为0.32，塔斯马尼亚为0.42），就可以得到完全相反的结论。

　　这并不是说变异系数总是比标准差更有用处。如果均值接近于0，那么均值的一个微小改变就会导致变异系数发生非常大（但不一定有意义）的变化。而且均值为0时，变异系数是没有意义的。还有，正如我们将在15.4.2节中看到的，标准差可以用来构造置信区间，变异系数则不能。

## 15.4　分布

　　直方图用来表示数据集中数值的分布。它先对数值进行排序，再将其分到固定数量的等宽区间中，然后绘制一张图表示每个区间中的元素数量。在图15-18中，左侧的代码会生成右侧的图形。

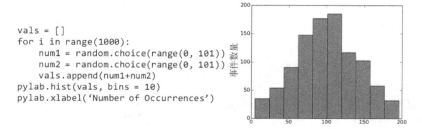

```
vals = []
for i in range(1000):
    num1 = random.choice(range(0, 101))
    num2 = random.choice(range(0, 101))
    vals.append(num1+num2)
pylab.hist(vals, bins = 10)
pylab.xlabel('Number of Occurrences')
```

图15-18　代码及其生成的直方图

　　函数调用pylab.hist(vals, bins = 10)会生成一张具有10个等宽区间的直方图。Pylab会按照区间数量和数值范围自动选择区间宽度。从代码中可以看出，vals中的最小值可能是0，最大值可能是200。因此，X轴的取值范围应该是0~200。每个区间都包含X轴上相同数量的值，所以第一个区间包含0~19的值，第二个区间包含20~39的值，以此类推。

**实际练习**：图15-18中，为什么直方图的中间区间比两侧区间高？提示：想一下，扔2个骰子时，为什么最容易扔出7？

现在，你肯定已经对抛硬币烦透了。但是，我们还是要再介绍一个对抛硬币的模拟。图15-19中的模拟程序展示了Pylab更多的绘图能力，并使我们对标准差的意义有一个更加直观的理解。它生成2张直方图，第一张图表示模拟100 000次抛硬币实验的结果，每次实验中抛掷均匀硬币100次；第二张图表示的也是模拟10万次抛硬币实验的结果，但每次实验中抛掷均匀硬币1000次。

pylab.annotate方法用来向直方图加入一些统计量，其中第一个参数是要显示在图中的字符串，后面两个参数用来控制字符串的位置，参数xycoords = 'axes fraction'表示文本的位置是以图形宽度和高度的比例来控制的，参数xy = (0.67, 0.5)表示文本开始位置为距图形左边界三分之二、下边界二分之一的地方。

```python
def flip(numFlips):
    """假设numFlips是正整数"""
    heads = 0
    for i in range(numFlips):
        if random.choice(('H', 'T')) == 'H':
            heads += 1
    return heads/float(numFlips)

def flipSim(numFlipsPerTrial, numTrials):
    fracHeads = []
    for i in range(numTrials):
        fracHeads.append(flip(numFlipsPerTrial))
    mean = sum(fracHeads)/len(fracHeads)
    sd = stdDev(fracHeads)
    return (fracHeads, mean, sd)

def labelPlot(numFlips, numTrials, mean, sd):
    pylab.title(str(numTrials) + ' trials of '
                + str(numFlips) + ' flips each')
    pylab.xlabel('Fraction of Heads')
    pylab.ylabel('Number of Trials')
    pylab.annotate('Mean = ' + str(round(mean, 4))\
                   + '\nSD = ' + str(round(sd, 4)), size='x-large',
                   xycoords = 'axes fraction', xy = (0.67, 0.5))

def makePlots(numFlips1, numFlips2, numTrials):
    val1, mean1, sd1 = flipSim(numFlips1, numTrials)
    pylab.hist(val1, bins = 20)
    xmin,xmax = pylab.xlim()
    labelPlot(numFlips1, numTrials, mean1, sd1)
    pylab.figure()
    val2, mean2, sd2 = flipSim(numFlips2, numTrials)
    pylab.hist(val2, bins = 20)
    pylab.xlim(xmin, xmax)
    labelPlot(numFlips2, numTrials, mean2, sd2)

makePlots(100, 1000, 100000)
```

图15-19　绘制抛硬币的直方图

为了方便两幅图的比较，我们使用pylab.xlim将第二幅图的X轴范围强行设定为与第一幅图的X轴范围相同，而不让Pylab自动选择。

运行图15-19中的代码，会生成图15-20中的两幅图形。请注意，尽管两幅图中的均值几乎一样，但标准差的差别却非常大。与每次实验抛100次硬币相比，每次实验抛1000次硬币得到的结果显然分布得更加紧密。

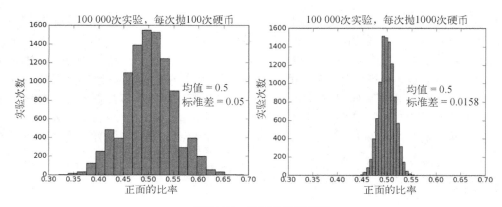

图15-20　抛硬币的直方图

## 15.4.1　概率分布

直方图表示的是一种频率分布，它告诉我们一个随机变量的取值落在某个范围内的频繁程度。例如，硬币正面向上的次数比例为0.4~0.5频率。直方图还可以对不同范围之间的频率进行比较，例如，我们可以很容易地看出，正面向上的比例落为0.4~0.5的频率要远远大于落在0.3~0.4的频率。概率分布给出一个随机变量取值在某个范围内的概率，并以此反映相对频率。

根据随机变量是离散型的还是连续型的，概率分布可以分成两类：离散型概率分布和连续型概率分布。离散型随机变量的取值是一个有限集合，如掷骰子的结果；连续型随机变量的取值可以是无限的，可以是两个实数之间的任意一个实数。例如，汽车的行驶速度可以在0英里/小时和最大行驶速度之间。

离散型概率分布很容易描述，因为变量取值是有限的，所以只要简单列出每个值的概率即可描述这种分布。

连续型概率分布则更复杂一些。因为有无限多个可能的取值，所以连续型随机变量取某个特定的值的概率通常为0。例如，汽车的行驶速度正好为81.3457283英里/小时的概率大概就是0。数学家们喜欢用概率密度函数（probability density function）来描述连续型概率分布，并经常将其缩写为PDF。PDF描述了一个随机变量位于两个数值之间的概率。你可以将PDF看作定义在X轴上随机变量的最小值与最大值之间的一条曲线。（有时候，X轴是无限长的。）如果假设$x1$和$x2$是随机变量的两个值，那么随机变量取值在$x1$和$x2$之间的概率就是$x1$和$x2$之间的曲线下面积。图15-21

中展示了表达式random.rando()和random.random() + random.random()的概率密度函数。

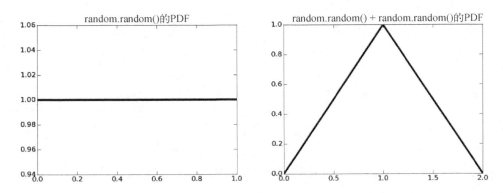

图15-21　random.random的概率密度函数

对于random.random，0和1之间的曲线下面积为1，这完全正确。因为我们知道，random.random()返回一个0~1的值的概率就是1。或者，考虑一下0.2~0.4的曲线下面积，应该是0.2，这表示random.random()返回一个0.2~0.4的值的概率是0.2。同理，对于random.random() + random.random()，0和2之间的曲线下面积是1，0和1之间的曲线下面积是0.5。请注意，通过random.random()的PDF可以看出，只要区间宽度相等，那么函数取值落在不同区间内的概率都是相等的。random.random() + random.random()则不同，函数取值落在某些区间的概率要比其他区间大。

## 15.4.2　正态分布

正态分布（又称高斯分布）由以下概率密度函数定义：

$$P(x) = \frac{1}{\sigma\sqrt{2\pi}} * e^{-\frac{(x-\mu)^2}{2\sigma^2}}$$

这里的$\mu$表示均值，$\sigma$表示标准差，e是欧拉数（大约为2.718）。[①]

如果你不想学习这个公式也没有问题，只需记住正态分布在均值处达到最大值，并在均值两侧对称地减小，逐渐趋近于0。正态分布具有良好的数学特性，它可以由两个参数完全确定：均值和标准差（公式中仅有的两个参数）。知道这两个值就等于知道了整个分布。正态分布的形状（在某些人眼中）有点像钟，所以有时又被称为钟形曲线。

图15-22展示了均值为0、标准差为1的正态分布的PDF。我们只能给出该PDF的一部分，因为正态分布曲线无限接近于0，但并未到达0。原则上，没有任何值的发生概率是0。

---

① 和π一样，e也是一个奇妙的无理数，在数学中无处不在。它最常用来表示自然对数的底。e有很多种等价的定义方式，其中一种是当$x$趋向于无穷大时，$(1+1/x)^x$的值。

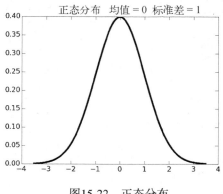

图15-22    正态分布

使用Python程序非常容易生成正态分布，调用函数random.gauss(mu, sigma)即可，这个函数会从一个均值为mu、标准差为sigma的正态分布中随机返回一个浮点数。

因为正态分布具有良好的数学特性，所以经常被用来构造概率模型。当然，一个模型如果仅仅是数学特性良好，但是不能很好地模拟实际数据，那它还是没有什么用处。幸运的是，很多随机变量的分布都近似于正态分布。例如，植物和动物的自然属性（如高度、重量、体温）通常是近似于正态分布的。更重要的是，很多实验的测量误差是服从正态分布的。在19世纪早期，德国数学家和物理学家卡尔·高斯就使用了这个假设，他在天文数据分析中假设测量误差是服从正态分布的（这就是正态分布在很多科学社区中被称为高斯分布的原因）。

正态分布的一个良好特性是均值和标准差的独立性，如果想包括固定比例的数据，那么从均值开始所需的标准差个数是一个常数。举例来说，大约68.27%的数据都位于距均值1个标准差的范围内，大约95.45%的数据位于距均值2个标准差的范围内，大约99.73%的数据位于距均值3个标准差的范围内。人们有时将这种情况称为68-95-99.7法则，但更多时候将其称为经验法则。

通过定义正态分布的公式可以计算曲线下的面积，从而推导出上面的法则。在图15-22中，可以很容易地看出曲线下面积大约有三分之二位于–1~1，大约有95%位于–2~2，几乎全部位于–3~3。但这仅是一个例子，从一个例子就开始总结推广一般是靠不住的。我们也可以根据维基百科的不容质疑的权威性来接受这条经验法则，但是，为了更有把握，也为了找个借口介绍一个值得学习的Python库，我们还是准备亲自验证。

SciPy库包含了很多科学家和工程师经常使用的数学函数。SciPy是以模块组织的，其中的模块覆盖了各个不同的科学计算领域，比如信号处理和图像处理。在后面的内容中，我们会使用一些SciPy中的函数。现在，我们要使用函数scipy.integrate.quad求一个函数在两个点之间的积分的近似值。

函数sci.py.integrate.quad有3个必需的参数和一个可选的参数：

❑ 一个要进行积分的函数或方法（如果这个函数有多个参数，就按照第一个参数进行积分）；
❑ 表示积分下限的数值；
❑ 表示积分上限的数值；

❑ 一个可选的元组，为要进行积分的函数提供所有参数，第一个参数除外。

quad函数返回一个由两个浮点数组成的元组，其中第一个浮点数是积分的近似值，第二个浮点数是对结果中绝对误差的一个估计值。

举个例子，假设我们想计算一元函数abs在区间0~5的积分。不需要任何高深的数学知识就可以计算出这个函数的曲线下面积：它就是一个底和高都是5的三角形的面积，也就是12.5。所以，不出所料，以下代码：

```
print scipy.integrate.quad(abs, 0, 5)[0]
```

会输出12.5。（quad函数返回的元组中的第二个值大约是$10^{-13}$，说明这个近似值已经非常准确了。）

图15-23中的代码可以计算出正态分布的曲线下面积，正态分布的均值和标准差都是随机选择的。请注意，gaussian是个三元函数，因此，以下代码：

```
print scipy.integrate.quad(gaussian, -2, 2, (0, 1))[0]
```

的输出结果是：均值为0、标准差为1的正态分布在–2~2的积分。

```
import scipy.integrate

def gaussian(x, mu, sigma):
    factor1 = (1.0/(sigma*((2*pylab.pi)**0.5)))
    factor2 = pylab.e**-(((x-mu)**2)/(2*sigma**2))
    return factor1*factor2

def checkEmpirical(numTrials):
    for t in range(numTrials):
        mu = random.randint(-10, 10)
        sigma = random.randint(1, 10)
        print('For mu =', mu, 'and sigma =', sigma)
        for numStd in (1, 2, 3):
            area = scipy.integrate.quad(gaussian, mu-numStd*sigma,
                                        mu+numStd*sigma,
                                        (mu, sigma))[0]
            print(' Fraction within', numStd, 'std =',
                  round(area, 4))
checkEmpirical(3)
```

图15-23　验证经验法则

运行图15-23中的代码，会输出完全符合经验法则的结果：

```
For mu = -1 and sigma = 6
  Fraction within 1 std = 0.6827
  Fraction within 2 std = 0.9545
  Fraction within 3 std = 0.9973
For mu = 9 and sigma = 9
  Fraction within 1 std = 0.6827
  Fraction within 2 std = 0.9545
```

```
    Fraction within 3 std = 0.9973
For mu = 1 and sigma = 5
    Fraction within 1 std = 0.6827
    Fraction within 2 std = 0.9545
    Fraction within 3 std = 0.9973
```

经验法则经常被用来得到置信区间。对于一个未知的值，我们不应该估计出一个单一的值，而是应该使用置信区间提供一个可能包含这个未知值的范围，以及这个未知值落入这个范围的确定程度。例如，一项政治民意调查显示，在95%的置信水平下，候选人会得到52%±4%的选票（也就是说，置信区间为8个单位）。这就是说，民意调查分析者相信，候选人得到48%~56%的选票的可能性为95%。①将置信区间和置信水平结合起来，就可以表示估计值的可靠程度。提高置信水平几乎总是会使置信区间变大。

假设进行100次抛硬币实验，每次抛100次硬币，再假设正面向上比例的均值是0.4999，标准差为0.0497。我们可以假设这些实验的均值服从正态分布，理由将在17.2节进行讨论。因此可以得出结论，如果再进行更多次这样的实验，则会有：

❑ 正面向上比例在0.4999 ± 0.0994之间的概率约为95%；

❑ 正面向上比例在0.4999 ± 0.1491之间的概率超过99%。

使用误差条对置信区间进行可视化通常很有用。图15-24中的函数showErrorBars先调用图15-19中的flipSim函数，然后使用以下代码生成一张图：

```
pylab.errorbar(xVals, means, yerr = 1.96*pylab.array(sds))
```

前两个参数给出了要绘制的x值和y值，第3个参数表示应该先将sds中的值乘以1.96，再根据乘积创建垂直的误差条。乘以1.96是因为正态分布中95%的数据都在距离均值1.96个标准差的范围内。

```
def showErrorBars(minExp, maxExp, numTrials):
    """假设minExp和maxExp是正整数；minExp<maxExp
        numTrials是一个正整数
        用误差条绘制出正面向上的平均比例"""
    means, sds, xVals = [], [], []
    for exp in range(minExp, maxExp + 1):
        xVals.append(2**exp)
        fracHeads, mean, sd = flipSim(2**exp, numTrials)
        means.append(mean)
        sds.append(sd)
    pylab.errorbar(xVals, means, yerr=1.96*pylab.array(sds))
    pylab.semilogx()
    pylab.title('Mean Fraction of Heads ('
                + str(numTrials) + ' trials)')
    pylab.xlabel('Number of flips per trial')
    pylab.ylabel('Fraction of heads & 95% confidence')
```

图15-24    生成带有误差条的图形

---

① 对于民意调查，置信区间通常不是使用多次调查的标准差估计出来的。他们使用标准误差作为替代方式，参见17.3节。

调用showErrorBars(3, 10, 100)会生成图15-25中的图形。不出所料，每次实验中硬币的抛掷次数逐渐增加时，误差条逐渐变短（标准差逐渐变小）。

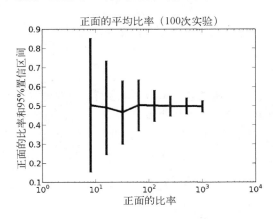

图15-25 带有误差条的估计

### 15.4.3 连续型和离散型均匀分布

假设你想在一个车站搭乘公共汽车,汽车每15分钟一班。如果没有按照发车时间表到达车站,那么你的预期等待时间就是一个0~15分钟的均匀分布。

均匀分布可以是离散型的，也可以是连续型的。连续型均匀分布也称为矩形分布，它的特点是所有长度相同的区间都具有相同概率。考虑一下函数random.random，正如我们在15.4.1节中见到的，给定一个长度的话，PDF下面任何同样长度的区间的面积都是相等的。例如，0.23~0.33的曲线下面积与0.53~0.63的曲线下面积是相等的。

我们可以使用一个参数完全描述出连续型均匀分布的特性，即它的范围（也就是最小值和最大值）。如果可能取值的范围是min~max，那么一个值落入x~y的概率可以由以下公式给出：

$$P(x,y) = \begin{cases} \dfrac{y-x}{max-min} & \text{若} x \geqslant min \text{ 且} y \leqslant max \\ 0 & \text{其他} \end{cases}$$

调用random.uniform(min, max)可以生成一个连续型均匀分布的值，它会返回在min和max之间随机选择的一个浮点数。

离散型均匀分布描述的是，结果不是连续的而且每个结果发生的概率完全相同的情况。例如，掷出一个均匀的骰子时，6个数字出现的可能性都是一样的。但结果在1~6的实数范围内却不是均匀分布的，大多数的值——比如2.5——出现的可能性是0，而少数值——比如3——出现的概率是1/6。我们可以使用下面的公式来完整地描述离散型均匀分布：

$$P(x) = \begin{cases} \dfrac{1}{|S|} & \text{若} x \in S \\ 0 & \text{其他} \end{cases}$$

这里的$S$是可能出现的结果的集合，$|S|$是$S$中的元素数量。

### 15.4.4　二项式分布与多项式分布

只能在一个离散集合中取值的随机变量称为分类变量，也称名义变量或离散变量。

如果分类变量只可能有两个值（如成功或失败），那么这时的概率分布就称为二项式分布。可以将二项式分布理解为$n$次独立实验中正好成功$k$次的概率。如果单次实验成功的概率为$p$，那么$n$次独立实验中正好成功$k$次的概率可以由以下公式给出：

$$\binom{n}{k} * p^k * (1-p)^{n-k}$$

这里的

$$\binom{n}{k} = \frac{n!}{k! * (n-k)!}$$

公式$\binom{n}{k}$称为二项式系数，它的一种读法是"$n$选$k$"，因为它等价于从大小为$n$的集合中选择出的大小为$k$的子集数量。例如：

$$\binom{4}{2} = \frac{4!}{2! * 2!} = \frac{24}{4} = 6$$

从集合$\{1, 2, 3, 4\}$中能选择出6个包含两个元素的集合。

在15.2节中，我们提出了一个问题，即扔10次骰子时，正好扔出两个1的概率是多少。现在我们就有了合适的工具来计算这个概率。可以将扔10次骰子看成10次独立实验，如果扔出1，则实验成功，扔出其他情况则失败。二项式分布会告诉我们在10次实验中正好成功两次的概率为：

$$\binom{10}{2} * \left(\frac{1}{6}\right)^2 * \left(\frac{5}{6}\right)^8 = 45 * \frac{1}{36} * \frac{390625}{1679616} \approx 0.291$$

**实际练习**：实现一个函数，计算扔$k$次骰子时正好扔出两个3的概率，并绘制出$k$从2~100时的概率变化。

多项式分布是二项式分布的推广，用来描述取值多于两个的分类数据。如果在$n$次独立实验中，每次实验都存在$m$个具有固定概率的互相排斥的结果，那么这时候适用于多项式分布。多项式分布可以给出各种结果的任何一种组合发生的概率。

### 15.4.5 指数分布和几何分布

指数分布非常常见，它经常用来对两次输入的时间间隔进行建模。例如，汽车进入高速公路的间隔时间和访问网页的时间间隔。

考虑一种药物在人体中的浓度变化。假设在每个时间段内，每个分子被清除（即被排出体外）的概率是常数$p$。系统是无记忆的，即在每个时间段内，一个分子被清除的概率与上一个时间段发生的事情无关。当时间$t = 0$时，一个分子在人体内的概率为1。当$t = 1$时，这个分子仍然留在人体内的概率就是$1 - p$。当$t = 2$时，这个分子仍然留在人体内的概率就是$(1 - p)^2$。更一般地说，当时间为$t$时，一个分子仍然留存在体内的概率是$(1 - p)^t$，即与$t$成指数关系。

假设在时间$t_0$时，还有药物的$M_0$个分子，那么一般来说，在时间$t$时，分子的数量为$M_0$乘以一个分子在时间$t$时留存的概率。图15-26中的函数clear绘制出了随时间变化的留存分子的期望数量。

```python
def clear(n, p, steps):
    """假设n和steps都是正整数，p是个浮点数
        n：分子的初始数量
        p：一个分子被清除的概率
        steps：模拟的时间长度"""
    numRemaining = [n]
    for t in range(steps):
        numRemaining.append(n*((1-p)**t))
    pylab.plot(numRemaining)
    pylab.xlabel('Time')
    pylab.ylabel('Molecules Remaining')
    pylab.title('Clearance of Drug')
```

图15-26　分子的指数清除

调用clear(1000, 0.01, 1000)会生成图15-27中的图形。

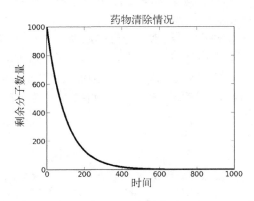

图15-27　指数衰减

这是指数衰减的一个例子。实际上，指数衰减经常用半衰期来描述，即初始值衰减到50%所需的时间。独立的项目也可以有半衰期。例如，一个药物分子的半衰期就是指它被清除的概率达到0.5所需的时间。请注意，当时间逐渐增加时，剩余的分子数逐渐趋近于0，但永远不能到达0。对这种情况，不应该解释为总会有一些分子幸存下来，而应该这样解释：因为系统是概率性的，所以永远不能保证所有分子都被清除。

如果我们将Y轴改为对数标度（使用pylab.semilogy）会怎样呢？将得到图15-28中的图形。在图15-27中，Y轴上的值相对于X轴上的值是以指数形式快速衰减的。如果使Y轴的坐标值也按照指数关系变化，就会得到一条直线。这条直线的斜率就是衰减率。

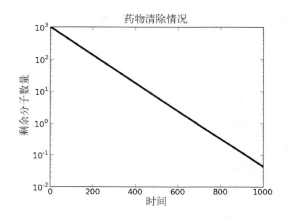

图15-28    使用对数坐标轴绘制指数衰减

指数增长是指数衰减的反义词。指数增长也很常见，复利的计算、游泳池中水藻的生长、原子弹中的链式反应等，都是指数增长的例子。

在Python语言中，生成指数分布非常容易，调用函数random.expovariate(lambd)即可，[1]这里的lambd是想得到的均值的倒数。如果lambd是个正数，函数会返回0和正无穷大之间的一个值；如果lambd是个负数，则返回负无穷大和0之间的一个值。

几何分布是指数分布的离散模拟，[2]经常用于描述在第一次成功（或第一次失败）之前所需的独立尝试次数。举例来说，假设你有一辆很旧的汽车，当你转动钥匙（或按下启动按钮）时，它只有50%的概率能够启动。几何分布就可以用来描述在成功之前尝试启动汽车的次数。几何分布可以用图15-30中的直方图表示，这个图是由图15-29中的代码生成的。

---

[1] 这个参数本来应该是lambda，但是从5.4节可知，lambda是Python的一个保留字。

[2] 之所以称为"几何分布"，是因为它与"几何级数"非常相似。几何级数是一个数值序列，除了第一个数值以外，其他数值都对前一个数值乘以一个非零常数而得到。欧几里得在《几何原本》中证明了很多关于几何级数的有趣定理。

```
def successfulStarts(successProb, numTrials):
    """假设successProb是一个浮点数，表示单次尝试成功的概率。numTrials是个正整数。
       返回一个列表，其中的元素是每次实验成功之前的尝试次数。"""
    triesBeforeSuccess = []
    for t in range(numTrials):
        consecFailures = 0
        while random.random() > successProb:
            consecFailures += 1
        triesBeforeSuccess.append(consecFailures)
    return triesBeforeSuccess

probOfSuccess = 0.5
numTrials = 5000
distribution = successfulStarts(probOfSuccess, numTrials)
pylab.hist(distribution, bins = 14)
pylab.xlabel('Tries Before Success')
pylab.ylabel('Number of Occurrences Out of ' + str(numTrials))
pylab.title('Probability of Starting Each Try = '\
            + str(probOfSuccess))
```

图15-29  生成几何分布

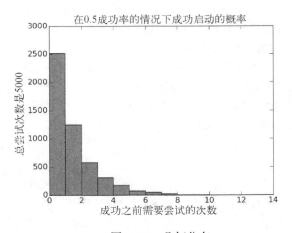

图15-30  几何分布

从直方图可以看出，多数情况下你都可以尝试很少的几次就能启动汽车。但是，图形中的长尾说明，有时候你也可能耗尽电池也无法启动汽车。

### 15.4.6  本福德分布

本福德定律定义了一种十分奇怪的分布。令S是一个大的十进制数集合，那么每个非0数字出现的第一位的概率是多少？大多数人会认为应该是1/9。在人造数据集中（如伪造实验数据或者进行金融欺诈），这个想法通常是对的。但在自然产生的数据集中，这个想法一般是错的，它们服从一种由本福德定律预测的分布。

对于一个十进制数的集合，如果第一位数字是 $d$ 的概率符合 $P(d) = \log_{10}(1 + 1/d)$，就称它满足本福德定律[①]。

举例来说，根据这个定律，首位数字是1的概率大约有30%！令人震惊的是，很多实际数据集都符合这个定律。例如，斐波那契数列就完美满足这个定律。这还情有可原，因为斐波那契数列是由公式生成的。但更加令人难以理解的是，像iPhone密码、Twitter用户的关注者数量、每个国家的人口以及星星与地球之间的距离等各式各样的数据集，也都非常近似地符合本福德定律。[②]

## 15.5　散列与碰撞

在10.3节中我们曾经指出，使用更大的散列表可以减少碰撞的可能性，从而减少检索一个值的预期时间。现在我们可以使用更加智能的工具来对这种取舍进行更精确的研究。

首先，我们对这个问题进行更为精确的描述。

❑ 假设：
- 散列表的范围是 $1 \sim n$，
- 要执行 $K$ 次插入操作，
- 散列函数为插入操作中使用的键生成一个完美的均匀分布，也就是说，对于所有的键 key和 $1 \sim n$ 中的所有整数 $i$，hash(key) = $i$ 的概率都是 $1/n$。

❑ 那么，至少发生一次碰撞的概率是多少？

这个问题完全等价于："在 $1 \sim n$ 的范围内随机生成 $K$ 个整数，至少有两个整数相等的概率是多少？"如果 $K \geq n$，那么概率显然为1，但如果 $K < n$ 呢？

一般来说，解决这个问题的最容易的方式是找到相反情况的答案："在 $1 \sim n$ 的范围内随机生成 $K$ 个整数，所有整数都不相等的概率是多少？"

插入第一个元素时，不发生碰撞的概率显然是1。那么第二次插入呢？因为还有 $n - 1$ 种散列结果不等于第一次中的散列结果，$n$ 种选择中的 $n - 1$ 种不会发生碰撞，所以第二次插入时不会发生碰撞的概率是 $(n - 1)/n$，于是，前两次插入时不发生碰撞的概率就是 $1 \times (n - 1)/n$。因为在每次插入操作时，散列函数的值都与前面的操作无关，所以我们可以将这两个概率相乘。

前三次插入时不发生碰撞的概率就是 $1 \times (n - 1)/n \times (n - 2)/n$，在第 $K$ 次插入结束后，不发生碰撞的概率就是 $1 \times (n - 1)/n \times (n - 2)/n \times \cdots \times n - (K - 1)/n$。

要得到至少发生一次碰撞的概率，我们应该用1减去这个值，也就是说，这个概率为：

$$1 - \left( \frac{n - 1}{n} * \frac{n - 2}{n} * \ldots * \frac{n - (K - 1)}{n} \right)$$

给定散列表的大小和预期的插入次数之后，我们可以使用这个公式计算至少发生1次碰撞的

---

[①] 这条定律以物理学家弗兰克·本福德的名字命名，他在1938年发表了一篇论文，说明在20个不同领域中提取出的20 000条观测数据都符合这个定律。但这条定律却是1881年由天文学家西蒙·纽康最先提出的。

[②] http://testingbenfordslaw.com/

概率。如果K相当大，比如10 000，那么用笔和纸计算这个概率就太无聊了。我们只有两种选择：数学和编程。数学家会使用一些相当高级的技术来估算这个算式的近似值。但除非K特别大，否则运行代码算出精确值会更加容易：

```python
def collisionProb(n, k):
    prob = 1.0
    for i in range(1, k):
        prob = prob * ((n - i)/n)
    return 1 - prob
```

试着计算一下collisionProb(1000, 50)，那么至少发生1次碰撞的概率是0.71。如果想进行200次插入操作，那么发生碰撞的概率差不多就是1。这个概率是不是有点高？编写一个模拟模型，估算至少发生1次碰撞的概率，看看是否会得到同样的结果，如图15-31所示。

```python
def simInsertions(numIndices, numInsertions):
    """假设numIndices和numInsertions为正整数。
       如果发生碰撞，则返回1，否则返回0。"""
    choices = range(numIndices) #list of possible indices
    used = []
    for i in range(numInsertions):
        hashVal = random.choice(choices)
        if hashVal in used: #there is a collision
            return 1
        else:
            used.append(hashVal)
    return 0

def findProb(numIndices, numInsertions, numTrials):
    collisions = 0
    for t in range(numTrials):
        collisions += simInsertions(numIndices, numInsertions)
    return collisions/numTrials
```

图15-31 模拟散列表

运行以下代码：

```python
print('Actual probability of a collision =', collisionProb(1000, 50))
print('Est. probability of a collision =', findProb(1000, 50, 10000))
print('Actual probability of a collision =', collisionProb(1000, 200))
print('Est. probability of a collision =', findProb(1000, 200, 10000))
```

会输出：

```
Actual probability of a collision = 0.7122686568799875
Est. probability of a collision = 0.7097
Actual probability of a collision = 0.9999999994781328
Est. probability of a collision = 1.0
```

令人欣慰的是，模拟的结果与我们分析推导的结果非常接近。

这种碰撞的高概率是否意味着散列表要非常巨大才能有实用价值？不。至少发生1次碰撞的概率和预期查找时间没有什么关系。发生碰撞的值都保存在散列桶中，散列桶是用列表实现的，查找一个值的预期时间依赖于这些列表的平均长度。假设散列值服从均匀分布，那么列表的平均长度也就是插入操作的次数除以散列桶的数量。

## 15.6    强队的获胜概率

几乎每年10月，来自美国职业棒球大联盟的两支队伍都会在世界职业棒球大赛中相遇。他们相互对垒，直到一支队伍先获得4场胜利，获胜的队伍被称为（并不完全准确）"世界冠军"。

我们是否有理由相信，参加世界职业棒球大赛的某支队伍真的是世界上最好的球队？先把这个问题放到一边，考虑另一个问题，一项最多进行7场的比赛有多大的可能性决定哪一支队伍更好？

很明显，每年都有一支队伍最终夺冠。那么问题来了，最终夺冠凭的是运气还是能力呢？

图15-32中的代码可以使我们对这个问题有更深的理解。函数simSeries有1个参数，它是一个正整数，表示这种七局四胜制的比赛的模拟次数。它绘制出了强队在这种系列比赛中获胜的概率与单场获胜概率之间的关系。强队单场获胜的概率在0.5~1.0变化，最后生成的图形如图15-33所示。

```python
def playSeries(numGames, teamProb):
    numWon = 0
    for game in range(numGames):
        if random.random() <= teamProb:
            numWon += 1
    return (numWon > numGames//2)

def fractionWon(teamProb, numSeries, seriesLen):
    won = 0
    for series in range(numSeries):
        if playSeries(seriesLen, teamProb):
            won += 1
    return won/float(numSeries)

def simSeries(numSeries):
    prob = 0.5
    fracsWon, probs = [], []
    while prob <= 1.0:
        fracsWon.append(fractionWon(prob, numSeries, 7))
        probs.append(prob)
        prob += 0.01
    pylab.axhline(0.95) #Draw line at 95%
    pylab.plot(probs, fracsWon, 'k', linewidth = 5)
    pylab.xlabel('Probability of Winning a Game')
    pylab.ylabel('Probability of Winning a Series')
    pylab.title(str(numSeries) + ' Seven-Game Series')

simSeries(400)
```

图15-32    世界职业棒球大赛模拟

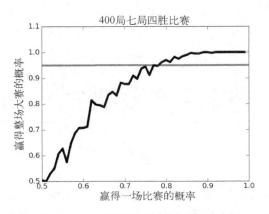

图15-33　七局四胜制比赛的获胜概率

请注意，如果更好的球队想要达到95%的获胜概率（Y轴的值为0.95），那么在两支队伍的直接交锋中，至少要每4场胜出3场。可以比较一下，在2015年世界职业棒球大赛中，最终两支队伍在常规赛中的胜率分别是58.6%（堪萨斯皇家队）和55.5%（纽约大都会队）。

## 第 16 章

# 蒙特卡罗模拟

*16*

在第14章和第15章中，我们介绍了在计算中使用随机性的不同方法，其中很多例子都可以归结为蒙特卡罗模拟。蒙特卡罗模拟用于求事件的近似概率，它多次执行同一模拟，然后将结果进行平均。

1949年，斯塔尼斯拉夫·乌拉姆和尼古拉斯·梅特罗波利斯创造了"蒙特卡罗模拟"这个名词，目的是向摩纳哥公国赌场中的赌运气游戏致敬。乌拉姆最著名的事迹是和爱德华·特勒一起设计了氢弹，他对这个模型的发明过程描述如下：

> 我对实现蒙特卡罗方法的最初想法和努力来源于一个问题，这个问题在1946年突然出现在我的脑海中。当时我处于病后康复期，正在玩单人纸牌。这个问题就是，使用52张纸牌的甘菲德游戏最后成功的机会有多少？我花费了很多时间，通过纯组合运算来估计这个成功机会。我想知道是否有一种比"抽象思考"更实际的方法，可能不止要将纸牌摆100次，然后再简单地观察一下，数出成功的次数就可以了。随着高速计算机[1]新时代的到来，我们完全可以做这种设想。我又马上想到了中子扩散等其他数学物理问题，一般地说，就是对于由某种差分方程描述的过程，我们如何将其转换为可以由一系列随机操作解释的等价形式。之后……1946年，我向约翰·冯·诺依曼描述了这个想法，然后我们就开始计划实际的计算了。[2]

这项技术在曼哈顿计划中用于预测原子核裂变反应的结果，但是直到20世纪50年代，计算机更加普及和强大之后，这个方法才真正取得了成功。

乌拉姆不是第一个想使用概率工具来理解赌运气游戏的数学家。概率的历史与赌博的历史紧密相连。不确定性的存在使赌博成为可能，赌博的存在又促进了用来解释不确定性的数学理论的发展。为概率论的奠基做出重要贡献的有卡尔达诺、帕斯卡、费马、伯努利、棣莫弗和拉普拉斯，他们的目的都是为了更好地理解（也可能是赢得）赌运气游戏。

---

[1] 乌拉姆可能指的是ENIAC，它每秒钟可以执行$10^3$次加法运算（重约25吨）。现在的计算机每秒钟可以执行$10^9$次加法运算。

[2] Eckhardt, Roger(1987). Stan Ulam, John von Neumann, and the Monte Carlo method, *Los Alamos Science*, Special Issue(15), 131-137.

## 16.1 帕斯卡的问题

概率论早期的多数工作都围绕着骰子游戏①展开。据说，帕斯卡对概率论这个领域产生兴趣是因为他的朋友问了他一个问题，即"连续掷一对骰子24次得到两个6"这个赌注是否有利可图。这在17世纪中叶是非常困难的一个问题。帕斯卡和费马这两个天资过人的家伙经过多次通信来讨论如何解决这个问题，但是现在来看很容易解决：

❑ 第一次投掷时，每个骰子掷出6的概率是1/6，所以两个骰子都掷出6的概率是1/36；

❑ 因此，第一次投掷时没有掷出两个6的概率是1 − 1/36 = 35/36；

❑ 因此，连续24次投掷都没有掷出两个6的概率是$(35/36)^{24}$，差不多是0.51，所以掷出两个6的概率是$1 − (35/36)^{24}$，大约是0.49。长期来看，在24次投掷中掷出两个6这个赌注是无利可图的。

为安全起见，我们编写一个小程序来模拟帕斯卡这位朋友的游戏，确定是否可以得到和帕斯卡同样的结论，如图16-1所示。当我们第一次运行checkPascal(1000000)时，它会输出：

```
Probability of winning = 0.490761
```

这个结果与$1 − (35/36)^{24}$非常接近，在Python shell中输入1 − (35/36)**24会计算出0.49140387613090342。

```python
def rollDie():
    return random.choice([1,2,3,4,5,6])

def checkPascal(numTrials):
    """假设numTrials是正整数
       输出获胜概率的估值"""
    numWins = 0
    for i in range(numTrials):
        for j in range(24):
            d1 = rollDie()
            d2 = rollDie()
            if d1 == 6 and d2 == 6:
                numWins += 1
                break
    print('Probability of winning =', numWins/numTrials)
```

图16-1 验证帕斯卡的分析

① 考古挖掘表明，骰子是人类最古老的赌博用具。已知最早的"现代"六面骰子出现在公元前600年左右，但是在埃及古墓中发现了公元前2000年左右的类似骰子的工艺品。这些早期的骰子一般是用野兽骨头制作而成的，在赌博圈中，人们还会使用"掷骨头"这个术语。

## 16.2 过线还是不过线

有些赌运气游戏的问题是很难找到答案的。在双骰儿赌博中，掷手（即掷骰子的人）可以选择在"过线"或"不过线"之间投注。

❏ 过线：如果初掷是"自然点"（7或11），那么掷手获胜；如果初掷是"垃圾点"（2、3或12），那么掷手失败。如果掷出其他数字，这个数字就成为"点数"，掷手继续掷骰子。如果掷手在掷出7之前掷出这个点数，那么掷手获胜，否则掷手失败。

❏ 不过线：如果初掷是7或11，那么掷手失败；如果初掷是2或3，那么掷手获胜；如果初掷是12，则是平局（赌博的行话称为push）。如果掷出其他数字，那么这个数字成为"点数"，掷手继续掷骰子。如果掷手在掷出这个点数之前掷出7，那么掷手获胜，否则掷手失败。

是否有一种赌注比另一种更好呢？还是说二者都一样？通过分析推导可以回答这些问题，但（至少对我们来说）编写一个程序的方式会更容易。模拟一个双骰儿游戏的过程，然后看看结果。模拟的核心代码如图16-2所示。

```python
class CrapsGame(object):
    def __init__(self):
        self.passWins, self.passLosses = 0, 0
        self.dpWins, self.dpLosses, self.dpPushes = 0, 0, 0

    def playHand(self):
        throw = rollDie() + rollDie()
        if throw == 7 or throw == 11:
            self.passWins += 1
            self.dpLosses += 1
        elif throw == 2 or throw == 3 or throw == 12:
            self.passLosses += 1
            if throw == 12:
                self.dpPushes += 1
            else:
                self.dpWins += 1
        else:
            point = throw
            while True:
                throw = rollDie() + rollDie()
                if throw == point:
                    self.passWins += 1
                    self.dpLosses += 1
                    break
                elif throw == 7:
                    self.passLosses += 1
                    self.dpWins += 1
                    break

    def passResults(self):
        return (self.passWins, self.passLosses)

    def dpResults(self):
        return (self.dpWins, self.dpLosses, self.dpPushes)
```

图16-2 CrapsGame类

CrapsGame类的实例变量会记录游戏开始后过线和不过线的情况。观察者方法passResult和dpResults可以返回两种选择中胜利、失败或平局的次数。playHand方法可以模拟一手游戏，当掷手掷出"出场掷"时，就开始新的一"手"，在双骰儿游戏中，"出场掷"是指点数出现之前的那次投掷。当掷手赢得或输掉自己的初始赌注时，一手结束。playHand方法中的主体代码就是对上述规则的算法描述。请注意，else从句中有一个循环，对应出现点数的情况。当掷出7或者点数的时候，使用bread语句跳出循环。

图16-3中的函数使用CrapsGame类模拟一系列双骰儿游戏。

```python
def crapsSim(handsPerGame, numGames):
    """假设handsPerGame和numGames是正整数
       玩numGames次游戏，每次handsPerGame手；输出结果。"""
    games = []

    #玩numGames次游戏
    for t in range(numGames):
        c = CrapsGame()
        for i in range(handsPerGame):
            c.playHand()
        games.append(c)

    #为每次游戏生成统计量
    pROIPerGame, dpROIPerGame = [], []
    for g in games:
        wins, losses = g.passResults()
        pROIPerGame.append((wins - losses)/float(handsPerGame))
        wins, losses, pushes = g.dpResults()
        dpROIPerGame.append((wins - losses)/float(handsPerGame))

    #生成并输出摘要统计量
    meanROI = str(round((100*sum(pROIPerGame)/numGames), 4)) + '%'
    sigma = str(round(100*stdDev(pROIPerGame), 4)) + '%'
    print('Pass:', 'Mean ROI =', meanROI, 'Std. Dev. =', sigma)
    meanROI = str(round((100*sum(dpROIPerGame)/numGames), 4)) +'%'
    sigma = str(round(100*stdDev(dpROIPerGame), 4)) + '%'
    print('Don\'t pass:','Mean ROI =', meanROI, 'Std Dev =', sigma)
```

图16-3　模拟双骰儿游戏

crapsSim的结构与很多典型的模拟程序一样：

(1) 运行多次游戏（可以将一次游戏看作前面模拟中的一次实验），然后将结果累加。每次游戏都包括很多手，所以需要一个嵌套循环；

(2) 为每次游戏生成统计量并保存；

(3) 最后，生成并输出摘要统计。在本例中，它输出每种赌注的投资回报率（ROI）的期望值，以及ROI的标准差。

投资回报率由以下公式定义[①]：

$$ROI = \frac{投资收益 - 投资成本}{投资成本}$$

因为过线投注和不过线投注赢得的钱都是一样的（如果你投注1美元并且获胜，你的收益就是1美元），所以ROI就是：

$$ROI = \frac{获胜次数 - 失败次数}{投注次数}$$

举例来说，如果你对过线投注100次，并且获胜50次，那么你的ROI就是：

$$\frac{50 - 50}{100} = 0$$

如果你对不过线投注100次，并且获胜25次，平局5次，那么ROI就应该是：

$$\frac{25 - 70}{100} = \frac{-45}{100} = -4.5$$

下面我们运行对双骰儿游戏的模拟，看看crapsSim(20, 10)的结果如何[②]：

```
Pass: Mean ROI = -7.0% Std. Dev. = 23.6854%
Don't pass: Mean ROI = 4.0% Std Dev = 23.5372%
```

看上去过线投注不是个好主意，因为过线投注的期望投资回报率是–7%。但是不过线投注似乎不错，真有这样的好事？

再看看标准差，可以看出不过线投注根本不是一个好的选择。回忆一下，在正态分布的假设之下，95%的置信区间是均值两侧1.96个标准差的范围。对于不过线投注，它的95%置信区间就是[4.0–1.96*23.5372, 4.0+1.96*23.5372]，大约是[–43%, +51%]。这显然说明，不过线投注的结果是完全不确定的。

现在是大数定律发挥作用的时候了，crapsSim(1000000, 10)会输出以下结果：

```
Pass: Mean ROI = -1.4204% Std. Dev. = 0.0614%
Don't pass: Mean ROI = -1.3571% Std Dev = 0.0593%
```

现在我们完全可以得出结论，这两个选择都不好。[③]看上去似乎不过线的投注稍好一点，但我们完全不能指望靠它来挣钱。如果过线投注和不过线投注的95%置信区间没有重合，就可以认

---

① 更精确地说，这个公式定义的是"简单ROI"，它不考虑投资开始时和取得回报时的时间价值方面的差异。当进行投资和看到财务上的收益之间的时间非常长的时候（例如，在大学教育上的投资），应该考虑时间价值。对于双骰儿游戏来说，这不是什么问题。

② 因为这些程序包含了随机性，所以你自己运行这些代码时，不要希望会获得和书中同样的结果。更重要的是，完成对本节的学习之前，千万不要进行任何赌博活动。

③ 事实上，这两个估计出的ROI均值与实际的ROI非常接近。通过概率计算出的过线ROI为–1.414%，不过线ROI为–1.364%。

为这两个均值之间的差异在统计上是显著的。<sup>①</sup>但是它们重合了，所以我们不能得出任何确定的结论。

假设不增加每次游戏的手数，而是增加游戏次数，例如，调用函数crapsSim(20,1000000)：

```
Pass: Mean ROI = -1.4133% Std. Dev. = 22.3571%
Don't pass: Mean ROI = -1.3649% Std Dev = 22.0446%
```

标准差还是很高，这说明一次20手的游戏结果是高度不确定的。

模拟的一个优点是可以很容易地进行"如果……那么……"实验。例如，如果玩家可以偷偷地使用一对做了弊的骰子，这种骰子出现5的概率要大于出现2的概率（5和2分别在骰子两个相对的面上），那会怎么样呢？为了测试这种情况，我们只需将rollDie的实现替换为以下代码：

```
def rollDie():
    return random.choice([1,1,2,3,3,4,4,5,5,5,6,6])
```

这种骰子的微小改变会使获胜的几率发生戏剧性的变化。运行crapsSim(1000000, 10)会得到以下结果：

```
Pass: Mean ROI = 6.7385% Std. Dev. = 0.13%
Don't pass: Mean ROI = -9.5186% Std Dev = 0.1226%
```

怪不得赌场要费尽心机地确定玩家在游戏中没有使用他们自带的骰子！

## 16.3 使用查表法提高性能

你可能不会想在家里运行crapsSim(100000000, 10)，对于大多数计算机来说，等待这个程序结束的时间太长了。这就提出了一个问题：是否有简单的方法可以加速这种模拟？

crapsSim的复杂度为$O$(playHand)*hansPerGame*numGames。playHand的运行时间依赖于其中循环执行的次数。理论上，这个循环可以执行无限次，因为掷出7或者点数的时间是没有限制的。实际上，我们当然有各种理由相信这个循环肯定会停止。

但请注意，playHand的结果与循环执行的次数没有关系，只与跳出循环的条件有关。对于每个可能的点数，我们可以很容易地计算出掷出7之前掷出这个点数的概率。例如，用一对骰子可以以3种不同方式掷出4：<1, 3>、<3, 1>和<2, 2>；有6种不同方式可以掷出7：<1, 6>、<6, 1>、<2, 5>、<5, 2>、<3, 4>和<4, 3>。因此，通过掷出7跳出循环的可能性就是通过掷出4跳出循环的可能性的两倍。

图16-4中playHand的另一种实现就利用了这种想法。对于每个可能出现的点数，我们先计算出掷出7之前掷出这个点数的概率，然后将这些值保存在一个字典中。例如，假设这个点数是8，掷手会不断地掷骰子，直到掷出这个点数或者掷出7。有5种方式可以掷出8（<6, 2>、<2, 6>、<3, 5>、<5, 3>和<4, 4>），有6种方式可以掷出7，所以字典中键为8的值就是表达式5/11的值。有了这个表，我们就可以将可能有无限次投掷的内层循环替换为对random.random的一次测试。

① 我们会在第19章更加详细地讨论统计显著性。

这个版本的playHand的渐近复杂度是$O(1)$。

```python
def playHand(self):
    """playHand函数的另外一种更快的实现方式
    pointsDict = {4:1/3, 5:2/5, 6:5/11, 8:5/11, 9:2/5, 10:1/3}
    throw = rollDie() + rollDie()
    if throw == 7 or throw == 11:
        self.passWins += 1
        self.dpLosses += 1
    elif throw == 2 or throw == 3 or throw == 12:
        self.passLosses += 1
        if throw == 12:
            self.dpPushes += 1
        else:
            self.dpWins += 1
    else:
        if random.random() <= pointsDict[throw]: #在掷出7之前掷出点数
            self.passWins += 1
            self.dpLosses += 1
        else:                                     #在掷出点数之前掷出7
            self.passLosses += 1
            self.dpWins += 1
```

图16-4　使用查表法提高性能

使用查表法替代计算的这种思想用途十分广泛。性能出现问题时，经常会采用这种方法。查表法是以空间换时间这种通用思想的一个典型例子，正如我们在第13章中看到的，这种思想是动态规划背后的核心思想。在对散列表的分析中，我们还看到了这种思想的另外一个例子：散列表越大，碰撞就越少，平均查找时间就越少。在本例中，表非常小，所以空间成本可以忽略不计。

## 16.4　求 π 的值

解决不确定性起重要作用的问题时，蒙特卡罗模拟的用处显而易见。有趣的是，蒙特卡罗模拟（以及一般的随机算法）也可以用于解决那些本质上不随机的问题，也就是说，这些问题的结果并不存在不确定性。

比如π。几千年来，人们早就知道有这么一个常数（从18世纪开始称为π），圆的周长等于π×直径，圆的面积等于π×半径$^2$。但是人们不知道这个常数的确切的值。

π的最早估算之一可以在大约公元前1650年的古埃及《莱因德纸草书》中找到，即$4 \times (8/9)^2 =$ 3.16。一千多年之后，《旧约全书》记述所罗门王的一项建筑工程时，暗示了一个不同的π值：

他又铸一个铜海，样式是圆的，高五肘，径十肘，围三十肘。[1]

---

[1] 钦定版《圣经》，《列王纪》，7.23。

可以从上面的描述中解出π，10π = 30，所以π = 3。可能是《圣经》错了，也可能这个铜海不是一个完美的圆，也可能周长是从外面测量的而直径是从里面测量的，也可能是因为诗歌的浪漫，我们把它留给读者去评判吧。

叙拉古的阿基米德（公元前287—公元前212年）使用具有高度多边形近似圆形的方法，推导出了π值的上界和下界。他使用96边形，得出结论223/71 < π < 22/7。在那个年代，得出π的上界和下界需要一套非常深奥的方法。还有，如果我们将这两个界限平均一下作为阿基米德的最佳估计，会得到3.1418，误差大概只有0.0002，相当不错！

早在计算机发明以前，法国数学家布冯（1707—1788）和拉普拉斯（1749—1827）提出了使用随机模拟来估算π值的方法。[①]假设要在一个边长为2的正方形中嵌一个圆，那么这个圆的半径r就是1。

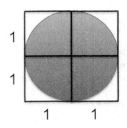

图16-5　嵌在正方形中的圆

根据π的定义，面积 = π$r^2$。因为r为1，所以π = 面积。但是圆的面积是多少呢？布冯认为可以估计出圆的面积，方法是向正方形附近扔大量的针（他宣称针是按照随机路径下落的），然后找出针尖落在正方形内的针的数量，再找出针尖落在圆内的针的数量，用二者的比值就可以估计出圆的面积。

如果针的位置确实是随机的，那么有：

$$\frac{圆内针的数量}{正方形内针的数量} = \frac{圆的面积}{正方形的面积}$$

解出圆的面积：

$$圆的面积 = \frac{正方形的面积 * 圆内针的数量}{正方形内针的数量}$$

2 × 2的正方形的面积为4，所以：

$$圆的面积 = \frac{4 * 圆内针的数量}{正方形内针的数量}$$

---

① 布冯第一次提出了这个想法，但是他的公式中有个错误，之后由拉普拉斯修正。

一般来说，要估计某个区域R的面积：

(1) 选择一个封闭的区域E，E的面积很容易计算，并且R完全位于E中；

(2) 在E中选择一组随机的点；

(3) 令F为这些点落入R中的比率；

(4) 用F乘以E的面积。

如果你亲自试验了布冯的方法，很快就会发现针落地的位置不是真正随机的。而且，即使你可以随机地扔针，要得到和《圣经》中记述的一样好的π的近似值，也需要扔大量的针。幸运的是，计算机可以用电光火石的速度随机扔出大量模拟的针。

图16-6中的程序可以使用布冯–拉普拉斯方法估计出π值。为简单起见，它只考虑那些落在正方形右上1/4面积中的针。

```python
def throwNeedles(numNeedles):
    inCircle = 0
    for Needles in range(1, numNeedles + 1):
        x = random.random()
        y = random.random()
        if (x*x + y*y)**0.5 <= 1:
            inCircle += 1
    #数出一个1/4圆中的针数，所以要乘以4。
    return 3*(inCircle/numNeedles)

def getEst(numNeedles, numTrials):
    estimates = []
    for t in range(numTrials):
        piGuess = throwNeedles(numNeedles)
        estimates.append(piGuess)
    sDev = stdDev(estimates)
    curEst = sum(estimates)/len(estimates)
    print('Est. =', str(round(curEst, 5)) + ',',
          'Std. dev. =', str(round(sDev, 5)) + ',',
          'Needles =', numNeedles)
    return (curEst, sDev)

def estPi(precision, numTrials):
    numNeedles = 1000
    sDev = precision
    while sDev > precision/1.96:
        curEst, sDev = getEst(numNeedles, numTrials)
        numNeedles *= 2
    return curEst
```

图16-6　估计π值

函数throwNeedles模拟了扔针的过程。首先，使用random.random得到一对正的笛卡儿坐标值（x值和y值），表示相对于正方形中心点的针的位置。然后，使用勾股定理计算出底为x高为y的直角三角形的斜边的长度，这就是针尖与原点（正方形中心点）之间的距离。因为圆的半径是

1，所以当且仅当针尖与原点之间的距离不大于1时，针才落在圆内。我们就根据这个事实数出落在圆内的针的数量。

函数 getEst 使用 throwNeedles 找出 π 的估计值。首先扔出 numNeedles 根针，然后取 numTrials 次实验结果的平均值，最后返回整个实验的均值和标准差。

函数 estPi 使用不断增加的针的数量来调用 getEst，直到 getEst 返回的标准差不大于 precision/1.96。基于误差服从正态分布的假设，这意味着95%的值都位于均值两侧 precision 的范围内。

运行 estPi(0.01, 100)，输出以下结果：

```
Est. = 3.14844, Std. dev. = 0.04789, Needles = 1000
Est. = 3.13918, Std. dev. = 0.0355,  Needles = 2000
Est. = 3.14108, Std. dev. = 0.02713, Needles = 4000
Est. = 3.14143, Std. dev. = 0.0168,  Needles = 8000
Est. = 3.14135, Std. dev. = 0.0137,  Needles = 16000
Est. = 3.14131, Std. dev. = 0.00848, Needles = 32000
Est. = 3.14117, Std. dev. = 0.00703, Needles = 64000
Est. = 3.14159, Std. dev. = 0.00403, Needles = 128000
```

正如我们所料，增加样本数量时，标准差是单调递减的。开始时，π 的估计值也在平稳地改善，有时高于真实值，有时低于真实值，但每次 numNeedles 的增加都会改善估计值。当每次实验有1000个样本时，这个模拟的估计值已经好于《圣经》和《莱因德纸草书》中的 π 值了。

奇怪的是，当针数从8000增加到16 000时，估计值变差了，因为3.14135比3.14143更加远离 π 的真实值。但是，检查每个均值两侧一个标准差的范围就会发现，每个范围都包含 π 的真实值，而且样本规模越大，这个范围就越小。即使16 000个样本产生的估计值偶然离真实值更远，但我们却对它的精确度更有信心。这是非常重要的概念，给出一个好的答案是不够的，还必须有足够的理由来确信它真是个好的答案。当我们扔出足够多的针时，就可以得到足够小的标准差，使我们有理由确信答案是正确的。不是吗？

还不一定，足够小的标准差只是确认结果有效性的必要条件，不是充分条件。统计上有效的结论和正确结论是两个概念，不能混淆。

每种统计分析的开始都要进行假设。这里的关键假设是，我们的模型是对现实世界的精确模拟。回忆一下，我们在对布冯–拉普拉斯方法的模拟中，先使用代数方法解释了如何使用两个面积的比值来计算 π 的值，然后依靠一点几何知识，再加上由 random.random 产生的随机性，将这种方法转换成了代码。

我们再看看如果模拟中有错误会怎样。例如，假设将函数 throwNeedles 中最后一行代码中的4替换为2，然后再运行 estPi(0.01, 100)。这次会输出以下结果：

```
Est. = 1.57422, Std. dev. = 0.02394, Needles = 1000
Est. = 1.56959, Std. dev. = 0.01775, Needles = 2000
Est. = 1.57054, Std. dev. = 0.01356, Needles = 4000
Est. = 1.57072, Std. dev. = 0.0084,  Needles = 8000
Est. = 1.57068, Std. dev. = 0.00685, Needles = 16000
Est. = 1.57066, Std. dev. = 0.00424, Needles = 32000
```

仅用了32 000根针，标准差就可以表明我们对估计值有足够的信心了。那么标准差真正意味着什么呢？它意味着我们有理由确信，即使使用更多来自同一分布的样本，也只能得到相似的结果。它并不能告诉我们这个估计值是否接近π的真实值。关于统计学，如果你只能记住一件事，那么就请记住：统计上有效的结论不能混淆为正确的结论！

在相信模拟结果之前，我们既需要确信概念模型是正确的，也需要确信模型的实现过程是正确的。只要有可能，我们就应该用事实来验证模型结果。在本例中，我们可以通过一些其他方式计算出圆的面积的近似值（例如实际测量），并通过实测值检查计算出的π值是否至少在正确的范围内。

## 16.5  模拟模型结束语

在科学发展的大部分时间中，理论学家使用数学技术构建纯分析模型，根据一组参数和初始条件来预测系统的行为，并由此发展出了很多重要的数学工具，从微积分到概率论。这些工具帮助科学家对微观物质世界有了更加精确的认识。

进入20世纪，这种方法的局限性越来越明显，原因如下：

❑ 人们对社会科学（如经济学）的兴趣不断增加，需要对不容易使用数学处理的系统进行很好地建模；

❑ 要建模的系统越来越复杂，相对于构建精确的分析模型，逐渐优化一系列模拟模型要更容易一些；

❑ 相对于分析模型，更容易从模拟模型中提取出有用的中间结果，例如进行"如果……那么……"的实验；

❑ 计算机的出现使运行大规模模拟可行。模拟的作用一直受到手工计算时间的限制，直到20世纪中期现代计算机的出现。

模拟模型是描述性而非规定性的。它可以描述出系统如何在给定的条件下运行，但不能告诉我们如何安排条件才能使系统运行得最好。模拟模型只会进行描述，不会进行优化。但这并不是说模拟不能作为优化过程的一部分，例如，寻找参数设定的最优集合时，经常使用模拟作为搜索过程的一部分。

模拟模型可以按照三个维度进行分类：

❑ 确定性与随机性

❑ 静态与动态

❑ 离散与连续

确定性模拟的行为完全由模型定义，重新运行模拟不会改变结果。当要建模的系统过于复杂而不能使用分析模型时，通常使用确定性模拟模型，例如处理器芯片的性能。随机性模拟在模型中引入了随机性，多次运行同一个模型会得到不同的结果。这种随机因素要求我们生成多个结果以找出结果的可能范围。需要生成10个、1000个还是100 000个结果是个统计问题，正如我们之前讨论过的那样。

　　在静态模型中，时间的作用不大。本章中估计π值的扔针模拟就是一个静态模型。在动态模型中，时间（或类似的项目）是个基本要素。在第14章的一系列随机游走模拟中，步数就是时间的代理项。

　　在离散模型中，相关变量的值是可数的，例如所有值都是整数。在连续模型中，相关变量的值位于一个不可数集合中，例如实数集合。假设我们要分析高速公路上的车流量，可以选择对每辆车进行建模，这样就会得到一个离散模型。或者，也可以将交通情况看作一个流，流中的变化可以使用微分方程描述，这就是一个连续模型。在本例中，离散模型更接近实际情况（没有人能驾驶半辆汽车，尽管有些车的体积只是其他车的一半），但在计算上要比连续模型更复杂。实际上，模型一般既包括离散的部分，也包括连续的部分。举例来说，如果要对人体中的血流建模，既可以使用描述血液的离散模型（即对血液中的细胞建模），也可以使用描述血压的连续模型。

16

## 第 17 章

# 抽样与置信区间

　　回忆一下，统计推断的中心就是，从总体数据中随机选择一个子集，并根据对这个子集的分析来推断总体特性。这个子集就称为样本。

　　抽样非常重要，因为我们一般不可能对所有总体数据都进行处理。医生不可能数出患者血液中的所有病菌种类，但是找出患者血液样本中所有的细菌种类则是可能的，然后就可以由此推断出全部血液中的细菌种类。如果你想知道18岁的美国人的平均体重，可以试着将所有这些人聚集在一起，放在一个特别大的秤上称出总重量，然后用总重量除以总人数。或者，你也可以随机选择出50位18岁的美国人，计算他们的平均体重，然后假定这个平均体重就是所有18岁人的平均体重的一个合理的估计值。

　　样本与总体之间的一致性是最重要的。如果样本不能代表总体，那么不论数学推导多么精彩，都不能得出有效的推断。如果样本是50位亚裔美国妇女，或者50位足球运动员，而总体是所有18岁的美国人，那么就不能用这种样本对总体的平均体重做出有效推断。

　　在本书中，我们重点关注概率抽样。通过概率抽样，总体中的每个个体都有一定的非零概率被抽中。在简单随机抽样中，总体的每个个体被抽中的机会都是相等的。在分层抽样中，先将总体划分为若干层，对每一层进行随机抽样，然后组成样本。分层抽样可以提高样本在整体上代表总体的概率。举例来说，如果保证样本中男性与女性的比例与总体中男性与女性的比例相一致，那么这样计算出的样本平均体重（即样本均值）是总体平均体重（即总体均值）的有效估计值的概率就会更大。

## 17.1　对波士顿马拉松比赛进行抽样

　　从1897年开始，运动员（其中大部分是健全人，1975年开始增加了轮椅组）每年都会云集在马萨诸塞州，参加波士顿马拉松比赛。近年来，每年都有大约20 000名勇者成功完成42.195千米的总路程。

　　在本书的相关网站上有一个文件，其中包含了2012年的比赛数据。文件（bm_results2012.txt）中的数据是以逗号分隔的，包括每个参赛者的姓名、性别、年龄、组别、国家和比赛时间。图17-1给出了文件中的前几行内容。

　　因为每次比赛结果的完整数据都非常容易获取，所以没有必要通过抽样得出比赛的统计信息。但是，将样本中得出的统计量估计值与实际值进行比较，这在教学上是非常有意义的。

```
"Gebremariam Gebregziabher",M,27,14,ETH,142.93
"Matebo Levy",M,22,2,KEN,133.10
"Cherop Sharon",F,28,1,KEN,151.83
"Chebet Wilson",M,26,5,KEN,134.93
"Dado Firehiwot",F,28,4,ETH,154.93
"Korir Laban",M,26,6,KEN,135.48
"Jeptoo Rita",F,31,6,KEN,155.88
"Korir Wesley",M,29,1,KEN,132.67
"Kipyego Bernard",M,25,3,KEN,133.22
```

图17-1　bm_results2012.txt中的前几行内容

图17-2中的代码会生成图17-3。函数getBMData从包含每位参赛者信息的文件读取数据，然后将数据保存到一个字典并返回，这个字典有6个元素。字典的键描述了对应的值列表中数据的类型（如，'name'或'gender'）。举例来说，data['time']是一个浮点数列表，包含了每位参赛者的完成时间，data['name'][i]是第i位参赛者的姓名，data['time'][i]是第i位参赛者的完成时间。函数makeHist生成了完成时间的可视化表示。

```
def getBMData(filename):
    """读取给定文件内容。假设文件是逗号分隔的形式，每个条目中有6个元素:
    0. 姓名（字符串），1. 性别（字符串），2. 年龄（整数），3. 分组（整数），
    4. 国家（字符串），5. 整体时间（浮点数）
    返回一个字典，包含分别由6个变量组成的列表。"""

    data = {}
    f = open(filename)
    line = f.readline()
    data['name'], data['gender'], data['age'] = [], [], []
    data['division'], data['country'], data['time'] = [], [], []
    while line != '':
        split = line.split(',')
        data['name'].append(split[0])
        data['gender'].append(split[1])
        data['age'].append(int(split[2]))
        data['division'].append(int(split[3]))
        data['country'].append(split[4])
        data['time'].append(float(split[5][:-1])) #remove \n
        line = f.readline()
    f.close()
    return data

def makeHist(data, bins, title, xLabel, yLabel):
    pylab.hist(data, bins)
    pylab.title(title)
    pylab.xlabel(xLabel)
    pylab.ylabel(yLabel)
    mean = sum(data)/len(data)
    std = stdDev(data)
    pylab.annotate('Mean = ' + str(round(mean, 2)) +\
           '\nSD = ' + str(round(std, 2)), fontsize = 20,
           xy = (0.65, 0.75), xycoords = 'axes fraction')

times = getBMData('bm_results2012.txt')['time']
makeHist(times, 20, '2012 Boston Marathon',
         'Minutes to Complete Race', 'Number of Runners')
```

图17-2　读取波士顿马拉松比赛的数据并生成图形

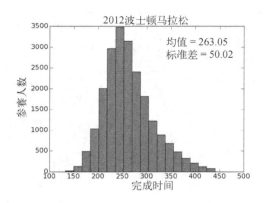

图17-3　波士顿马拉松比赛的完成时间

完成时间的分布有点像正态分布，但显然并不是，因为右侧出现了肥尾现象。

下面，假设我们不能得到所有的参赛者数据，只能通过抽样随机选择少量参赛者，估计出所有参赛者平均完成时间的相关统计量。

图17-4中的代码对times中的数据进行了简单随机抽样，然后使用这个样本估计出times的均值和标准差。函数sampleTimes使用random.sample(times, numExamples)抽取样本，然后返回一个列表，包含numExamples个从列表times中随机选择的不同元素。完成抽样之后，sampleTimes生成一个直方图，表示样本中值的分布。

```python
def sampleTimes(times, numExamples):
    """假设times是浮点数列表，表示所有运动员的完成时间。 numExamples是一个整数。
        生成一个大小为numExamples的随机抽样，画出直方图表示随机抽样的分布、均值和标准差。"""
    sample = random.sample(times, numExamples)
    makeHist(sample, 10, 'Sample of Size ' + str(numExamples),
             'Minutes to Complete Race', 'Number of Runners')

sampleSize = 40
sampleTimes(times, sampleSize)
```

图17-4　完成时间抽样

如图17-5所示，样本中的分布与正态分布相去甚远。因为样本数量很少，所以也不用大惊小怪。更需注意的是，尽管样本数量很少（从21 000的总体中抽取出了40个），但估算出的均值与总体均值的差别还不到2%。是我们非常幸运，还是有什么原因使得这个均值的估计值如此之好？换句话说，我们能否以一种定量的方式表示出对估计值的确信程度？

正如我们在第15章和第16章中讨论过的，应该使用置信区间和置信水平来表示估计值的可靠程度。如果从一个庞大的总体中抽取了一个（任意大小的）独立样本，那么总体均值的最好估计值就是样本的均值。对于某个规定的置信水平，置信区间宽度的估计要更复杂一些，它部分依赖于样本大小。

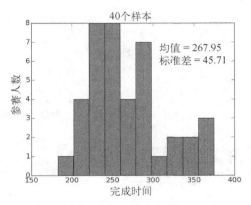

图17-5　小样本分析

　　样本量非常重要，这很容易理解。大数定律告诉我们，当样本量增加时，样本分布就会与总体分布更加一致。所以样本越大，样本均值和样本标准差更加接近总体均值和总体标准差的可能性就越大。

　　但是样本多大才足够呢？这取决于总体方差。方差越大，需要的样本数就越多。考虑两种正态分布，一个均值为0、标准差为1，另一个均值为0、标准差为100。如果我们要从这两个分布中随机选择一个元素来估计分布的均值，那么对于任意一个精确度∈，估计值位于真实均值（0）两侧∈之间的概率就等于概率密度函数曲线下从–∈到∈的面积（参见15.4.1节）。图17-6中的代码计算并输出了∈=3时两种分布的上述概率。

```python
import scipy.integrate

def gaussian(x, mu, sigma):
    factor1 = (1/(sigma*((2*pylab.pi)**0.5)))
    factor2 = pylab.e**-(((x-mu)**2)/(2*sigma**2))
    return factor1*factor2

area = round(scipy.integrate.quad(gaussian, -3, 3, (0, 1))[0], 4)
print('Probability of being within 3',
      'of true mean of tight dist. =', area)
area = round(scipy.integrate.quad(gaussian, -3, 3, (0, 100))[0], 4)
print('Probability of being within 3',
      'of true mean of wide dist. =', area)
```

图17-6　估计均值时方差的作用

　　运行图17-6中的代码，会输出以下结果：

```
Probability of being within 3 of true mean of tight dist. = 0.9973
Probability of being within 3 of true mean of wide dist. = 0.0239
```

　　图17-7中的代码绘制出了从两种正态分布中进行1000次抽样的均值，每次抽出40个样本点。同样，每种正态分布的均值都是0，只不过一种的标准差为1，另一种的标准差为100。

```
def testSamples(numTrials, sampleSize):
    tightMeans, wideMeans = [], []
    for t in range(numTrials):
        sampleTight, sampleWide = [], []
        for i in range(sampleSize):
            sampleTight.append(random.gauss(0, 1))
            sampleWide.append(random.gauss(0, 100))
        tightMeans.append(sum(sampleTight)/len(sampleTight))
        wideMeans.append(sum(sampleWide)/len(sampleWide))
    return tightMeans, wideMeans

tightMeans, wideMeans = testSamples(1000, 40)
pylab.plot(wideMeans, 'y*', label = ' SD = 100')
pylab.plot(tightMeans, 'bo', label = 'SD = 1')
pylab.xlabel('Sample Number')
pylab.ylabel('Sample Mean')
pylab.title('Means of Samples of Size ' + str(40))
pylab.legend()

pylab.figure()
pylab.hist(wideMeans, bins = 20, label = 'SD = 100')
pylab.title('Distribution of Sample Means')
pylab.xlabel('Sample Mean')
pylab.ylabel('Frequency of Occurrence')
pylab.legend()
```

图17-7    计算并绘制样本均值

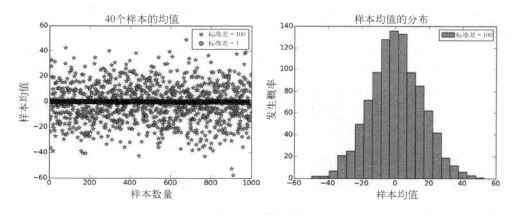

图17-8    样本均值

图17-8左图表示每个样本的均值。正如我们所料，当总体标准差为1时，样本均值都集中在总体均值0附近，因此我们看不见独立的圆点，它们密集到融合成了一个细条。相反，当总体标准差为100时，样本均值则完全无规则地分布在各处。

然而，看一下图17-8右图，这是标准差为100的分布的样本均值直方图，我们会发现一些重要信息：这些均值形成一个分布，而且非常接近于均值为0的正态分布。出现这种情况并非偶然，这是由概率和统计领域内最著名的一个定理——中心极限定理所决定的。

## 17.2 中心极限定理

假设我们可以从一个总体中多次抽取样本，那么各个样本均值的差异性可以使用从同一总体中抽取的单个样本进行估计，这样做的根据就是中心极限定理。

中心极限定理最早由拉普拉斯在1810年提出，泊松在19世纪20年代又对其进行了完善。然而今天我们所知的中心极限定理是20世纪上半叶多位杰出数学家共同的工作成果。

尽管（或许正因为）对中心极限定理做出贡献的数学家都赫赫有名，这个定理却非常简单，其表述如下：

- 给定一组从同一总体中抽取的足够大的样本，这些样本的均值（样本均值）大致服从正态分布；
- 这个正态分布的均值近似等于总体均值；
- 样本均值的方差（在15.3节中定义）近似等于总体方差除以样本量。

我们看一个中心极限定理的实际例子。假设你有一个特殊的骰子，每次投掷都会得到一个0~5的随机实数。图17-9中的代码模拟了多次投掷这个骰子的过程，并输出均值和方差（函数variance定义在图15-8中），然后绘制直方图，表示投掷次数的概率范围。我们同时还模拟了多次投掷100个骰子的过程，并（在同一图中）绘制出了这100个骰子的均值的直方图。使用hatch关键字参数来区别两个直方图的图形。

```python
def plotMeans(numDicePerTrial, numDiceThrown, numBins, legend,
              color, style):
    means = []
    numTrials = numDiceThrown//numDicePerTrial
    for i in range(numTrials):
        vals = 0
        for j in range(numDicePerTrial):
            vals += 5*random.random()
        means.append(vals/numDicePerTrial)
    pylab.hist(means, numBins, color = color, label = legend,
               weights = pylab.array(len(means)*[1])/len(means),
               hatch = style)
    return sum(means)/len(means), variance(means)

mean, var = plotMeans(1, 100000, 11, '1 die', 'w', '*')
print('Mean of rolling 1 die =', round(mean,4),
      'Variance =', round(var,4))
mean, var = plotMeans(100, 100000, 11,
                      'Mean of 100 dice', 'w', '//')
print('Mean of rolling 100 dice =', round(mean, 4),
      'Variance =', round(var, 4))
pylab.title('Rolling Continuous Dice')
pylab.xlabel('Value')
pylab.ylabel('Probability')
pylab.legend()
```

图17-9　估计一个连续骰子的均值

关键字参数weights是一个数组，它与hist的第一个参数具有同样的长度，用来为第一个参数中的每个元素赋予一个权重。于是，在生成的直方图中，计算区间中值的数量时，使用的就是每个值的权重（而不是通常的1）。在本例中，weights的作用是将 $y$ 值转换为每个区间的相对数量，而不是绝对数量。因此，对于每个区间，Y轴的值就是均值落在这个区间内的概率。

运行上面的代码，会生成图17-10中的图形，并输出：

```
Mean of rolling 1 die = 2.4974 Variance = 2.0904
Mean of rolling 100 dice = 2.4981 Variance = 0.02
```

在这两个实验中，均值都非常近似于期望均值2.5。因为我们的骰子是公平的，所以一次掷1个骰子时，均值的概率分布几乎[①]就是完美的均匀分布，也就是说，与正态分布相去甚远。但是，当我们一次掷100个骰子时，均值的概率分布几乎就是完美的正态分布，其峰值就是期望均值。更奇妙的是，掷100个骰子所得均值的方差非常近似于掷1个骰子所得均值的方差除以100。实验的结果完全符合中心极限定理。

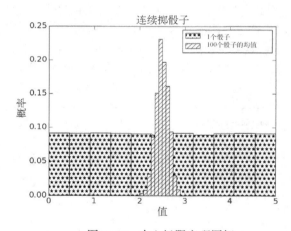

图17-10　中心极限定理图解

很高兴中心极限定理确实起了作用，但是它有什么实际用处呢？难道只有在酒吧里喝酒扔骰子时才能体会吗？当然不是，中心极限定理的最大价值在于，即使总体的内在分布不是正态分布，我们也可以根据中心极限定理计算出置信水平和置信区间。15.4.2节介绍置信区间时，我们指出了经验法则是基于一些关于抽样空间性质的假设的，这些假设是：

❑ 估计误差的均值为0；
❑ 估计误差服从正态分布。

它们成立时，正态分布的经验法则可以提供一种非常方便的方法，在给定均值和标准差的情况下估计置信区间和置信水平。

回到波士顿马拉松这个例子。图17-11中的代码会生成图17-12，它对于每种不同的样本量分

---

① 使用"几乎"是因为我们投掷骰子的次数是有限的。

别进行了20次简单随机抽样，并计算出每次抽样所得样本的均值。对于这些均值，再计算出均值和标准差。根据中心极限定理可知，样本均值服从正态分布，所以我们可以使用标准差和经验法则计算出每个样本量在95%置信水平下的置信区间。

如图17-12所示，所有样本均值都非常接近实际的总体均值。但请注意，随着样本量的增加，样本均值的误差并不是单调递减的，使用250个样本估计出的均值要比使用50个样本估计出的均值更差。随着样本量单调变化的是我们对估计出的均值的确信程度。当样本量从50增加到1850时，置信区间从大约±15减少到了大约±2。这是非常重要的。凭运气偶然得到一个好的估计值没有什么意义，我们需要知道对估计值的确信程度。

```python
times = getBMData('bm_results2012.txt')['time']
meanOfMeans, stdOfMeans = [], []
sampleSizes = range(50, 2000, 200)
for sampleSize in sampleSizes:
    sampleMeans = []
    for t in range(20):
        sample = random.sample(times, sampleSize)
        sampleMeans.append(sum(sample)/sampleSize)
    meanOfMeans.append(sum(sampleMeans)/len(sampleMeans))
    stdOfMeans.append(stdDev(sampleMeans))
pylab.errorbar(sampleSizes, meanOfMeans,
               yerr = 1.96*pylab.array(stdOfMeans),
               label = 'Estimated mean and 95% confidence interval')
pylab.xlim(0, max(sampleSizes) + 50)
pylab.axhline(sum(times)/len(times), linestyle = '--',
               label = 'Population mean')
pylab.title('Estimates of Mean Finishing Time')
pylab.xlabel('Sample Size')
pylab.ylabel('Finshing Time (minutes)')
pylab.legend(loc = 'best')
```

图17-11　生成带有误差条的图形

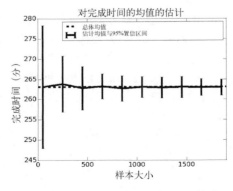

图17-12　带有误差条的完成时间估计

## 17.3　均值的标准误差

通过前面的分析我们知道，如果进行20次样本量为1850的随机抽样，那么在95%的置信水平之下，我们可以估计出误差在4分钟之内的平均完成时间。我们使用样本均值的标准差完成这一估计。不幸的是，这样做会使总样本数（20×1850=37 000）超过实际的参赛者数量，所以这似乎不是一个有实际意义的结果。我们确实可以使用总体数据计算出实际的均值，但我们需要的是一种通过单个样本估计置信区间的方法，这就引出了均值的标准误差这个概念。

大小为n的样本的标准误差，就是对同一总体进行无限次大小为n的抽样得到的均值的标准差。很自然地，标准误差取决于n和σ，σ为总体的标准差：

$$SE = \frac{\sigma}{\sqrt{n}}$$

对于图17-12中使用的每个样本量，我们都进行了20次抽样，计算出20个样本均值的标准差，并与相应样本的标准误差进行了对比，如图17-13所示。

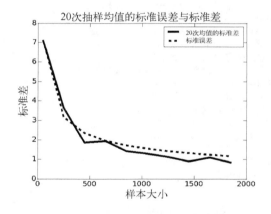

图17-13　均值的标准误差

当我们进行20次抽样时，均值的标准差非常近似于标准误差。在两次实验中，随着样本量逐渐增加，标准差开始时快速减少，然后减少的速度越来越慢。因为标准差的减少是由样本量的平方根决定的，要想将标准差减少一半，我们需要将样本量增加4倍。

唉！如果我们只有一个样本，那么不可能知道总体的标准差。通常，我们会假设这个样本的标准差——即样本标准差——是总体标准差的一个合理的替代。当总体分布并未严重扭曲时，这样做是可行的。

图17-14中的代码根据波士顿马拉松数据创建了100个大小不同的样本，计算出了每个样本的标准差，并与总体标准差进行了比较，然后生成了图17-15。

```
times = getBMData('bm_results2012.txt')['time']
popStd = stdDev(times)
sampleSizes = range(2, 200, 2)
diffsMeans = []
for sampleSize in sampleSizes:
    diffs = []
    for t in range(100):
        diffs.append(abs(popStd - stdDev(random.sample(times,
                                                        sampleSize))))
    diffsMeans.append(sum(diffs)/len(diffs))
pylab.plot(sampleSizes, diffsMeans)
pylab.xlabel('Sample Size')
pylab.ylabel('Abs(Pop. Std - Sample Std)')
pylab.title('Sample SD vs Population SD')
```

图17-14　样本标准差与总体标准差

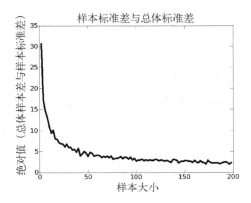

图17-15　样本标准差

当样本量达到100时，样本标准差与总体标准差之间的差别已经非常小了。

实际上，人们经常使用样本标准差代替（通常是未知的）总体标准差来估计标准误差。如果样本足够大[①]，而且总体分布与正态分布差别不是很大的话，使用这种方法通过经验法则来计算置信区间也是完全可以的。

这意味着什么呢？如果我们使用一个包括200名参赛者的样本，就可以：

❑ 计算该样本的均值和标准差；

❑ 使用该样本的标准差估计标准误差；

① 你们是不是很喜欢"选择一个足够大的样本"这种简明的指示？不幸的是，当你对总体的基本信息知之甚少的时候，没有一个简单方法可以选择出足够大的样本。很多统计学家认为，当总体分布近似于正态分布时，30~40个样本已经足够大了。对于更小的样本，最好使用 t 分布计算置信区间。t 分布与正态分布很相似，但具有肥尾特点，所以算出来的置信区间要更宽一些。

❑ 使用估计出的标准误差生成样本均值的置信区间。

图17-16中代码将上面的过程执行了10 000次，然后输出样本均值位于总体均值两侧1.96个标准误差之外的比例。（回忆一下，对于正态分布，95%的数据都落在均值两侧1.96个标准差的范围内。）

```python
times = getBMData('bm_results2012.txt')['time']
popMean = sum(times)/len(times)
sampleSize = 200
numBad = 0
for t in range(10000):
    sample = random.sample(times, sampleSize)
    sampleMean = sum(sample)/sampleSize
    se = stdDev(sample)/sampleSize**0.5
    if abs(popMean - sampleMean) > 1.96*se:
        numBad += 1
print('Fraction outside 95% confidence interval =', numBad/10000)
```

图17-16    估计总体均值10 000次

运行上面的代码，会输出以下结果：

Fraction outside 95% confidence interval = 0.0533

与理论预测值几乎一样，中心极限定理再得一分！

## 第 18 章

# 理解实验数据

*18*

本章介绍如何理解实验数据。我们会大量使用绘图对数据进行可视化，并展示如何使用线性回归对实验数据进行建模。我们还会讨论物理实验与计算机实验之间的相互作用。至于如何得到一个统计上有效的结论，将在第19章进行讨论。

## 18.1　弹簧的行为

弹簧非常奇妙，当被外力压缩或拉伸时，它们会储存能量；当外力消失时，它们就会将储存的能量释放出来。这种特性使它们可以在汽车行驶时减少震动，使床垫贴合我们的身体，自动收回安全带，还可以发射炮弹。

1676年，英国物理学家罗伯特·胡克提出了弹性的胡克定律（Ut tensio, sic vis，弹性与力成正比），用公式表述就是$F = -kx$。换句话说，弹簧中储存的力$F$与弹簧被压缩（或拉伸）的距离成线性关系。（负号表示弹簧发力的方向与其位移方向相反。）胡克定律适用于多种材料和系统，包括很多生物系统。当然，它不适用于任意大的力，所有弹簧都有一个弹性极限，超过这个极限的话，胡克定律就失效了。如果你曾经将玩具弹簧圈拉得过长，应该对此深有体会。

比例常数$k$称为弹簧常数。如果弹簧很硬（像汽车悬挂系统中的弹簧或射手的弓臂），$k$就会很大。如果弹簧很软，比如圆珠笔中的弹簧，$k$就会很小。

知道某个弹簧的弹簧常数是非常重要的。不论是校准简单的天平还是复杂的原子力显微镜，都需要知道部件的弹簧常数。DNA链的机械行为与压缩它的力相关。弓射出箭的力则与弓臂的弹簧常数相关。诸如此类。

每届学生都使用图18-1中的物理仪器学习估算弹簧常数的方法。

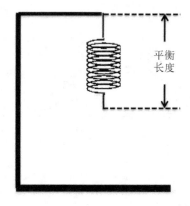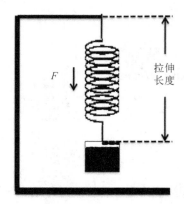

图18-1　一个经典的实验

　　开始时，弹簧上没有任何重量，我们可以测量出弹簧底部到仪器顶端的距离。然后，在弹簧上悬挂一个已知质量的物体，并等待弹簧停止移动。这时，弹簧中储存的力就是悬挂的物体施加给弹簧的力，也就是该物体的重量，这就是胡克定律中的$F$。再次测量弹簧底部到仪器顶端的距离，悬挂物体前后两个距离的差就是胡克定律中的$x$。

　　我们知道施加在弹簧上的力$F$等于物体的质量$m$乘以重力加速度$g$（在地球上，大约是$9.81 \text{m/s}^2$），所以，我们可以用$m*g$替换$F$。通过简单的代数运算，我们得出$k = -(m*g)/x$。

　　假设$m = 1$千克，$x = 0.1$米，那么

$$k = \frac{1 \text{ kg} * 9.81 \text{ m/s}^2}{0.1 \text{ m}} = -\frac{9.81 \text{ N}}{0.1 \text{ m}} = -9.81 \text{ N/m}$$

通过计算可知，98.1牛顿[①]的力可以将弹簧拉长1米。

　　要想保证上面的结论是正确的，下面的情况必须成立。

　　❑ 我们完全确定按照要求进行了实验。这样才能进行测量、执行计算并得出$k$。但不幸的是，实验科学很难保证这种情况。

　　❑ 我们确定在弹簧的弹性极限内执行了这些操作。

　　一种更具鲁棒性的实验应该是，在弹簧上悬挂多个重量不断增加的物体，并测量出弹簧每次拉伸的长度，然后绘制结果。我们进行了这样的实验，并将结果保存在springData.txt文件中：

```
Distance (m) Mass (kg)
0.0865 0.1
0.1015 0.15
…
0.4416 0.9
0.4304 0.95
0.437 1.0
```

---

① 牛顿，写作N，是力的国际标准单位。1牛顿是将质量为1千克的物体的速度在1秒钟内提高1米所需的力。顺便说一下，玩具弹簧圈的弹簧常数大约为1 N/m。

图18-2中的代码可以从我们保存的文件中读取数据，并返回一个包含距离和质量列表。

```python
def getData(fileName):
    dataFile = open(fileName, 'r')
    distances = []
    masses = []
    dataFile.readline() #ignore header
    for line in dataFile:
        d, m = line.split(' ')
        distances.append(float(d))
        masses.append(float(m))
    dataFile.close()
    return (masses, distances)
```

图18-2　从文件中提取数据

图18-3中的函数使用getData从文件中提取实验数据，然后生成图18-4。

```python
def plotData(inputFile):
    masses, distances = getData(inputFile)
    distances = pylab.array(distances)
    masses = pylab.array(masses)
    forces = masses*9.81
    pylab.plot(forces, distances, 'bo',
               label = 'Measured displacements')
    pylab.title('Measured Displacement of Spring')
    pylab.xlabel('|Force| (Newtons)')
    pylab.ylabel('Distance (meters)')

plotData('springData.txt')
```

图18-3　绘制数据

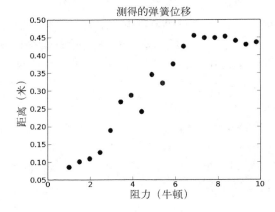

图18-4　弹簧的位移

这和胡克定律并不相符。胡克定律告诉我们，距离应该与质量成线性关系，也就是说，图中的点应该在一条直线上，直线的斜率由弹簧常数决定。当然，在实际测量时，实验数据很难完美地与理论匹配。测量误差是难以避免的，我们应该期望数据点在直线附近，而不是正好在直线上。

当然，如果有一条直线可以表示我们的最佳预测，即表示如果没有测量误差时点应该在哪个位置，那就更好了。要达到这个目的，通常的做法是使用一条直线拟合数据。

## 使用线性回归进行拟合

不论我们使用何种曲线（包括直线）拟合数据，都需要某种方法确定哪条曲线才是数据的最佳拟合。这意味着我们需要定义一个目标函数，对曲线拟合数据的程度提供一个定量的评价。如果我们定义了目标函数，那么找到最优拟合就可以明确表述为一个最优化问题（参见第12章和第13章）：找到一条曲线，使目标函数值最小（或最大）。

最常用的目标函数称为最小二乘。令observed和predicted为两个同样长度的向量，observed中是实际测量出来的点，predicted中则是拟合曲线上相应的数据点。

那么，目标函数就可以定义为：

$$\sum_{i=0}^{len(\text{observed})-1} (\text{observed}[i] - \text{predicted}[i])^2$$

对observed和predicted中的点的差进行平方，使得二者之间较大的差比较小的差更重要。对差进行平方还可以消除差的正负影响。

我们应该怎样找到最优的最小二乘拟合呢？一种方法是使用逐次逼近算法，类似于第3章中的牛顿–拉弗森算法。另一种方法是使用解析的方法。然而我们不需使用以上两种方法，因为PyLab中提供了一个内置函数polyfit，它可以找出最小二乘拟合的近似解。调用以下函数：

```
pylab.polyfit (observedXVals, observedYVals, n)
```

可以找出一组$n$阶多项式的系数，这个多项式就是定义在observedXVals和observedYVals这两个数组中的数据点的最优最小二乘拟合。举例来说，调用以下函数：

```
pylab.polyfit(observedXVals, observedYVals, 1)
```

可以找出一条由多项式$y = ax + b$定义的直线，这里的$a$是直线的斜率，$b$是Y轴上的截距。在本例中，函数会返回一个带有两个浮点数的数组。同样，二次方程$y = ax^2 + bx + c$可以定义一条抛物线。因此，调用以下函数：

```
pylab.polyfit(observedXVals, observedYVals, 2)
```

可以返回一个带有3个浮点数的数组。

ployfit使用的算法称为线性回归。这有点令人费解，因为使用这种算法不只可以拟合直线，还可以拟合曲线。确实有些人会明确区分线性回归（当模型是线性的）和多项式回归（当模型是阶数大于1的多项式时），但多数人不会。[1]

---

[1] 不加区分的原因是，尽管多项式回归使用非线性模型拟合数据，但在估计未知参数时使用的还是线性模型。

图18-5中的 **fitData** 函数扩展了图18-3中的 **plotData** 函数，添加了一条直线来表示数据的最佳拟合。它使用 **polyfit** 找出系数 *a* 和 *b*，然后使用这些系数为每个力生成弹簧位移的预测值。请注意，函数对 **forces** 和 **distance** 的处理是不一样的，**forces** 中的值（来自于悬挂在弹簧上的物体的质量）是作为自变量处理的，用来生成因变量 **predictedDistances** 的值（由悬挂物体引起的弹簧位移的预测值）。

这个函数还计算了弹簧常数 *k*，直线的斜率 *a* 是 Δdistance/Δforce，而弹簧常数是 Δforce/Δdistance，所以，*k* 是 *a* 的倒数。

```python
def fitData(inputFile):
    masses, distances = getData(inputFile)
    distances = pylab.array(distances)
    forces = pylab.array(masses)*9.81
    pylab.plot(forces, distances, 'ko',
               label = 'Measured displacements')
    pylab.title('Measured Displacement of Spring')
    pylab.xlabel('|Force| (Newtons)')
    pylab.ylabel('Distance (meters)')
    #find linear fit
    a,b = pylab.polyfit(forces, distances, 1)
    predictedDistances = a*pylab.array(forces) + b
    k = 1.0/a #see explanation in text
    pylab.plot(forces, predictedDistances,
               label = 'Displacements predicted by\nlinear fit, k = '
               + str(round(k, 5)))
    pylab.legend(loc = 'best')
```

图18-5　使用曲线拟合数据

调用 **fitData('springData.txt')** 会生成图18-6中的图形。

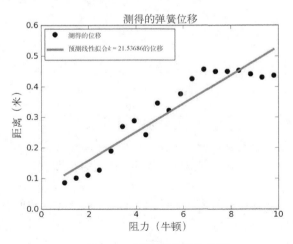

图18-6　测量点和线性模型

18

有趣的是，只有很少几个点落在最小二乘拟合的直线上。这很正常，因为我们的目标是误差平方和最小化，而不是使落在线上的点最多。当然，这个拟合看上去不够好。我们向`fitData`添加一些代码，试一下三次拟合：

```
#find cubic fit
fit = pylab.polyfit(forces, distances, 3)
predictedDistances = pylab.polyval(fit, forces)
pylab.plot(forces, predictedDistances, 'k:', label = 'cubic fit')
```

在这段代码中，我们使用函数`polyval`生成三次拟合的数据点，这个函数有两个实参：一个是表示多项式系数的序列，另一个是自变量序列，供多项式计算预测值。以下代码片段：

```
fit = pylab.polyfit(forces, distances, 3)
predictedDistances = pylab.polyval(fit, forces)
```

和以下代码片段是等价的：

```
a,b,c,d = pylab.polyfit(forces, distances, 3)
predictedDistances = a*(forces**3) + b*forces**2 + c*forces + d
```

这段代码会生成图18-7。三次拟合建立的数据模型看上去要比线性拟合好很多，但真的是这样吗？未必如此。

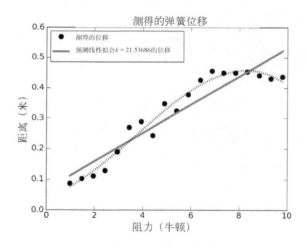

图18-7　线性拟合与三次拟合

在技术文献中，我们经常会看到类似的图，其中既有原始数据，也有一条拟合数据的曲线。然而，作者往往会将拟合曲线当作对真实情况的描述，而将原始数据看作实验误差。这是非常危险的一种做法。

回忆一下，理论上 $x$ 值和 $y$ 值应该是线性关系，而不是三次关系。我们看看以下情况，如果使用三次模型预测悬挂1.5千克物体时弹簧的位移，那么相应的点会在哪里？如图18-8所示。

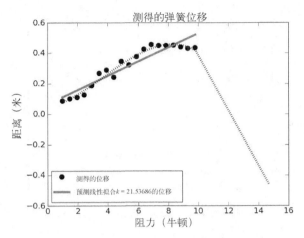

图18-8 使用模型进行预测

这时，三次模型表现得就不那么好了。特别地，在弹簧上悬挂一个非常重的物体，居然会使弹簧上升得比最初的悬挂位置还高（y值是负数），这简直是天方夜谭。这种情况就是过拟合的典型例子。当模型过于复杂时，经常会出现过拟合，例如，数据量较少而参数特别多的时候。发生过拟合时，拟合模型反映出的是数据中的噪声，而不是数据中有意义的关系。过拟合模型的预测能力通常很弱，就像这个例子中一样。

**实际练习**：修改图18-5中的代码，生成图18-8。

我们回到线性拟合。暂时忘掉那条直线，研究一下原始数据，是不是有些古怪？如果我们只对最右边的6个点进行拟合，会得到一条几乎与X轴平行的直线。这不符合胡克定律——我们终于意识到，胡克定律只在弹性极限内才有效。这个弹簧可能在7 N（大约0.7千克）左右就达到了弹性极限。

如果去掉最后6个点，会是什么情况？将`fitData`的第二行和第三行替换为以下代码：

```
distances = pylab.array(distances[:-6])
masses = pylab.array(masses[:-6])
```

如图18-9所示，去掉6个点后，模型确实发生了变化：k显著减小，而且线性拟合和三次拟合几乎没有区别。但是在弹性极限内，我们怎么知道哪种线性模型能更好地表示弹簧的行为呢？可以使用一些统计检验来确定哪一条直线可以更好地拟合数据，但这不是重点，因为这不是一个统计学可以回答的问题。毕竟，我们可以只保留两个点，而将其他数据全部忽略，这样使用`polyfit`就可以找出一条完美拟合这两个点的直线。绝对不能仅仅因为要得到更好的拟合而丢弃实验数据。[①]在这里，我们丢弃了最右侧的点是合理的，因为根据胡克的理论，弹簧是具有弹性极限的。但我们不能凭借这种理由丢弃数据中其他的点。

————————————
① 这并不是说没有人会这样做。

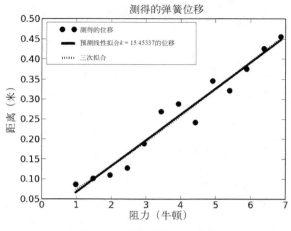

图18-9　弹性极限内的模型

## 18.2　弹丸的行为

总是拉扯弹簧会越来越令人生厌，我们决定使用弹簧制造一种可以发射弹丸的装置。[1]使用这种装置向发射点30码（1080英寸）之外的目标发射4次弹丸。在每一次发射中，我们都会测量出弹丸距离发射点不同距离时的高度。发射点与目标位于同一高度，在测量时可以令这个高度为0.0。

数据保存在一个文件中，内容如图18-10所示。第一列为弹丸与目标之间的距离，其他各列为4次实验中弹丸在相应距离时的高度。所有数据的单位都是英寸。

| Distance | trial1 | trial2 | trial3 | trial4 |
|----------|--------|--------|--------|--------|
| 1080 | 0.0 | 0.0 | 0.0 | 0.0 |
| 1044 | 2.25 | 3.25 | 4.5 | 6.5 |
| 1008 | 5.25 | 6.5 | 6.5 | 8.75 |
| 972 | 7.5 | 7.75 | 8.25 | 9.25 |
| 936 | 8.75 | 9.25 | 9.5 | 10.5 |
| 900 | 12.0 | 12.25 | 12.5 | 14.75 |
| 864 | 13.75 | 16.0 | 16.0 | 16.5 |
| 828 | 14.75 | 15.25 | 15.5 | 17.5 |
| 792 | 15.5 | 16.0 | 16.6 | 16.75 |
| 756 | 17.0 | 17.0 | 17.5 | 19.25 |
| 720 | 17.5 | 18.5 | 18.5 | 19.0 |
| 540 | 19.5 | 20.0 | 20.25 | 20.5 |
| 360 | 18.5 | 18.5 | 19.0 | 19.0 |
| 180 | 13.0 | 13.0 | 13.0 | 13.0 |
| 0 | 0.0 | 0.0 | 0.0 | 0.0 |

图18-10　弹丸实验的数据

----

[1] 向弹丸施加力后，就可以将它发射到空中。发射完成之后，力的作用就停止了。出于公共安全的考虑，我们不会详细介绍实验中使用的发射装置，只要知道这种装置很危险就够了。

图18-11中的代码可以绘制出弹丸在4次实验中的平均高度以及与发射点之间的距离。代码还绘制出了对这些数据点的最佳线性拟合和最佳二次拟合。（如果你忘记了列表与整数相乘的含义，那么表达式[0]*len(distance)会生成一个列表，其中包含len(distance)个0。）

```python
def getTrajectoryData(fileName):
    dataFile = open(fileName, 'r')
    distances = []
    heights1, heights2, heights3, heights4 = [],[],[],[]
    dataFile.readline()
    for line in dataFile:
        d, h1, h2, h3, h4 = line.split()
        distances.append(float(d))
        heights1.append(float(h1))
        heights2.append(float(h2))
        heights3.append(float(h3))
        heights4.append(float(h4))
    dataFile.close()
    return (distances, [heights1, heights2, heights3, heights4])

def processTrajectories(fileName):
    distances, heights = getTrajectoryData(fileName)
    numTrials = len(heights)
    distances = pylab.array(distances)
    #生成一个数组，用于存储每个距离的平均高度
    totHeights = pylab.array([0]*len(distances))
    for h in heights:
        totHeights = totHeights + pylab.array(h)
    meanHeights = totHeights/len(heights)
    pylab.title('Trajectory of Projectile (Mean of '\
                + str(numTrials) + ' Trials)')
    pylab.xlabel('Inches from Launch Point')
    pylab.ylabel('Inches Above Launch Point')
    pylab.plot(distances, meanHeights, 'ko')
    fit = pylab.polyfit(distances, meanHeights, 1)
    altitudes = pylab.polyval(fit, distances)
    pylab.plot(distances, altitudes, 'b', label = 'Linear Fit')
    fit = pylab.polyfit(distances, meanHeights, 2)
    altitudes = pylab.polyval(fit, distances)
    pylab.plot(distances, altitudes, 'k:', label = 'Quadratic Fit')
    pylab.legend()

processTrajectories('launcherData.txt')
```

图18-11　绘制弹丸的轨迹

在图18-12中，我们一眼就可以看出，很明显二次拟合要远远优于线性拟合。[①]（二次拟合的左侧显得不那么平滑，应为我们只绘制出与测量高度对应的预测高度，在600的左侧只有很少几

---

① 不要被这张图误导，认为弹丸会有一个如此陡峭的上升角度。因为图中纵轴和横轴的量度不同，所以才是这个样子。

个点。）但是，线性拟合有多差，二次拟合又有多好呢？

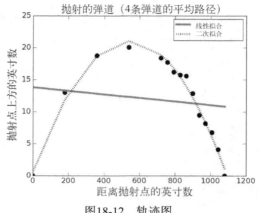

图18-12    轨迹图

### 18.2.1    可决系数

当我们用曲线拟合数据时，实际上是找到一个函数，将自变量（在本例中是与发射点之间的水平距离，用英寸表示）与因变量（在本例中是与发射点之间的垂直距离，也用英寸表示）的预测值关联起来。拟合优度也就是预测的准确度。回忆一下，拟合是通过最小化均方误差而得到的，这说明我们可以通过均方误差来评价拟合优度。这种方法的问题在于，尽管均方误差具有下界（0），但它没有上界。这意味着对于同一数据的两种拟合，我们可以使用均方误差来比较它们的相对优度，但很难用它衡量一个拟合的绝对优度。

可以使用可决系数计算一个拟合的绝对优度，可决系数通常写作$R^2$。[①]令$y_i$为第$i$个观测值，$p_i$为相应的模型预测值，$\mu$为观测值的均值，则：

$$R^2 = 1 - \frac{\sum_i (y_i - p_i)^2}{\sum_i (y_i - \mu)^2}$$

通过比较估计误差（分子）和原始数据本身的变异性（分母），$R^2$可以表示在一个数据集中，有多大比例的变异性是由于统计模型通过拟合造成的。评价线性回归模型时，$R^2$的值总是位于0和1之间。如果$R^2=1$，模型就是对数据的完美拟合；如果$R^2=0$，那么模型预测值就与均值周围数据的分布方式没有任何联系。

图18-13中的代码简单直接地实现了$R^2$的计算。代码如此简洁，要归功于数组操作的强大能力。表达式(predicted - measured)**2先从一个数组的每个元素中减去另一个数组中的相应元素，再将结果数组中的每个元素进行平方。表达式(measured - meanOFMeasured)**2先从数组measured的每个元素中减去一个标量meanOFMeasured，再将结果数组中的每个元素进行平方。

---

① 可决系数的定义有很多种，这里使用的定义用来评价线性回归的拟合质量。

```
def rSquared(measured, predicted):
    """假设measured为表示测量值的一维数组
            predicted为表示预测值的一维数组
        返回可决系数"""
    estimateError = ((predicted - measured)**2).sum()
    meanOfMeasured = measured.sum()/len(measured)
    variability = ((measured - meanOfMeasured)**2).sum()
    return 1 - estimateError/variability
```

图18-13　计算$R^2$

在函数processTrajectories（参见图18-11）中的pylab.plot调用后插入代码：

```
print('RSquare of linear fit =', rSquared(meanHeights, altitudes))
```

和：

```
print('RSquare of quadratic fit =', rSquared(meanHeights, altitudes))
```

会输出：

```
RSquared of linear fit = 0.0177433205441
RSquared of quadratic fit = 0.985765369287
```

简单地说，这个结果告诉我们，测量数据中只有不到2%的变异性可以用线性模型来解释，但超过98%的变异性可以由二次模型来解释。

## 18.2.2　使用计算模型

既然我们已经有了一个比较好的数据模型，就可以使用这个模型来回答一些与原始数据相关的问题。一个有趣的问题就是：当弹丸击中目标时，它的水平速度是多少？我们可以按照下面的思路设计一个计算模型，来回答这个问题。

(1) 我们知道，决定弹丸轨迹的公式形式为$y = ax^2 + bx + c$，也就是说，是一条抛物线。因为所有抛物线都是关于顶点对称的，所以它的峰值出现在发射点和目标之间距离一半的地方，我们可以称这个距离为xMid。那么，最高点的高度yPeak可以由公式$yPeak = a \times xMid^2 + b \times xmid + c$给出。

(2) 如果忽略空气阻力（请记住，没有模型是完美的），就可以计算出弹丸从yPeak落到目标高度所需的时间，因为这只与重力有关。这个时间可以由公式$t = \sqrt{(2 * yPeak)/g}$计算得出。[1]这也是弹丸从xMid处水平飞行到目标所需的时间，因为一旦击中目标，它就停止飞行。

(3) 给定从xMid处到达目标的时间，我们可以很容易地算出在这段时间内弹丸的平均水平速度。如果假定在这段时间内，弹丸在水平方向上既没有加速也没有减速，那么就可以使用这个平均水平速度作为弹丸击中目标时的水平速度的估计值。

图18-14实现了这种估计弹丸水平速度的过程。[2]

---

[1] 这个公式可以由基本定理推导出来，但更容易的做法是在网上搜一下，可以在这里找到：http://en.wikipedia.org/wiki/Equations_for_a_falling_body。

[2] 弹丸速度的垂直分量也很容易估算，只要将图18-14中的g和t相乘即可。

```
def getHorizontalSpeed(quadFit, minX, maxX):
    """假设quadFit是二次多项式的系数
              minX和maxX是用英寸表示的距离
        返回以英尺/秒表示的水平速度"""
    inchesPerFoot = 12
    xMid = (maxX - minX)/2
    a,b,c = quadFit[0], quadFit[1], quadFit[2]
    yPeak = a*xMid**2 + b*xMid + c
    g = 32.16*inchesPerFoot #accel. of gravity in inches/sec/sec
    t = (2*yPeak/g)**0.5 #从最高点到目标高度所需时间，单位为秒
    print('Horizontal speed =',
          int(xMid/(t*inchesPerFoot)), 'feet/sec')
```

图18-14    计算弹丸的水平速度

将这行代码getHorizontalSpeed(fit, distances[-1], distance[0])插入函数process
Trajectories（图18-11）的末尾，会输出以下结果：

```
Horizontal speed = 136 feet/sec
```

以上我们采取的一系列步骤是一种通用的模式：

(1) 首先进行实验，获得关于实体系统行为的数据；

(2) 然后通过计算找出描述系统行为的模型，并对模型质量进行评价；

(3) 最后使用理论分析，设计一个简单的计算过程，推导出感兴趣的模型结果。

## 18.3    拟合指数分布数据

polyfit使用线性回归找出一个给定阶数的多项式，作为特定数据的最优最小二乘拟合。如
果数据可以直接由多项式进行近似，那么这种方法效果很好。但是，有时这是不可能的。举例来
说，假设有一个简单的指数增长函数$y = 3^x$。图18-15中的代码使用一个五阶多项式拟合了函数最
初的10个点，并绘制出了结果，如图18-16所示。代码使用了函数pylab.arange(10)，它会返回
一个数组，其中包含0~9这10个整数。参数设置markeredgewidth = 2设定了标记中的线宽。

```
vals = []
for i in range(10):
    vals.append(3**i)
pylab.plot(vals,'ko', label = 'Actual points')
xVals = pylab.arange(10)
fit = pylab.polyfit(xVals, vals, 5)
yVals = pylab.polyval(fit, xVals)
pylab.plot(yVals, 'kx', label = 'Predicted points',
           markeredgewidth = 2, markersize = 25)
pylab.title('Fitting y = 3**x')
pylab.legend(loc = 'upper left')
```

图18-15    使用多项式曲线拟合指数分布

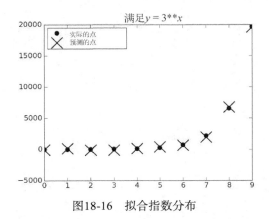

图18-16 拟合指数分布

很明显，对于这些数据点来说，拟合的效果非常好。但是，我们看一下模型对于$3^{20}$的预测值。将以下代码：

```
print('Model predicts that 3**20 is roughly',
      pylab.polyval(fit, [3**20])[0])
print('Actual value of 3**20 is', 3**20)
```

添加到图18-15代码的末尾，会输出以下结果：

```
Model predicts that 3**20 is roughly 2.45478276372e+48
Actual value of 3**20 is 3486784401
```

天哪！尽管polyfit生成的模型能够拟合部分数据，但它显然不是一个好模型。是因为5不是正确的阶数吗？不是，是因为没有一个多项式能够较好地拟合指数分布。难道这意味着我们不能使用polyfit来为指数分布建立模型吗？幸好，不是这样的，因为我们可以使用polyfit找出一条曲线，来拟合自变量的初始值和因变量的对数值。

考虑这个序列[1, 2, 4, 8, 16, 32, 64, 128, 256, 512]。如果我们以2为底对每个值取对数，就可以得到序列[0, 1, 2, 3, 4, 5, 6, 7, 8, 9]，这是个线性增长的序列。实际上，如果一个函数$y = f(x)$表现出指数增长的性质，那么$f(x)$的对数（任意底数）就是线性增长的。可以通过绘制Y轴为对数标度的指数函数将这种性质表示出来。以下代码：

```
xVals, yVals = [], []
for i in range(10):
    xVals.append(i)
    yVals.append(3**i)
pylab.plot(xVals, yVals, 'k')
pylab.semilogy()
```

可以生成图18-17。

对指数函数取对数可以得到一个线性函数，利用这一性质可以为具有指数分布的数据集合建立模型。如图18-18中的代码所示，我们使用polyfit找出一条曲线来拟合$x$值和$y$值的对数。请注意，我们使用了一个新的Python标准库模块math，它可以提供log函数。我们还使用了一个lambda表达式，参见5.4节。

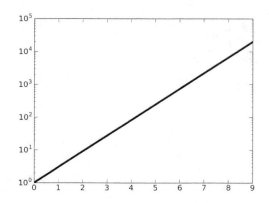

图18-17 半对数坐标图中的指数函数

```
import math

def createData(f, xVals):
    """假设f是一个单参数函数
                  xVals是一个数组，其中的元素可以作为f的参数
       返回一个数组，其中的元素为将f应用于xVals中元素的结果。"""
    yVals = []
    for i in xVals:
        yVals.append(f(xVals[i]))
    return pylab.array(yVals)

def fitExpData(xVals, yVals):
    """假设xVals和yVals是两个数值型数组，满足yVals[i]=f(xVals(i))，这里的f是指数函数。
       返回a、b、base，使得log(f(x), base)==ax+b"""
    logVals = []
    for y in yVals:
        logVals.append(math.log(y, 2.0)) #求出以2为底的对数值
    fit = pylab.polyfit(xVals, logVals, 1)
    return fit, 2.0

xVals = range(10)
f = lambda x: 3**x
yVals = createData(f, xVals)
pylab.plot(xVals, yVals, 'ko', label = 'Actual values')
fit, base = fitExpData(xVals, yVals)
predictedYVals = []
for x in xVals:
    predictedYVals.append(base**pylab.polyval(fit, x))
pylab.plot(xVals, predictedYVals, label = 'Predicted values')
pylab.title('Fitting an Exponential Function')
pylab.legend(loc = 'upper left')
#预测一个不在初始数据中的x值
print('f(20) =', f(20))
print('Predicted value =', int(base**(pylab.polyval(fit, [20]))))
```

图18-18 使用polyfit拟合指数分布

运行这段代码，生成图18-19，其中实际值与预测值是基本一致的。而且，当我们使用一个没有用来拟合模型的值（20）测试模型时，会输出：

```
f(20) = 3486784401
Predicted value = 3486784401
```

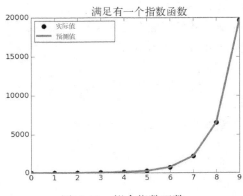

图18-19　拟合指数函数

这种使用polyfit找出数据模型的方法有个适用范围，即数据之间的联系可以使用形式为 $y = base^{ax+b}$ 这样的公式来描述。对于不满足这个条件的数据，这种方法会产生错误的结果。

举例来说，我们可以使用以下代码创建yVals：

```
f = lambda x: 3**x + x
```

这时模型做出的预测非常差，它会输出：

```
f(20) = 3486784421
Predicted value = 2734037145
```

## 18.4　当理论缺失时

在本章中，我们的重点在于介绍理论科学、实验科学和计算科学之间的相互作用。但有些时候，我们会发现虽然自己手里有很多有价值的数据，但几乎没有分析数据的理论知识。这种情况下，我们经常采取的方法是，使用计算技术建立一个能够拟合数据的模型，然后逐渐形成相关的理论。

在理想世界中，我们可以进行完全可控的实验（例如在弹簧上悬挂重物），研究结果，进而回顾性地构建一个与这些结果一致的模型。然后，再进行新的实验（例如在同一个弹簧上悬挂另一个重物），并将新实验的结果与模型预测的结果进行比较。

不幸的是，在很多情况下，我们甚至不能进行可控的实验。举例来说，假设想构建一个研究利率如何影响股价的模型，我们几乎不可能去设定利率，然后再看看对股价有何影响。但从另一方面说，相关的历史数据可一点都不少。

在这种情况下，我们可以将现有数据划分为训练集和保留集，保留集将来会作为测试集使用，然后再进行一系列实验。不考虑保留集，我们先建立一个可以解释训练集的模型。例如，为训练集数据找出一条具有合理的 $R^2$ 的曲线。然后，我们在保留集上测试这个模型。多数情况下，相对于保留集，这种模型会对训练集拟合得更好。但如果这个模型的确很好，那么它对保留集也应该拟合得很好，否则这个模型就应该被丢弃。

那么应该如何选择训练集呢？我们当然希望训练集能够代表整个数据集。一种方法是通过随机抽样组成训练集，如果数据集足够大，那么这种方法的效果非常好。

另外一种检验模型的方法与上面略有不同，它使用从原始数据中随机选择的多个子集来训练模型，然后检查这些模型彼此之间的相似程度。如果这些模型非常相似，就说明模型是令人满意的。这种方法称为交叉验证。

在第19章和第22章，我们会更加详细地讨论交叉验证。

第 19 章

# 随机试验与假设检验

X博士发明了一种新药PED-X，可以帮助专业自行车运动员骑行得更快。当他准备推出这种新药时，运动员坚持认为X博士应该证明他的药比PED-Y效果更好。PED-Y是运动员使用多年的一种药，但已经被禁。于是，X博士从投资者那里筹集了资金，进行了一次随机试验。

他说服了200名专业自行车运动员参与了这项试验，然后将这些人随机分成两组：试验组和对照组。试验组中的每位成员都收到了一剂PED-X，而对照组中的成员被告知会收到一剂PED-X，但实际上收到的是PED-Y。

每名自行车运动员都被要求尽可能快地骑行50英里。每一组的完成时间都服从正态分布。试验组的平均完成时间为118.79分钟，对照组的平均完成时间为120.17分钟。图19-1给出了每位运动员的完成时间。

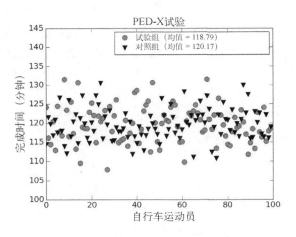

图19-1　自行车运动员的完成时间

X博士洋洋自得，直到他遇到了一位统计学家。统计学家指出，在两组数据中，一组的均值低于另外一组是很平常的事情，而且这种均值之间的差异很可能出于偶然。当看到科学家脸上那副垂头丧气的表情时，统计学家答应博士，自己会向他解释如何检验研究成果在统计上的显著性。

## 19.1    检验显著性

在任何实验中，只要包括从总体随机抽取样本的步骤，就会存在一种可能性：观测到的效果仅仅出于偶然。图19-2形象地表示了2014年1月的气温与1951~1980年1月平均气温之间的差异。现在，假设你在地球上随机选择20个地点，构造出一个样本，然后发现样本的平均气温变化是+1摄氏度。那么，你观测到的这种平均气温的变化有多大的概率是因为对样本地点的随机选择造成的，而不是因为全球气温变暖？统计显著性就是用来回答这种问题的。

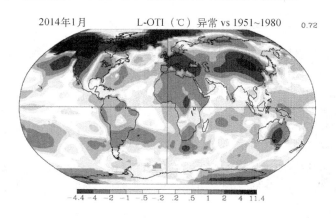

图19-2    1月气温与1951~1980年1月平均气温的差异，单位为摄氏度[①]

20世纪初，罗纳德·费希尔提出了一种使用统计学进行假设检验的方法，最常用于计算观测结果出于偶然性的概率。据费希尔所说，他之所以会发明这种方法，是拜穆丽尔·布里斯托·洛奇博士所赐。穆丽尔宣称，她喝奶茶时可以分辨出是先放的奶还是先放的茶。费希尔向穆丽尔提出了挑战，进行了一场"奶茶测试"，他给了穆丽尔8杯奶茶（4杯先放奶，4杯先放茶），请她分辨出哪些杯子中茶是先于奶放进去的。穆丽尔完美地完成了这一测试。然后，费希尔计算出了她纯凭运气分辨出8杯奶茶的概率。正如我们在15.4.4节中看到的，$\binom{8}{4} = 70$，也就是说，从8杯奶茶中选择4杯有70种不同的方法。因为这70种组合中只有一种对应着4杯奶茶都是先放茶，所以费希尔得出，布里斯托·洛奇博士纯凭运气做出正确选择的概率是$1/70 \approx 0.014$。根据这个结果，他得出结论，穆丽尔几乎不可能仅凭运气通过这次测试。

费希尔的这种检验显著性的方法可以总结如下。

(1) 定义一个原假设和一个备择假设。原假设表示"实验方法"没有我们想知道的效果。对于"奶茶测试"，原假设就是"布里斯托·洛奇博士根本品尝不出不同奶茶之间的区别"。备择假设仅当原假设是错误的时候才成立，例如，"布里斯托·洛奇博士可以品尝出奶茶之间的区别"。[②]

---

① 这是一张由美国航空航天局提供的彩色图片的灰度版本。

② 在费希尔的方法中，他只提出了原假设。备择假设的概念是之后由耶日·奈曼和艾贡·皮尔逊引入的。

(2) 理解待评价样本的统计学假设。对于"奶茶测试"，费希尔假设布里斯托·洛奇博士对每一杯奶茶都可以做出独立判断。

(3) 计算相关的检验统计量。在本例中，检验统计量就是布里斯托·洛奇博士给出正确答案的可能性。

(4) 在原假设成立的情况下，推导出检验统计量的概率。在本例中，就是仅凭运气正确找出所有奶茶的概率，也就是0.014。

(5) 确定这个概率是否足够小到可以使你放心地认为原假设是错的，即拒绝原假设。这个能使你拒绝原假设的概率要事先决定好，一般为0.05或0.01。

再回到本章开头的例子。假设试验组和对照组的完成时间分别是从无限的PED-X用户总体和PED-Y用户总体的完成时间中抽取的样本，那么这个实验的原假设就是"这两个总体的均值是一样的"。也就是说，试验组的总体均值与对照组的总体均值之间的差异为0。备择假设是"两个总体的均值是不一样的"，即均值之间的差不等于0。

我们接下来看看能否拒绝原假设。选择一个阈值α作为统计显著性，并试图证明：如果总体分布与原假设一致，那么从总体中抽取出现有数据的概率小于α。然后，我们就可以在置信度为α的情况下拒绝原假设，接受概率为1−α的与原假设相反的假设。

对α的选择会影响我们犯错误的类型。α越大，我们越可能在原假设为真的情况下拒绝原假设，这称为第一类错误。α越小，我们越可能在原假设为假的情况下接受原假设，这称为第二类错误。

通常，我们选择α = 0.05。但根据出现错误的严重性，α可以取更大的值或更小的值。举例来说，如果原假设是"由于服用PED-X和PED-Y而造成的过早死亡率没有区别"，那么就应该选择一个较小的α，比如0.01，作为拒绝原假设的基准，以确定一种药品比另一种更安全。另一方面，如果原假设是"PED-X和PED-Y的味道没有区别"，那么我们就可以放心地选择一个更大的α。[①]

下一个步骤是计算检验统计量。最常用的检验统计量是$t$统计量。$t$统计量告诉我们，以标准误差为单位时，从样本数据中得出的估计值与原假设之间的差异有多大。$t$统计量越大，拒绝原假设的可能性就越大。对于我们的例子，$t$统计量告诉我们，两个均值的差（118.79 − 120.17 = −1.38）距离0有多少个标准误差。PED-X样本的$t$统计量为−2.13165598142，它的含义是什么呢？我们应该如何使用这个统计量呢？

对$t$统计量的使用方法非常类似于在计算置信区间时对标准差的使用，我们会说距离均值有几个标准差（参见15.4.2节）。回忆一下，对于所有正态分布，某个值位于均值两侧固定数量的标准差范围内的概率也是固定的。对于$t$统计量，问题要复杂一些，因为要考虑到计算标准误差的样本的数量。我们假设$t$统计量服从$t$分布，而不是服从正态分布。

$t$分布最早由威廉·戈塞于1908年提出。统计学家戈塞为亚瑟·吉尼斯父子酿酒厂工作。[②]$t$分布实际上是一族分布，因为分布的形状依赖于样本的自由度。

---

① 很多研究者（包括本书作者）强烈认为，以这种"拒绝"的方式发布统计结果是不合适的，更合适的方式是通报实际的显著性水平，而不是仅做出"在5%的水平上拒绝原假设"这样的声明。

② 吉尼斯酿酒厂禁止戈塞以自己的名字发表论文。于是，戈塞使用笔名"学生"于1908年发表了关于$t$分布的开创性论文"平均数的机误"。因此，这个分布经常被称为"学生的$t$分布"。

自由度描述了导出$t$统计量所用的独立信息量。我们通常可以认为自由度就是样本中独立观测的数量，样本从总体中抽取而出，并用来估计总体的某些统计量。

$t$分布看上去与正态分布很相似，自由度越大，越接近正态分布。自由度较小时，相对于正态分布，$t$分布具有明显的肥尾现象。当自由度为30或更大时，$t$分布非常接近正态分布。

下面使用样本方差估计总体方差。回忆一下：

$$\text{variance}(X) = \frac{\sum_{x \in X}(x - \mu)^2}{|X|}$$

所以样本方差为：

$$\frac{(100 - 200)^2 + (200 - 200)^2 + (300 - 200)^2}{3}$$

看上去我们使用了3条独立信息，但实际不是。分子中的三项并不是彼此独立的，因为所有3个观测都被用来计算200个骑手的样本均值。实际的自由度为2，因为只要知道均值和3个观测中的两个，第三个观测的值就确定了。

自由度越大，样本统计量能够代表总体统计量的概率就越大。使用单个样本计算$t$统计量时，自由度等于样本量减1，因为计算$t$统计量时要使用样本均值。如果使用了两个样本，那么自由度就是两个样本的大小之和减2，因为计算$t$统计量时要用到两个样本的均值。例如，对于PED-X/PED-Y实验，自由度就是198。

给定自由度之后，我们可以画图表示近似的t-分布，然后看看计算的PED-X样本的$t$统计量位于分布的何处。图19-3中的代码完成了这一任务，并生成了图19-4。代码首先使用函数scipy.random.standard_t生成大量来自于自由度为198的$t$分布的值，然后在从PED-X样本中计算出的$t$统计量及其相反数的位置画出两条白线。

```
tStat = -2.13165598142 #t-statistic for PED-X example
tDist = []
numBins = 1000
for i in range(10000000):
  tDist.append(scipy.random.standard_t(198))

pylab.hist(tDist, bins = numBins,
           weights = pylab.array(len(tDist)*[1.0])/len(tDist))
pylab.axvline(tStat, color = 'w')
pylab.axvline(-tStat, color = 'w')
pylab.title('T-distribution with 198 Degrees of Freedom')
pylab.xlabel('T-statistic')
pylab.ylabel('Probability')
```

图19-3 绘制$t$分布

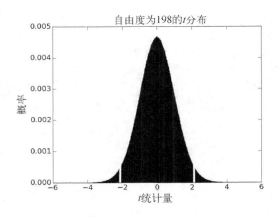

图19-4 t统计量可视化

如果以下两个条件同时成立：

❑ 样本可以代表总体
❑ 原假设为真

那么，我们关注的是直方图中白线左右两侧的面积，这两个面积之和占总面积的比例就等于能够得到像观测值这样极端，甚至比它还极端的统计量的概率。

我们需要计算t分布左右两侧的尾部面积，原因在于，原假设是"两个总体的均值相等"。所以，如果试验组的均值显著大于或者显著小于对照组的均值，检验都会失败。

在原假设成立的前提之下，能够得到像观测值这样极端，甚至比它还极端的统计量的概率称为P-值。对于PED-X的例子，P-值就是在试验组和对照组的总体均值相等的前提下，得到一个像观测到的差异那么大，甚至比它还大的样本均值之差的概率。

你可能有些莫名其妙，P-值告诉我们的是当原假设成立时发生某个事件的概率，但我们所期望的则是原假设不成立。然而，这种方法与经典的"科学方法"没有什么不同，它们的基础都是设计一些实验，以驳倒某个假设。图19-5中的代码为我们的两个样本计算并输出t统计量和P-值。库函数 stats.ttest_ind 可以执行一个双尾双样本t检验，并返回t统计量和P-值。将参数 equal_var 设定为False，说明我们不知道两个总体是否具有同样的方差。

```
controlMean = sum(controlTimes)/len(controlTimes)
treatmentMean = sum(treatmentTimes)/len(treatmentTimes)
print('Treatment mean - control mean =',
      treatmentMean - controlMean, 'minutes')
twoSampleTest = stats.ttest_ind(treatmentTimes, controlTimes,
                                equal_var = False)
print('The t-statistic from two-sample test is', twoSampleTest[0])
print('The p-value from two-sample test is', twoSampleTest[1])
```

图19-5 计算并输出t统计量和P-值

运行这段代码，结果如下：

```
Treatment mean - control mean = -1.3766016405102306 minutes
The t-statistic from two-sample test is -2.13165598142
The p-value from two-sample test is 0.0343720799815
```

"耶！"X博士大声欢呼，"看来PED-X不比PED-Y效果好的概率还不到3.5%，因此PED-X有效果的概率就大于96.5%。我的收银机已经饥渴难耐了！"可惜，他的狂喜只持续了一会儿，因为他读到了19.2节。

## 19.2　当心 P-值

P-值的含义很容易被误解，它经常被认为是原假设为真的概率，但实际上不是。

原假设类似于英美刑事司法制度中的被告人。这种制度基于"无罪推定"的原则，也就是说，只要不能证明被告有罪，那他就是无罪的。类似地，我们也假定原假设为真，除非得到足够的相反证据。在一次审判中，陪审团可以判定被告人"有罪"或"无罪"。"无罪"判决意味着没有足够的证据能说服陪审团认为被告在"排除合理怀疑"的原则下是有罪的[1]，可以认为它相当于"无法证明有罪"。"无罪"判决并不意味着有足够的证据说服陪审团认为被告人是无辜的，如果有了新的证据，这个判决也与陪审团会做出何种结论无关。可以将P-值认为是陪审团的一个判决，判决依据的"排除合理怀疑"原则对应着选择一个非常小的$\alpha$值，证据就是用来构造$t$统计量的数据。

如果P-值很小，就意味着在原假设为真的情况下，得到特定样本的可能性很小。这类似于陪审团认为，如果被告是无辜的，那么得到现有呈堂证供的可能性非常小，因此会做出"有罪"的判决。当然，这并不意味着被告确实有罪，可能陪审团得到的是伪证。类似地，得到一个较小的P-值可能确实因为原假设是错的，也可能仅仅因为样本不能代表其来自的总体，也就是说，证据是误导人的。

不出所料，X博士坚定地宣称他的实验证明了原假设可能是错的。Y博士则坚持认为较小的P-值是由于样本缺乏代表性，并出资进行了另一次同样的实验。使用她的实验样本计算出统计量后，代码输出结果为：

```
Treatment mean - control mean = 0.1760912816 minutes
The t-statistic from two-sample test is -0.274609731618
The p-value from two-sample test is 0.783908632676
```

这个P-值差不多比X博士的实验中得到的P-值大24倍，并且因为它明显大于0.5，所以没有任何理由质疑原假设。真让人一头雾水。没关系，我们会弄个水落石出。

你可能早就知道了，这不是个真实的故事。毕竟，"自行车运动员服用提高成绩的药物"这种说法令人难以置信。实际上，实验样本是由图19-6中的代码生成的。

---

[1] "排除合理怀疑"这个原则意味着主流社会相信，在刑事审判中，第一类错误（将无罪的人判为有罪）的危害远远大于第二类错误（将有罪的人判为无罪）。在民事案件中，遵循的原则是"优势证据"，这意味着主流社会认为，此时两种错误是同样有害的。

```
treatmentDist = (119.5, 5.0)
controlDist = (120, 4.0)
sampleSize = 100
treatmentTimes, controlTimes = [], []
for s in range(sampleSize):
    treatmentTimes.append(random.gauss(treatmentDist[0],
                                       treatmentDist[1]))
    controlTimes.append(random.gauss(controlDist[0],
                                     controlDist[1]))
```

图19-6　生成样本的代码

因为这个实验只涉及计算，所以我们可以将它执行多次，得到多个不同样本。我们生成了10 000对样本（试验组和对照组为一对），并绘制了P-值的概率，得到图19-7。

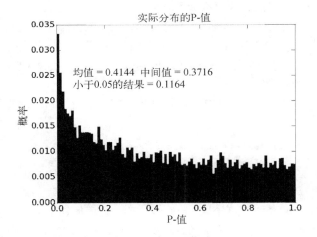

图19-7　P-值的概率

因为有超过11.6%的P-值小于0.05，所以在第一次实验中，结果在5%的水平下显然不值得大惊小怪。另一方面，第二次实验得到一个截然不同的结果也很正常。令我们感到惊奇的是，在已经知道两个分布均值确实不同的情况下，得到在5%的水平下显著的结果的概率只有11.6%。在多于88%的情况下，我们都不能在5%的水平下拒绝错误的原假设。（如果将样本量提高到2000，那么不能拒绝错误的原假设的概率就只有6%。）

能否真正恰当地拒绝原假设，只看P-值是靠不住的。所以在很多科学文献中，实验结果不能得到其他科学家的重现。还有一个问题就是，研究动力（样本量）和统计发现的可靠性之间，存在着很强的联系。[1]

① Katherine S. Button, John P. A. Ioannidis, Claire Mokrysz, Brian A. Nosek, Jonathan Flint, Emma S. J. Robinson, and Marcus R. Munafò (2013), "Power failure: why small sample size undermines the reliability of neuroscience", *Nature Reviews Neuroscience*, 14: 365-376.

为什么如此多的研究都动力不足呢？因为如果我们真的使用人类进行实验的话（不是通过模拟），那么抽取一个2000人样本的成本会是100人样本的20倍。

样本量的问题是统计学中频率论方法的一个内在属性。第20章会介绍另外一种方法，它会试图解决这个问题。

## 19.3    单尾单样本检验

本章之前都在介绍双尾双样本检验，下面使用单尾单样本*t*检验。

先看一下单尾双样本检验。在对PED-X和PED-Y的相对效果的双尾检验中，我们考虑了3种情况：(1)它们具有同样的效果；(2)PED-X比PED-Y的效果更好；(3)PED-Y比PED-X的效果更好。我们的目标是拒绝原假设（即第一种情况），方法是证明了如果原假设为真，那么PED-X和PED-Y的样本均值基本不可能出现观测到的那么大的差异。

然而，假设PED-X的价格明显比PED-Y便宜。为了开拓市场，X博士只需表明PED-X的效果至少不比PED-Y的效果差。证明这个结论的一种方法是，拒绝"两个均值相等"或"PED-X的均值更大"等假设。请注意，这个假设严格弱于均值相等的假设。（假设A严格弱于假设B，那么只要B为真A就为真，反之则不然。）

要完成这个任务，首先使用图19-5中的代码对初始的原假设进行一次双样本检验。代码会输出以下结果：

```
Treatment mean - control mean = -1.37660164051 minutes
The t-statistic from two-sample test is -2.13165598142
The p-value from two-sample test is 0.0343720799815
```

这使我们可以在大约3.5%的水平上拒绝原假设。

那么更弱的假设呢？再看一下图19-4。我们观察到，在原假设成立的前提下，直方图中白线左右两侧的面积之和占总面积的比例等于能够得到像观测值这样极端，甚至比它还极端的统计量的概率。然而，要拒绝更弱一些的假设，则不需要考虑左侧尾部中的面积，因为它对应着"PED-X比PED-Y更有效"（一个负数时间差别），而我们感兴趣的只是拒绝"PED-X效果更差"这一假设。也就是说，可以进行单尾检验。

因为*t*分布是对称的，所以要得到单尾检验的P-值，只需将双尾检验的P-值一分为二即可。所以，单尾检验的P-值是0.01718603999075。这使我们可以在大约1.7%的水平上拒绝更弱的假设，使用双尾检验是不能达到这个水平的。

因为单尾检验在测试实验效果方面更有力，所以只要假设是关于某个效果的方向时，人们更喜欢使用单尾检验。但这通常不是一个好方法，只有未检验的方向上缺少效果造成的影响可以忽略时，才适合使用单尾检验。

下面看一个单样本检验。假设在有了使用PED-Y的多年经验之后，人们公认使用PED-Y的运动员完成50英里路程的平均时间为120分钟。为了揭示PED-X是否与PED-Y的效果不同，我们可以检验这个原假设，即PED-X单样本的平均时间等于120分钟。我们可以使用函数scipy.stats.

ttest_1samp完成这一检验,这个函数的参数包括一个单样本和一个用来做比较的总体均值,它返回一个元组,其中包含了*t*统计量和P-值。例如,如果在图19-5中代码的末尾添加如下代码:

```
oneSampleTest = stats.ttest_1samp(treatmentTimes, 120)
print('The t-statistic from one-sample test is', oneSampleTest[0])
print('The p-value from one-sample test is', oneSampleTest[1])
```

会输出:

```
The t-statistic from one-sample test is -2.32665745939
The p-value from one-sample test is 0.0220215196873
```

这个P-值要小于双尾双样本检验的P-值,这并不奇怪。因为我们的前提假定是两个均值中的一个是已知的,这就消除了一些不确定性。

那么,这些工作都完成之后,在对PED-X和PED-Y的统计分析之中,我们得到了什么呢?尽管PED-X和PED-Y的使用者在预期表现上的确存在差异,但如果PED-X和PED-Y的使用者样本数量有限,则无法保证揭示出这一差异。而且,因为预期均值之间的差异很小(不到0.5个百分点),所以像X博士那样的实验(每组100位骑手)不太可能找到足够的证据,使我们在95%的置信水平上认为均值之间存在差异。在95%的置信水平上,使用单尾测试可以增加获得统计上显著的结果的可能性,但这样做是有误导性的,因为我们没有任何理由假定PED-X的效果不次于PED-Y。

## 19.4　是否显著

在过去的几年中,林赛和约翰在游戏《单词接龙》上花费了大量时间。他们两个人一共玩了1273次,林赛赢了666次,她忍不住自夸道:"这个游戏我比你玩得好。"但约翰认为林赛的话完全就是一派胡言,对方赢得多只是(也可能应该是)完全凭借好运气。

约翰最近读了一本关于统计学的书,他建议使用如下方法找出真相,看看是否有理由将林赛在游戏上的成功归因于她智慧的头脑。

❏ 将1273次游戏中的每一次都当作一次实验,如果林赛是胜利者,就返回1,否则返回0;

❏ 选择原假设为:这些实验的均值为0.5;

❏ 对这个原假设执行一次双尾单样本检验。

他运行了以下代码:

```
numGames = 1273
lyndsayWins = 666
outcomes = [1.0]*lyndsayWins + [0.0]*(numGames-lyndsayWins)
print('The p-value from a one-sample test is',
      stats.ttest_1samp(outcomes, 0.5)[1])
```

输出:

```
The p-value from a one-sample test is 0.0982205871244
```

于是,约翰宣布,林赛在获胜次数上的优势在5%的水平上并不显著。

林赛根本没有学过统计学,但她读了本书的第16章,所以也毫不示弱。"我们来一次蒙特卡罗模拟吧”，她建议，并且给出了图19-8中的代码。

```
numGames = 1273
lyndsayWins = 666
numTrials = 10000
atLeast = 0
for t in range(numTrials):
    LWins = 0
    for g in range(numGames):
        if random.random() < 0.5:
            LWins += 1
    if LWins >= lyndsayWins:
        atLeast += 1
print('Probability of result at least this',
      'extreme by accident =', atLeast/numTrials)
```

图19-8　林赛的游戏模拟

林赛的代码运行后，输出了以下结果：

Probability of result at least this extreme by accident = 0.0491

于是，林赛宣布，约翰的统计检验纯属捏造，她在获胜次数上的优势在5%的水平上是统计显著的。

“不，”约翰耐心地解释道，“你的模拟才是错的。因为它假设了你玩得更好，而且相当于进行了一次单尾检验。模拟的内层循环有问题。你应该进行双尾检验，看看在模拟中是否我们之一可以至少赢666次，就像你实际赢得那样。”然后，约翰给出了图19-9中的模拟代码。

```
numGames = 1273
lyndsayWins = 666
numTrials = 10000
atLeast = 0
for t in range(numTrials):
    LWins, JWins = 0, 0
    for g in range(numGames):
        if random.random() < 0.5:
            LWins += 1
        else:
            JWins += 1
    if LWins >= lyndsayWins or JWins >= lyndsayWins:
        atLeast += 1
print('Probability of result at least this',
      'extreme by accident =', atLeast/numTrials)
```

图19-9　正确的游戏模拟

约翰的模拟代码输出了：

```
Probability of result at least this extreme by accident = 0.0986
```
"这不就是我的双尾检验的结果吗！"约翰欢呼雀跃，林赛的反应则不够淑女。

## 19.5　哪个 *N*

一位教授想知道学生的成绩是否与到堂听课有关。他找了40名大一新生，给每个人发了一个脚环，这样他就可以掌握每个人的行踪。其中一半学生被禁止去任何课堂听课[1]，另一半学生则被要求必须去课堂听课[2]。4年之后，每个学生都上了40门课，每组学生都有800个成绩。

有了这两个大小为800的样本，教授对它们的均值进行了一次双尾 *t* 检验，P-值大约是0.01。这使教授非常失望，他本来希望课堂教学不会有统计上的显著效果——这样他为了去海滩度假而取消讲课就不会有那么大的负罪感了。带着绝望的心情，他看了一眼两个小组的平均GPA，发现只有很小的差别。他非常诧异，如此小的均值差别怎么会有这种显著性水平呢？

当样本足够大时，即使一个很小的效果在统计上也可能是高度显著的。也就是说，*N* 非常重要。图19-10绘制了使用不同样本量进行1000次试验后的平均P-值。对于每个样本量的每次试验，我们都使用两个样本，这两个样本都来自标准差为5的高斯分布，一个样本均值为100，另一个样本均值为100.5。平均P-值随着样本量的增加而线性减小。当样本量达到1500左右时，0.5%的均值差别就一直在5%的水平上表现出统计上的显著性；当样本量超过2600时，显著性水平达到1%。

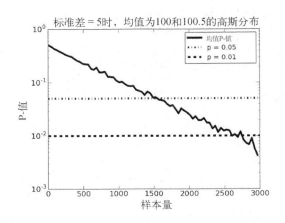

图19-10　样本量对P-值的影响

回顾前面的例子。教授在他的研究中选择样本量为800，这有充分的理由吗？换句话说，每个小组中有20个学生，但这800个成绩真的是独立的吗？恐怕不是。每个样本中有800个成绩，但只有20个学生，每个学生的40门成绩不应该是独立的。毕竟有些学生的成绩一贯很好，而有些学生的成绩则总令人失望。

---

① 应该给这些学生的学费打折，可惜没有。
② 应该给这些学生发点奖学金，可惜也没有。

教授决定换种方法来处理这些数据。他计算出了每个学生的GPA，然后使用这两个大小为20的新样本进行了一次双尾$t$检验，这次的P-值大约为0.3。这下教授感觉好多了。

## 19.6 多重假设

第17章介绍了从波士顿马拉松数据中进行抽样的方法。图19-11中的代码读取2012年的比赛数据，然后对几个国家的女选手的平均完成时间进行检验，看看是否具有统计上的显著差异。代码中使用了图17-2定义的**getBMData**函数。

```
data = getBMData('bm_results2012.txt')
countriesToCompare = ['BEL', 'BRA', 'FRA', 'JPN', 'ITA']
#建立从国家到女选手完成时间的映射
countryTimes = {}
for i in range(len(data['name'])): #for each racer
    if data['country'][i] in countriesToCompare and\
        data['gender'][i] == 'F':
        try:
            countryTimes[data['country'][i]].append(data['time'][i])
        except KeyError:
            countryTimes[data['country'][i]] = [data['time'][i]]

#使用<来比较，而不是使用!=，这样两两比较只进行一次
for c1 in countriesToCompare:
    for c2 in countriesToCompare:
        if c1 < c2: # < rather than != so each pair examined once
            pVal = stats.ttest_ind(countryTimes[c1],
                                   countryTimes[c2],
                                   equal_var = False)[1]
            if pVal < 0.05:
                print(c1, 'and', c2,
                    'have significantly different means,',
                    'p-value =', round(pVal, 4))
```

图19-11　比较选定国家的平均完成时间

运行这段代码，会输出以下结果：

```
ITA and JPN have significantly different means, p-value = 0.025
```

看上去，意大利和日本都可以宣布本国的女选手比对方跑得更快。[1]但是，这个结论非常苍白无力。尽管一组选手的平均完成时间确实比另一组少，但是样本量（20和32）太小了，可能代表不了每个国家的女子马拉松运动员的能力。

更重要的是，我们的实验方法是有问题的。我们检验了10个原假设（每两个国家之一），

---

[1] 到底哪个国家的女选手更快，从$t$统计量的符号就可以很容易地知道。但为了不冒犯本书的潜在购买者，我才不会说出来呢。

然后发现其中有1个可以在5%的水平上被拒绝。这样，我们实际上是在检验这个原假设："这些国家两两相比，女子马拉松运动员的平均完成时间是一样的。"这个原假设被拒绝了固然好，但和拒绝"意大利和日本的女子马拉松运动员速度一样"的原假设相比，拒绝这个假设的意义是不同的。

图19-12中的例子可以更明显地说明这个问题。在本例中，我们从同一总体中抽取出20对样本，每个样本的样本量都是200[①]，并对每一对样本都进行检验，看看样本均值在统计上是否具有差异。

```python
numHyps = 20
sampleSize = 30
population = []
for i in range(5000): #Create large population
    population.append(random.gauss(0, 1))
sample1s, sample2s = [], []
for i in range(numHyps): #Generate many pairs of small sanples
    sample1s.append(random.sample(population, sampleSize))
    sample2s.append(random.sample(population, sampleSize))
#Check pairs for statistically significant difference
numSig = 0
for i in range(numHyps):
    if scipy.stats.ttest_ind(sample1s[i], sample2s[i])[1] < 0.05:
        numSig += 1
print('Number of statistically significant (p < 0.05) results =',
        numSig)
```

图19-12　检验多重假设

因为样本来自同一总体，所以我们知道，原假设为真。但运行这段代码时，会输出以下结果：

```
Number of statistically significant (p < 0.05) results = 1
```

说明根据某一对样本的检验结果，我们可以拒绝原假设。

不用太过惊奇，回忆一下，0.05的P-值意味着在原假设为真的前提下，得到一个像这对样本的均值差异那么大，或者比它更大的均值差异的概率为0.05。因此，当我们检验20对样本时，其中至少有一对的均值在统计上具有显著差异，这一点都不奇怪。将相似的实验执行多次，然后精心挑选出对你有利的结果，这种行为说好听点叫作"敷衍"，但只要稍微较真一点就是另外一种说法了。

再回到波士顿马拉松实验。我们通过检验来确定是否可以拒绝原假设，即10对样本的均值没有差异。当进行包括多重假设的实验时，最简单也最稳妥的方法称为邦费罗尼校正法。这种方法的原理非常简单：同时检验有 $m$ 个假设的假设族时，保持一个合适的族系误差率的方法是，在 $1/m*\alpha$ 的水平上检验每个独立的假设。如果使用邦费罗尼校正法在 $\alpha = 0.05$ 的水平上检验意大利和

---

① 在代码中，实际的样本量为30。——译者注

日本选手之间的差异是否显著，就应该看看P-值是否小于0.05/10，也就是0.005。这样的话，差异就是不显著的。

如果要进行的检验非常多，或者这些检验中使用的检验统计量之间存在正相关，那么邦费罗尼校正法就相当保守了（也就是说，它经常会在应该拒绝原假设的情况下接受原假设）。另外一个问题是，对于"假设族"这个概念，现在还没有一个公认的定义。很明显，由图19-12中的代码生成的假设之间是相关的，所以必须进行校正。但有些时候，我们很难说清楚问题。

## 第 20 章

# 条件概率与贝叶斯统计

迄今为止，我们使用的统计方法在统计学中都称为频率论方法。我们从样本中得出的结论完全基于数据的频率或比例。这是最常用的一种推理框架，已经发展成为一种非常成熟的理论，主要内容包括本书前面介绍过的假设检验和置信区间。从原则上说，这种方法的优点是无偏性，结论仅仅建立在观测到的数据之上。

但是，某些情况更适合使用另外一种统计方法：贝叶斯统计。看一下图20-1中的卡通图画。[1]

图20-1　太阳爆炸了吗？

图画中是什么情况呢？频率论统计学家很清楚，只有两种可能：探测器掷出一对6，表示它

---

说了谎；或者掷出其他的数，表示它说的是真的。因为没有掷出一对6的概率是35/326（97.22%），所以频率论统计学家得出结论，探测器可能说的是真话。因此，太阳真的可能爆炸了。[1]

贝叶斯统计学家在建立概率模型时会加入额外的信息。他也认为探测器不太可能掷出一对6，然而，他主张要将探测器说真话的概率与太阳没有爆炸的先验概率进行比较。这位贝叶斯统计学家最终认为，太阳没有爆炸的概率比97.22%还要大，并决定赌一把"太阳明天照常升起"。

## 20.1　条件概率

构成贝叶斯推理基础的核心思想就是条件概率。

在以前对概率的讨论中，我们依赖于一种前提假设，即事件都是独立的。例如，我们会这样假设，抛出一枚硬币的结果是正面还是反面，与上一次抛掷的结果是正面还是反面无关。这种假设对于数学计算非常方便，但生活并不总是这样。在很多实际情况中，独立性是个糟糕的假设。

考虑一下随机选择出一个体重超过180磅的美国成年男性的概率。男性的概率为0.5，体重超过180磅（美国人的平均体重[2]）的概率也大约是0.5。[3]所以，如果这两个事件是独立的，那么找出一个既是男性体重又超过180磅的人的概率就是0.25。但是，这两个事件不是独立的，因为美国男性的平均体重要比女性多30磅。所以，这个问题应该是这样的：(1)选择一个男性的概率是多少；(2)如果选择出来的人是男性，那么这个人的体重超过180磅的概率是多少。使用条件概率的表示方法可以更容易地表述这个问题。

P(A|B)表示当B为真时，A为真的概率，它经常读作"给定B时，A的概率"。因此，公式：

$$P\ (male)*P(weight > 180 \mid male)$$

准确表达了我们要找出的概率。如果P(A)和P(B)是独立的，那么P(A|B) = P(A)。对于前面的例子，B表示男性，A表示体重>180。

一般地，如果P(B) ≠ 0，则：

$$P(A|B) = \frac{P(A + B)}{P(B)}$$

与一般的概率一样，条件概率也位于0和1之间。而且，如果A表示not A，那么P(A|B) + P(|B) = 1。人们经常错误地认为P(A|B)等于P(B|A)，但这种想法是完全站不住脚的。例如，P(male|Maltese)的值大约等于0.5，但P(Maltese|male)只有大约0.000064。[4]

**实际练习**：估计一下随机选择一个体重大于180磅的美国男性的概率。假设美国人口的50%

---

[1] 如果你信奉的是频率论，那么请注意这几张卡通只是在恶搞，并不是在批评你虔诚的信仰。

[2] 这个数字可能会使你震惊，但它是正确的。美国成年人的平均体重要比日本成年人的平均体重多40磅。世界上成年人平均体重超过美国的国家只有3个：瑙鲁、汤加和密克罗尼西亚。

[3] 体重超过中位数的概率是0.5，并不意味着体重超过均值的概率也是0.5。但是，为了讨论的需要，我们假装这两个概率是相等的。

[4] 在这里，我们使用Maltese这个词表示马耳他人。我们可不知道世界上的雄性中间有多大比例是那种可爱的小狗。（Maltese的另一个意思是马尔济斯犬，一种产于马耳他的宠物狗。作者开了个玩笑。——译者注）

是男性，而且美国男性的体重服从均值为210磅、标准差为30磅的正态分布。（提示：可以考虑使用经验法则。）

公式P(A|B, C)表示当B和C同时成立时，A成立的概率。假设B和C是互不相关的，那么通过条件概率的定义和独立概率的乘法法则可知：

$$P(A \mid B, C) = \frac{P(A,\ B,\ C)}{P(B, C)}$$

这里的P(A, B, C)表示A、B和C同时为真的概率。

同样地，P(A, B|C)表示当C为真时，A和B同时为真的概率。假设A和B是互不相关的，那么：

$$P(A, B \mid C) = P(A \mid C) * P(B \mid C)$$

## 20.2　贝叶斯定理

假设一个四十多岁的没有临床症状的女性做了一次乳腺X光检查，然后收到了一个坏消息：检查结果是"阳性"。[1]

患有乳腺癌的女性通过乳腺X光检查确诊的真阳性概率为0.9。而没有患乳腺癌的女性通过乳腺X光检查误诊为乳腺癌的假阳性概率为0.07。

我们可以使用条件概率表示以上的事实。令：

```
Canc = has breast cancer
TP = true positive
FP = false positive
```

使用这些变量，我们可以得到如下条件概率：

```
P(TP | Canc) = 0.9
P(FP | not Canc) = 0.07
```

知道了这些条件概率，那么一个年过不惑的女性应该如何面对阳性的乳腺X光检查结果呢？她确实罹患乳腺癌的概率是多少？因为假阳性率是7%，所以概率应该是0.93吗？还是应该比这个大，抑或比这个小？

这个问题很复杂：我们没有提供足够的信息可以使你给出一个合理的解答。要回答这个问题，你需要知道年过四十的女性罹患乳腺癌的先验概率。对于四十多岁的女性来说，患有乳腺癌的比例是0.008（1000个人中有8个）。因此，没有乳腺癌的比例是1 – 0.008 = 0.992。也就是说：

```
P(Canc | woman in her 40s) = 0.008
P(not Canc | woman in her 40s) = 0.992
```

现在我们已经有了足够的信息，可以解决年过四十的女性所担心的问题了。要计算出她患有乳腺癌的概率，我们需要使用贝叶斯定理[2]（通常称为贝叶斯定律或贝叶斯法则）：

20

<hr/>

① 在医疗术语中，"阳性"测试结果通常是坏消息，因为它意味着发现了疾病的症状。

② 贝叶斯定理是以英国牧师托马斯·贝叶斯（1701—1761）的名字命名的，在他去世两年之后才第一次发表。拉普拉斯普及了这个定理，他在1812年发表的《概率分析理论》一书中，提出了这个定理的现代表示方法。

$$P(A \mid B) = \frac{P(A)*P(B \mid A)}{P(B)}$$

在贝叶斯统计中，概率测量的是可信度。贝叶斯定理表明了不考虑证据的可信度和考虑了证据的可信度之间的关系。公式等号左边的部分 $P(A \mid B)$ 是后验概率，即考虑了 B 之后的 A 的可信度。后验概率定义为先验概率 $P(A)$ 与证据 B 对 A 的支持度的乘积。支持度是 A 成立的情况下 B 成立的概率与不考虑 A 时 B 成立的概率的比值，即 $\frac{P(B \mid A)}{P(B)}$。

如果使用贝叶斯定理来估计那位女性确实患有乳腺癌的概率，我们可以得到（Canc 即贝叶斯定理中的 A，Pos 则是 B）：

$$P(Canc \mid Pos) = \frac{P(Canc)*P(Pos \mid Canc)}{P(Pos)}$$

检查结果为阳性的概率为：

$$P(Pos) = P(Pos \mid Canc)*P(Canc) + P(Pos \mid not\ Canc)*(1 - P(Canc))$$

所以

$$P(Canc \mid Pos) = \frac{0.008*0.9}{0.9*0.008 + 0.07*0.992} = \frac{0.0072}{0.07664} \approx 0.094$$

也就是说，大约 90% 的乳腺 X 光检查阳性结果都是假阳性！[1]在这里，贝叶斯定理能够起作用的原因就是，我们对四十岁以上的女性患乳腺癌的概率有一个准确的估计。

请一定记住，如果先验概率是错的，那么估计后验概率时，只能使估计结果更坏，而不是更好。举例来说，如果开始时的先验概率为：

```
P(Canc | women in her 40's) = 0.6
```

那么我们会得出假阳性率大约为 5%，也就是说，四十岁以上的女性在乳腺 X 光检查结果为阳性的情况下，患有乳腺癌的概率是 0.95。

**实际练习**：你正在森林中漫步，突然发现一片看上去非常鲜美的蘑菇。你采了满满一篮蘑菇，准备回家为丈夫准备一顿丰盛的晚餐。但是，在烹制蘑菇之前，丈夫建议你找本关于本地蘑菇种类的书参考一下，看看它们是否有毒。这本书说，在本地的森林中，80% 的蘑菇都是有毒的。然而，你将你采的蘑菇与书中图片里的蘑菇对比了一下，确定有 95% 的把握可以认为你的蘑菇是安全的。那么你是否应该将蘑菇做给丈夫吃（如果你不想成为寡妇的话）？

## 20.3  贝叶斯更新

通过应用贝叶斯定理，贝叶斯推理提供了一种理论方法，可以使用新的证据修正先前的可信度。贝叶斯定理可以迭代使用：观测到一些新证据之后，可以将原来的后验概率作为先验概率，并根据新的证据计算出新的后验概率。这使得贝叶斯定理可以应用在各种类型的证据上，无论是

①在医学界，对于是否应该使用乳腺 X 光作为某些人群的常规检查项目有过激烈的争论，这就是原因之一。

一下子同时出现的证据，还是随着时间推移逐渐出现的证据。这个过程就称作贝叶斯更新。

我们看一个例子。假设你有一个袋子，其中装有相同数量的三种骰子，每种骰子掷出6的概率都不一样。A类型的骰子掷出6的概率是1/5，B类型的骰子掷出6的概率是1/6，C类型的骰子掷出6的概率是1/7。把手伸进袋子，抓出1个骰子，并估计这个骰子是A类型的概率。甚至不需要很多概率知识你就可以知道，这个概率的最优估计值是1/3。然后，掷两次骰子，并根据结果修正你的估计。如果每次都掷出6，那么很明显这个骰子是A类型的可能性要更大一些。那么这个更大的可能性是多少呢？我们可以使用贝叶斯更新来回答这个问题。

根据贝叶斯定理，第一次掷出6后，这个骰子是A类型的概率为：

$$P(A \mid 6) = \frac{P(A) * P(6 \mid A)}{P(6)}$$

其中：

$$P(A) = \frac{1}{3}, \ P(6 \mid A) = \frac{1}{5}, \ P(6) = \frac{\frac{1}{5} + \frac{1}{6} + \frac{1}{7}}{3}$$

图20-2中的代码实现了贝叶斯定理，并使用这个定理计算出骰子是A类型的概率。请注意，第二次调用calcBayes函数时，使用了第一次调用的结果作为A的的先验概率。

```
def calcBayes(priorA, probBifA, probB):
    """priorA: A独立于B时的初始概率估计值
       probBifA: A为真时，B的概率估计值
       probB: B的概率估计值
       返回priorA*probBifA/probB"""
    return priorA*probBifA/probB

priorA = 1/3
prob6ifA = 1/5
prob6 = (1/5 + 1/6 + 1/7)/3

postA = calcBayes(priorA, prob6ifA, prob6)
print('Probability of type A =', round(postA, 4))
postA = calcBayes(postA, prob6ifA, prob6)
print('Probability of type A =', round(postA, 4))
```

图20-2 贝叶斯更新

运行这段代码，会输出：

```
Probability of type A = 0.3925
Probability of type A = 0.4622
```

可以看出，这个概率估计的修正值是一直上升的。

那么，如果两次投掷都没有掷出6，会是什么情况呢？将图20-2中的最后4行代码替换为以下代码：

```
postA = calcBayes(priorA, 1 - prob6ifA, 1 - prob6)
print('Probability of type A =', round(postA, 4))
postA = calcBayes(postA, 1 - prob6ifA, 1 - prob6)
print('Probability of type A =', round(postA, 4))
```

会输出：

```
Probability of type A = 0.3212
Probability of type A = 0.3096
```

可以看出，这个概率估计的修正值在一直下降。

假设有理由相信袋子中90%的骰子都是A类型，只需将原来代码中的先验概率priorA修改为0.9即可。这样，如果模拟两次投掷都没有掷出6的情况，代码会输出：

```
Probability of type A = 0.8673
Probability of type A = 0.8358
```

可见，先验概率有多么重要！

我们再做一个实验。仍然保持priorA = 0.9，看看如果抓出的骰子实际上是C类型会发生什么。图20-3中的代码模拟了掷200次C类型的骰子（它掷出6的概率是1/7），然后在每20次投掷之后，对这个骰子是A类型的概率进行一次修正，并输出修正后的估计值。

```
numRolls = 200
postA = priorA
for i in range(numRolls+1):
    if i%(numRolls//10) == 0:
        print('After', i, 'rolls. Probability of type A =',
              round(postA, 4))
    isSix = random.random() <= 1/7 #because die of type C
    if isSix:
        postA = calcBayes(postA, prob6ifA, prob6)
    else:
        postA = calcBayes(postA, 1 - prob6ifA, 1 - prob6)
```

图20-3   对较差先验概率的贝叶斯更新

运行这段代码，会输出：

```
After 0   rolls. Probability of type A = 0.9
After 20  rolls. Probability of type A = 0.4294
After 40  rolls. Probability of type A = 0.3059
After 60  rolls. Probability of type A = 0.2662
After 80  rolls. Probability of type A = 0.1552
After 100 rolls. Probability of type A = 0.0905
After 120 rolls. Probability of type A = 0.0962
After 140 rolls. Probability of type A = 0.1251
After 160 rolls. Probability of type A = 0.1089
After 180 rolls. Probability of type A = 0.0776
After 200 rolls. Probability of type A = 0.0553
```

好消息是，即使是在给定了一个有误导性的先验概率的情况下，当试验次数逐渐增加时，后验概率还是逐渐收敛于真相。顺便提一句，我们还要注意，这个过程不是单调收敛的。120次投掷之后的概率要高于100次投掷之后的概率，说明这20次投掷更符合骰子是A类型的情况，而不是B类型或C类型。

如果我们从一个更好的先验概率开始，后验概率会收敛得更快。如果回到1/3的初始先验概率，那么在100次投掷之后，后验概率就收敛到了0.0335；在200次投掷之后，则收敛到0.0205。

## 第 21 章

# 谎言、该死的谎言与统计学

"如果你想证明某事，却发现没有能力办到，那么试着解释其他事情并假装它们是一回事。在统计资料与人类思维冲撞所引起的耀眼光芒中，几乎没有人会发现它们的区别。"①

统计思维出现的历史并不长。在多数有记载的历史中，人们更喜欢以定性的方式去评价事物，而不是以定量的方式。人们对一些统计事实已经形成了一种直观的认识（例如女人通常比男人矮），但他们缺少一种数学工具，可以将口口相传的证据转换为统计结论。在17世纪中叶，这种情况终于开始转变，最突出的标志就是约翰·格朗特出版了他的著作*Natural and Political Observations Made Upon the Bills of Mortality*。在这本开创性的著作中，他使用统计分析的方法，根据死亡名单估计伦敦的人口数量，并试图提供一个模型以预测瘟疫的传播。

遗憾的是，自此之后，人们对统计学的使用可以说是喜忧参半，统计所造成的误导和收获的成果几乎一样多。有些人故意使用统计学来误导他人，有些人则仅仅因为能力不够而造成了误导。我们会在本章中讨论几种方法，人们经常被这几种方法所愚弄，从统计数据中得出一些不恰当的推断。我们相信，你在使用这些信息时仅仅是出于善意，是为了既能更好地应用统计信息，也能更诚实地提供和传播统计信息。

## 21.1 垃圾输入，垃圾输出

"我曾经有两次被（国会议员）问道：'巴贝奇先生，如果你向计算机中输入了错误的数字，会得出正确结果吗？'我实在无法理解，思维该有多么混乱才能问出这种愚蠢的问题。"

——查尔斯·巴贝奇②

道理很简单，如果输入数据有严重缺陷，那么无论怎样进行统计处理，都无法产生有意义的结果。

---

① Darrell Huff, *How to Lie with Statistics*, 1954.

② 1791—1871，英国数学家兼机械工程师，被认为设计了第一台可编程计算机。他从来没有制造出可以实际工作的计算机，但在1991年，有人根据他的初始设计制造了可以求解多项式的机械设备。

1840年美国的人口普查显示，在自由的黑人和黑白混血人群中，患有精神病的比例是黑人奴隶和黑白混血奴隶的10倍。这个结论非常明显。正如美国参议员（也是前副总统和后来的国务卿）约翰·C.卡尔霍恩所说："这次人口普查中的精神病数据是不容质疑的，根据这个数据，我们得出了这样的结论，废除奴隶制就是对黑人的诅咒。"不用担心，因为人们后来很快就弄清楚了，这次人口普查的数据错误百出。就像卡尔霍恩向约翰·昆西·亚当斯所解释的那样："错误太多了，它们彼此抵消，并导致了同一个结论，所以看上去好像都是正确的。"

卡尔霍恩（可能是故意的）提供给亚当斯的虚假信息基于一个经典的错误，即独立性假设。如果他更会玩弄数学游戏的话，就应该这样说："我确信统计误差是无偏的，并且互相独立，因此平均地分布在均值两侧。"实际上，后来的分析表明，数据的误差有极其严重的偏差，以至于无法得出任何统计上有效的结论。[1]

## 21.2    检验是有缺陷的

每种实验都可以看作具有潜在缺陷的检验。我们可以检验某种化学成分、某种现象、某种疾病，等等。然而，我们所检验的事件不一定与检验结果相同。教授设计考试的目的是为了了解学生对某门学科的掌握程度，但考试结果不能与学生的实际掌握程度相混淆。每种检验都有其固有的误差率。假设一名学习第二外语的学生被要求学会100个单词的含义，但他只学会了其中80个，那么他的掌握程度就是80%。但使用20个单词对他进行测试时，他答对80%的概率则肯定不是1。

检验结果既可以是假阴性，也可以是假阳性。正如我们在第20章中所看到的，即使乳腺X光检查结果为阴性，也不能保证没有罹患乳腺癌；同样，阳性结果也不意味着肯定患有乳腺癌。而且，检验的概率和事件的概率也不是一回事，特别是检验一个罕见的事件时就更是如此。例如检验一种罕见的疾病，如果假阴性的成本特别高（如没有检查出一种严重的但可治愈的疾病），那么检验就应该设计成高度灵敏的，即使这样会导致大量假阳性的结果。

## 21.3    图形会骗人

毫无疑问，使用图形可以快速表达信息。但如果草率地（或恶意地）使用图形，就有可能造成严重的误导。例如，图21-1表示美国中西部各州房价。

看一下图21-1的左图，似乎在2006~2009年，房价都非常平稳。且慢！2008年末的全球金融危机过后，美国住宅房地产价格不是有一轮暴跌吗？确实是这样的，如右图所示。

这两张图展示的数据完全一样，但给人的印象却大相径庭。左图给人的印象是房价一直非常平稳。在Y轴上，设计者使用的标度范围是故意为之，最低平均房价是荒谬可笑的1000美元，最高平均房价则是不可思议的500 000美元。这样就极大地压缩了房价变化的区间，造成了一种房价变动非常小的假象。右图则是传达房价不规律变化直至最后崩溃的印象。设计者精心挑选了一段很窄的价格范围，使得房价变动看起来有些夸张。

---

[1] 我们应该注意到，卡尔霍恩在职的时间距今已经150多年了。不言而喻，并非只有当代政客才会想方设法地滥用统计学来获得支持。

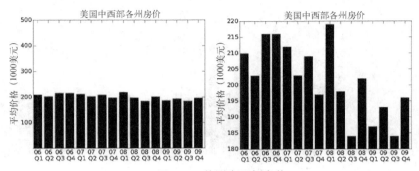

图21-1　美国中西部房价

图21-2中的代码生成了以上两张图，还生成了一张试图准确表达房价变化的图，它使用了两种以前没有介绍过的绘图功能。代码调用pylab.bar(quarters, prices, width)生成了一张给定柱宽的柱状图，柱子左侧边缘对应列表quarters中各个元素的值，柱子高度对应列表prices中相应元素的值。函数pylab.xticks(quarters+width/2, labels)则描述了各个柱子所对应的标签，第一个参数设定了标签的位置，第二个参数设定了标签中的文本。函数yticks的功能也是一样的。调用plotHousing('fair')可以生成图21-3。

```python
def plotHousing(impression):
    """假设impression是字符串，它的值必须是'flat'、'volatile'和'fair'之一
       生成一个柱状图表示房价随时间的变化。"""
    f = open('midWestHousingPrices.txt', 'r')
    #文件中每行都包括美国中西部地区的季度房价
    #柱形的X轴坐标
    labels, prices = ([], [])
    for line in f:
        year, quarter, price = line.split()
        label = year[2:4] + '\n Q' + quarter[1]
        labels.append(label)
        prices.append(int(price)/1000)
    quarters = pylab.arange(len(labels)) #柱形宽度
    width = 0.8 #Width of bars
    pylab.bar(quarters, prices, width)
    pylab.xticks(quarters+width/2, labels)
    pylab.title('Housing Prices in U.S. Midwest')
    pylab.xlabel('Quarter')
    pylab.ylabel('Average Price ($1,000\'s)')
    if impression == 'flat':
        pylab.ylim(1, 500)
    elif impression == 'volatile':
        pylab.ylim(180, 220)
    elif impression == 'fair':
        pylab.ylim(150, 250)
    else:
        raise ValueError

plotHousing('flat')
pylab.figure()
plotHousing('volatile')
```

图21-2　绘制房价

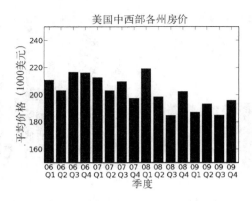

图21-3　房价的另一种表达

## 21.4　Cum Hoc Ergo Propter Hoc[①]

有资料表明，经常上课的大学生的平均成绩要比偶尔上课的大学生的平均成绩更高。于是我们这些授课老师就会相信，这是因为学生们在我们的课堂上学到了一些东西。当然，这些学生成绩好的原因至少还有另外一种同样的可能性，即爱上课的学生也更能努力学习。

相关性是一种测度，用来表示两个变量在同一方向上发生变化的程度。如果 x 与 y 在变化方向上相同，那么这两个变量就是正相关；如果变化方向相反，就是负相关；如果变量之间没有关系，那么相关性就是0。人的身高与父母的身高是正相关的，玩游戏的时间则与平均成绩点数是负相关的。

当两件事情具有相关性时，人们很容易认为一件事是引起另一件事的原因。考虑一下北美的流感发病率，发病数量的增加和减少看起来是可以预测的。夏季几乎没有发病报告，到了初秋，发病数量开始逐渐增加；当下一个夏季临近时，数量又开始下降。再考虑一下儿童的上学情况。暑假时学校中的学生很少，初秋开学后，学校里的学生开始增加；当下一个暑假临近时，学校里的学生又开始减少。

学校开学与流感发病率增加之间的相关性是确实存在的，这就使很多人认为，去学校是导致流感传播的一个重要原因。有可能是这样，但我们不能仅仅根据相关性就得出这个结论。相关性并不等于因果关系！毕竟，这种相关性也可以很容易地解释为流感爆发导致了学校开学。或者，两方面都不存在因果关系，而是一些我们还不知道的潜在变量引发了这两种情况。实际上，在凉爽干燥的气候中，流感病毒的存活时间要明显长于炎热湿润的气候；而在北美洲，感冒流行季与学校学期都与凉爽干燥的气候有关。

如果有足够多的历史数据，那么很可能会找到两个相关的变量，如图21-4所示。[②]

---

[①] 像律师与物理学家一样，统计学家有时会使用拉丁语，除了显示自己博学多才之外，没有什么其他用处。这句话的意思是"于是，就知道为什么是这样了"。

[②] Stephen R. Johnson，"The Trouble with QSAR (or How I Learned to Stop Worrying and Embrace Fallacy)"，J. Chem. Inf. Model., 2008.

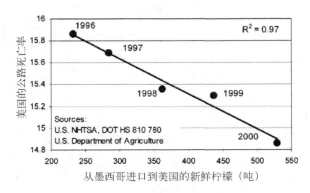

图21-4　墨西哥柠檬能挽救生命吗？

　　找到这种相关性的时候，我们要做的第一件事就是，看看是否有一种说得通的理论可以解释这种相关性。

　　如果错将相关性当作因果关系，结果会非常危险。2002年初，大约600万美国女性接受了激素替代疗法，因为她们相信这种疗法可以大幅降低患心血管疾病的风险。这种信任来自于一些已经发表的非常著名的研究成果，这些研究表明，接受HRT的女性因心血管疾病死亡的比例会降低。

　　然而，《美国医疗学会杂志》上的一篇文章使很多女性和她们的医生感到震惊。文章明确宣称，接受HRT实际上会增加患心血管疾病的风险[①]。怎么会这样呢？

　　对之前一些研究的重新分析表明，接受HRT的女性很可能在饮食和锻炼方面好于平均情况。这样在这些研究中，接受HRT的女性很可能本来就比其他女性更健康。因此，接受HRT和提高心血管健康水平只是常见原因引起的一种巧合。

## 21.5　统计测量不能说明所有问题

　　从一个数据集中可以计算出多个不同的统计量。通过对这些统计量的精心选择，同一份数据可以表达出很多种不同的意思。应对这种情况的有效手段是直接查看数据集本身。

　　1973年，统计学家F.J. 安斯科姆发表了一篇论文，其中有一张表格，如图21-5所示。这张表格包含了来自4个数据集中的点的坐标<x，y>。这4个数据集的$x$坐标具有同样的均值（9.0）和同样的方差（10.0），$y$坐标也具有同样的均值（7.5）和同样的方差（3.75），$x$和$y$之间的相关性也一样（0.816）。如果使用线性回归为每个数据集拟合一条直线，可以得到同样的结果：$y = 0.5x + 3$。

① Nelson HD, Humphrey LL, Nygren P, Teutsch SM, Allan JD. Postmenopausal hormone replacement therapy: scientific review. JAMA. 2002;288:872-881.

| x | y | x | y | x | y | x | y |
|------|-------|------|------|------|-------|------|-------|
| 10.0 | 8.04 | 10.0 | 9.14 | 10.0 | 7.46 | 8.0 | 6.58 |
| 8.0 | 6.95 | 8.0 | 8.14 | 8.0 | 6.77 | 8.0 | 5.76 |
| 13.0 | 7.58 | 13.0 | 8.74 | 13.0 | 12.74 | 8.0 | 7.71 |
| 9.0 | 8.81 | 9.0 | 8.77 | 9.0 | 7.11 | 8.0 | 8.84 |
| 11.0 | 8.33 | 11.0 | 9.26 | 11.0 | 7.81 | 8.0 | 8.47 |
| 14.0 | 9.96 | 14.0 | 8.10 | 14.0 | 8.84 | 8.0 | 7.04 |
| 6.0 | 7.24 | 6.0 | 6.13 | 6.0 | 6.08 | 8.0 | 5.25 |
| 4.0 | 4.26 | 4.0 | 3.10 | 4.0 | 5.39 | 19.0 | 12.50 |
| 12.0 | 10.84 | 12.0 | 9.13 | 12.0 | 8.15 | 8.0 | 5.56 |
| 7.0 | 4.82 | 7.0 | 7.26 | 7.0 | 6.42 | 8.0 | 7.91 |
| 5.0 | 5.68 | 5.0 | 4.74 | 5.0 | 5.73 | 8.0 | 6.89 |

图21-5　安斯科姆的4个数据集

　　那么，这是否意味着这4个数据集之间没有明显的区别？答案是否定的。绘制这些数据即可看出它们之间有明显区别，如图21-6所示。

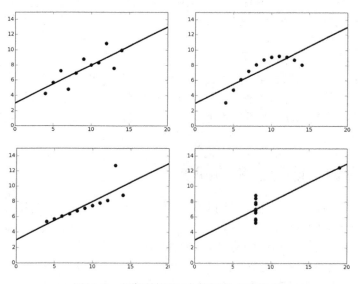

图21-6　安斯科姆的4个数据集中的数据

　　道理很简单：如果可能，一定要使用某种方式表示原始数据。

## 21.6　抽样偏差

　　第二次世界大战期间，同盟国的飞机只要是执行完欧洲战场的任务，返回后都要进行检查，看看飞机哪里容易被防空高射炮击中。根据这些数据，机械师会对更容易被击中的区域进行加固。

这样做有什么问题吗？他们没有检查那些未能从任务中返回的飞机，因为这些飞机被炮火击落了。或许这些无法检查的被击落的飞机会提供更准确的数据，因为它们被炮火击中的位置才是能造成最大伤害的地方。这种类型的错误被称为无反应偏差，在调查中非常常见。例如，很多大学到了期末的时候都会要求学生对某一门课的教学质量进行评估。尽管这种调查的结果通常都不令人满意，但实际情况可能更糟糕。那些认为这门课太糟糕而根本不去上课的学生一般都不会参与这种调查。[①]

正如第17章中讨论过的，所有统计技术都基于这个假设：通过对从总体中抽取出的样本进行分析，我们可以推测总体的整体性质。如果使用随机抽样，那么可以对样本与总体之间的关系做出精确的数学推导。遗憾的是，在很多研究中，特别是社会学研究中，使用的抽样方法称为便利抽样。这种方法在选择样本时，主要考虑的是获取样本的容易程度。为什么如此多的心理学研究使用的样本是本科生？因为在校园里很容易找到本科生。便利抽样也可以是有代表性的，但没有一种方法能够确定它是否真的有代表性。

## 21.7 上下文很重要

我们很容易对数据进行过度解读，特别是在没有上下文的情况下。2009年4月29日，CNN报道："墨西哥卫生官员怀疑猪流感的爆发导致了大约2500人被感染，并至少有159人死亡。"真是太可怕了——直到我们知道美国每年因季节性流感而死亡的人数是36 000例。

一个经常被引用的精确统计是"多数车祸都发生在离家10英里的范围内"。那又怎么样呢？绝大多数人不就是在离家10英里的范围内开车吗！此外，"家"在这个上下文中的具体含义是什么？这个统计是将汽车的注册地点作为"家"，才计算出这个结果的。那我们是不是只要将汽车注册在遥远的地方，就可以降低发生车祸的概率？

对于美国政府减少民众持枪的倡议，反对者非常喜欢引用这一统计数字，即在任何一年中，美国大约99.8%的枪支都没有用于暴力犯罪。但是在没有上下文的情况下，我们很难了解这个数字的真正含义。它说明在美国没有很多枪支暴力吗？据美国步枪协会报道，该国大约有3亿私人枪支，3亿的0.2%就是600 000！

## 21.8 慎用外推法

根据现有数据很容易进行外推。我们在18.1.1节就进行了外推，将从线性回归得到的拟合结果进行了扩展，预测了回归中未使用的数据。只有在有效的理论依据的支持下，才能进行外推。特别是在进行直线外推时，要特别慎重。

考虑图21-7中的左图，它展示了1994~2000年美国互联网使用的增长。可以看到，直线是非常好的拟合。

图21-7中的右图使用这个拟合预测了以后几年使用互联网的人数占美国总人口的比例。这种

---

[①] 如果改成在线调查，那么不去上课的学生也能参与，这对教授的自尊心来说可不是一个好兆头。

预测有点令人难以置信，看上去到2009年的时候，几乎所有美国人都在使用互联网，这是不可能的。更加不可能的是，到2015年，超过140%的美国人在使用互联网。

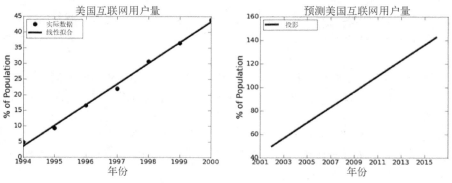

图21-7　美国互联网用户增长

## 21.9　得克萨斯神枪手谬误

假设你正开车行驶在得克萨斯的一条乡间小路上，突然发现一个谷仓上画着6个靶子，每个靶子的正中央都有一个弹孔。"是的，先生，"谷仓主人说："我从未失手。""没错，"他的妻子说，"在得克萨斯，没有一个人用刷子比你更准了。"明白了吗？谷仓主人先开了6枪，然后在弹孔周围画上了靶子。

图21-8　教授对学生扔粉笔的准确率大伤脑筋

一个经典案例出现在2001年。[1]据报道，阿伯丁皇家康希尔医院的一个研究小组发现，"患厌食症的女性最有可能出生于春天或初夏……三月到六月之间出生的女性厌食症患者要比平均数多13%，而只计算六月份则要比平均数多30%"。

---

[1] Eagles, John, et al., "Season of birth in females with anorexia nervosa in Northeast Scotland", *International Journal of Eating Disorders*, 30, 2, September 2001.

我们看一下这个令六月份出生的女性非常不安的统计结果。该小组研究了446位被诊断为厌食症的女性患者，所以每月出生的均值应该是37稍多一点。这说明六月份的出生人数应该是48（37*1.3）。我们写段小程序（图21-9）来估计一下仅凭偶然性出现这种情况的概率。

```python
def juneProb(numTrials):
    june48 = 0
    for trial in range(numTrials):
      june = 0
      for i in range(446):
          if random.randint(1,12) == 6:
              june += 1
      if june >= 48:
          june48 += 1
    jProb = round(june48/numTrials, 4)
    print('Probability of at least 48 births in June =', jProb)
```

图21-9　六月份出生48位厌食症患者的概率

运行juneProb(10000)，会输出：

```
Probability of at least 48 births in June = 0.0427
```

看来，仅凭偶然性在六月份至少出生48个婴儿的概率大约只有4.5%。所以，阿伯丁的这些研究者可能确实发现了一些有意义的东西。好吧，或许他们确实先假设六月份出生的婴儿更有可能患厌食症，然后再进行研究来检验这个假设。

但事实并非如此。相反，他们先观察数据，然后就像得克萨斯的神枪手一样，在六月份画了一个圆。正确的统计问题应该是，看看有一个月份至少出生48位婴儿的概率是多少。图21-10中的程序回答了这个问题。

```python
def anyProb(numTrials):
    anyMonth48 = 0
    for trial in range(numTrials):
      months = [0]*12
      for i in range(446):
          months[random.randint(0,11)] += 1
      if max(months) >= 48:
          anyMonth48 += 1
    aProb = round(anyMonth48/numTrials, 4)
    print('Probability of at least 48 births in some month =',aProb)
```

图21-10　某月出生48位厌食症患者的概率

运行anyProb(10000)，会输出：

```
Probability of at least 48 births in some month = 0.4357
```

由此可知，这项研究的结果完全有可能是由于偶然性而产生的，它不能说明出生月份和厌食症二者之间有真正的联系。并不是只有得克萨斯州的人才会成为得克萨斯神枪手谬误的受害者。

由此可见，实验结果的显著性依赖于实验的执行方式。如果阿伯丁小组从"更多厌食症患者出生在六月份"这个假设开始研究，那他们的结果就会更值得关注。但如果他们先假设有一个月份出生的厌食症患者特别多，那结果就不那么令人信服了。实际上，他们是在检验多重假设，可能应该使用邦费罗尼校正法（参见19.6节）。

阿伯丁小组下一步应该如何检验他们的新假设呢？一种可能的方式是进行前瞻性研究。在前瞻性研究中，先从一组假设开始，并根据这些假设归纳出一些研究主题，这些主题都可能产出有意义的结果（在本例中是厌食症）。然后对这些主题进行一段时间的持续研究，如果小组在某个特定主题的前瞻性研究中取得了符合假设的结果，那么这个假设就是令人信服的。

前瞻性研究所需的费用和时间花费都非常高。在回顾性研究中，我们可以通过检查现有数据来减少获得错误结果的可能性。18.4节讨论过一种常用的技术，就是将数据划分为训练集和暂时不用的测试集。例如，阿伯丁小组可以从数据中随机选择446/2位女性（作为训练集），然后计算每个月份的出生人数，之后再和其余女性（测试集）在每个月份的出生人数进行对比。

## 21.10    莫名其妙的百分比

一位投资顾问给他的客户打电话，汇报客户的股票投资组合在上个月涨了16%。他承认，一年中的股价会有些波动，但令人欣慰的是，平均每月变动是+0.5%。客户拿到当年结算单时，发现股票投资组合的价值在过去一年中居然下降了，可想而知，他该有多么气恼。

客户打电话给投资顾问，指责后者是个骗子。"在我看来，"他说，"我的投资组合的价值下降了8%，可你却告诉我每月上涨了0.5%。""我没这么说，"投资顾问答道，"我告诉你的是平均每月变动为+0.5%。"客户查看每月结算单时，发现投资顾问没有撒谎，但是误导了他。客户的投资组合的价值在前半年每月下降了15%，在后半年则每月提高了16%。

考虑百分比时，我们一定要注意计算百分比时使用的基数。在本例中，相对于16%的提高速度，以15%的速度下降时的基数更大。

基数很小时，百分比可以造成严重的误导。你可能读过相关报道，比如某种药品的副作用是增加某种疾病200%的发病率。但如果这种疾病的发病率本来就非常低，比如说百万分之一，那么你就可以认为，使用这种药品的风险完全可以被其正面效果所抵消。

## 21.11    不显著的显著统计差别

毛伊岛理工学院的一位招生负责人希望向全世界证明，他们学校的招生过程是"无性别歧视"的。这位负责人号称："在这里，男性与女性的平均学分绩点没有显著差别。"可就在同一天，一位狂热的女性沙文主义者宣布："在毛伊岛理工学院，女性的平均学分绩点要显著高于男性。"一位迷茫的学生小报记者决定研究一下数据，并曝光说谎者。但当她煞费苦心地终于弄到了大学的数据后，却发现这两个人说的都是真的。

"在毛伊岛理工学院，女性的平均学分绩点要显著高于男性。"这句话究竟是什么意思呢？没有学过统计学的人（大部分人）很可能会由此得出结论：女性和男性的GPA之间有"比较大的"差别。与此相反，刚刚学过统计学的人则会得出以下结论：(1) 女性的平均GPA要高于男性；(2) 原假设为GPA之间的差别是由随机性造成的，而我们可以在5%的水平上拒绝这个原假设。

举例来说，假设有2500名女性和2500名男性在该校学习。再假设男性的GPA是3.5，女性的GPA是3.51，女性和男性的GPA的标准差都是0.25。多数正常人都会认为这样的GPA差别是"不显著的"，然而从统计学的观点看，这个差别却是在2%的水平上"显著的"。出现这种情况的根源是什么呢？正如我们在19.5节中所说的，当一项研究具有足够的动力时，也就是有足够的样本时，即使不显著的差别在统计上也可以是显著的。

当研究规模非常小时，也会出现类似的问题。假设你抛了两次硬币，每次都是正面向上。下面，我们使用19.3节介绍过的双尾单样本检验，检验"硬币是均匀的"这个原假设。如果假设正面向上的值为1，反面向上的值为0，那么可以使用以下代码得到P-值：

```
stats.ttest_1samp([1, 1], 0.5)[1]
```

代码返回的P-值为0，说明如果硬币是均匀的，那么连续两次正面向上的概率为0。

## 21.12 回归假象

人们没有考虑到事件的正常波动时，就会产生回归假象。

所有运动员都有高峰期和低潮期。处于高峰期时，他们会努力保持，不做任何改变；处于低潮期时，他们总是尝试改变。不管这些改变是否真的有效，回归到均值（15.3节）的性质非常可能使运动员在做出改变的几天后的表现好于低潮期。但运动员非常可能认为这是处理效应，也就是说，他们会将竞技状态的提高归功于他们做出的改变。

诺贝尔心理学奖获得者丹尼尔·卡内曼讲过一个关于以色列空军飞行教员的故事。卡内曼认为，对好的表现进行奖励要比对错误进行惩罚的效果好，但这位教员可不这么看。教员的根据是："很多时候，实习飞行员漂亮地完成特技飞行动作时，我称赞他们；但下一次做同样的动作时，他们则完成得很糟糕。相反，他们出现操作失误时，我对着他们的耳机暴跳如雷；一般来说，他们下次就能做得好一些。"[1]我们经常会将回归假象当作处理效应，这是很自然的，因为我们很难进行周密的思考。有些时候，所谓处理效应仅仅是因为侥幸或者运气才出现的。

臆想出根本不存在的处理效应是十分危险的。它可以使我们相信疫苗接种对身体有害、蛇油可以包治百病、为上一年"击败市场"的共同基金倾注全部投资是一种好的策略。

21

---

[1] 《思考：快与慢》

## 21.13　小心为上

　　滥用统计学的历史可以轻松写出几百页，而且非常有意思。至此为止，你应该已经懂得这个道理：用数字说谎和用语言说谎一样容易。做出结论之前，一定要弄清楚你的测量检验对象的实际意义，以及那些"统计上显著"的结果是如何计算的。正如达莱尔·哈夫所说："如果你拷问数据的时间足够长，那么它会坦白一切。"[1]

---

[1] Darrell Huff, *How to Lie with Statistics*, 1954. 诺贝尔经济学奖获得者罗纳德·科斯也说过类似的话。

## 第 22 章

# 机器学习简介 22

当今世界的数据量增长速度简直超乎想象。从20世纪80年代开始，世界上的数据存储容量大约每3年就翻一番。在你读完本章的这段时间内，世界上的数据存储会增加$10^{18}$位。很难想象这个数字有多大，可以打个比方，$10^{18}$枚加拿大便士的面积大约是地球表面积的两倍。

当然，更多数据并不一定能提供更多有用信息。进化是一个缓慢的过程，人类思维对数据的吸收能力也不可能每3年就翻一番。如果要从"大数据"中尽可能提取有用信息，现在可以使用统计机器学习。

机器学习很难明确地定义。从某种意义上说，所有可用的程序都可以学习到一些东西。例如，对牛顿法的程序实现可以"学习"一个多项式的根。最早的一种机器学习定义是由美国电气工程师、计算机科学家亚瑟·塞缪尔[①]提出的，他给出的定义是："机器学习是使计算机不用特意编程就可以获得学习能力的研究领域。"

人类通过两种方式进行学习——记忆和归纳。我们通过记忆积累单个事实。例如，在英国，小学生会学习英国的历代君王。我们使用归纳从旧的事实推导出新的事实。例如，一个政治学专业的大学生会观察很多政客的行为，然后从这些观察中归纳出一个结论：所有政客都会在竞选活动中说谎。

当计算机科学家说起机器学习时，他们通常指的是进行一种训练，通过这种训练可以编写能自动学会根据数据隐含模式进行合理推断的程序。举例来说，通过线性回归（参见第18章）可以学习一条曲线，作为一组实例的模型，然后使用这个模型对未知实例进行预测。基本范式如下：

(1) 观察一组实例，通常称为训练数据，它们可以表示某种统计现象的不完整信息；

(2) 对观测到的实例进行扩展，并使用推断技术对扩展过程建模；

(3) 使用这个模型对未知实例进行预测。

举例来说，假设我们有图22-1中的两个姓名集合以及图22-2中的特征向量。

---

① 塞缪尔最著名的成就是开发了西洋跳棋程序。他从20世纪50年代开始开发，一直持续到20世纪70年代。尽管以现在的标准看这个程序不那么出色，但在当时非常引人关注。开发这个程序时，塞缪尔发明了很多至今仍在使用的技术。此外，塞缪尔的跳棋程序非常可能是第一个可以根据"经验"提高自己的程序。

```
A: {Abraham Lincoln, George Washington, Charles de Gaulle}
B: {Benjamin Harrison, James Madison, Louis Napoleon}
```

图22-1　两个姓名集合

```
Abraham Lincoln: [American, President, 193 cm tall]
George Washington: [American, President, 189 cm tall]
Charles de Gaulle: [French, President, 196 cm tall]
Benjamin Harrison: [American, President, 168 cm tall]
James Madison: [American, President, 163 cm tall]
Louis Napoleon: [French, President, 169 cm tall]
```

图22-2　为每个姓名关联一个特征向量

　　特征向量中的每个元素都对应着人的某个方面（也就是特征）。基于这些历史人物的有限信息，你可以推断出，为这些人物贴上标签A或是标签B的过程应该就是将高个总统与矮个总统区别开来的过程。

　　机器学习的方法数不胜数，但所有方法都试图建立一个模型来对现有实例进行归纳。所有方法都具有以下3个部分：

- ❏ 模型的表示；
- ❏ 用于评估模型优度的目标函数；
- ❏ 一种优化方法，可以通过学习找出一个模型，使目标函数值最小化或最大化。

　　一般来说，机器学习算法可以分为监督式学习方法和无监督式学习方法。

　　在监督式学习中，我们先从一组成对的特征向量和值开始。目标是从这些特征向量和值中推导出某种规则，以预测与未知的特征向量所对应的值。回归模型为每个特征向量关联一个实数。分类模型为每个特征向量关联一组数量有限的标签。[①]

　　我们在第18章介绍过一种回归模型——线性回归。在线性回归中，每个特征向量就是一个$x$坐标，与之对应的值则是相应的$y$坐标。根据这个特征向量和值的集合，我们可以学习一个模型，用来预测与任一$x$坐标对应的$y$坐标。

　　下面看一个简单的分类模型。我们已经有了图22-1中的带有A标签和B标签的总统集合，以及图22-2中的特征向量，那么可以生成图22-3中的特征向量/标签对。

```
[American, President, 193 cm tall], A
[American, President, 189 cm tall], A
[French, President, 196 cm tall], A
[American, President, 168 cm tall], B
[American, President, 163 cm tall], B
[French, President, 169 cm tall], B
```

图22-3　总统的特征向量/标签对

_____

① 很多机器学习文献会使用“类”这个词，而不使用“标签”。因为本书中的“类”已经被用来表示其他含义，所以我们还是使用“标签”来表示这个概念。

根据这些已经标注的实例，学习算法会推断出所有高个总统应该标注为A，所有矮个总统应该标注为B。需要为以下特征向量做标注时：

[American, President, 189 cm.]①

算法会应用学习到的规则选择标签A。

监督式机器学习在实际中有广泛的应用，例如检测信用卡欺诈行为，或向人们推荐电影。

在非监督式学习中，我们被给定一个没有标注的特征向量集合。非监督式学习的目标就是发现特征向量集合中的隐含模式。举例来说，给定总统特征向量的集合，非监督式学习算法会将总统分为高个和矮个，也可能分为美国人和法国人。一般来说，非监督式机器学习方法可以分为两种，一种是聚类方法，另一种是隐变量模型学习方法。

隐变量的值不能直接观测到，但可以通过其他可观测的变量的值推测出来。例如，大学的招生负责人可以根据学生的中学成绩和在标准测试中的表现等一系列观测值，推测出申请者是一个优秀学生（隐变量）的概率。隐变量模型学习方法非常多，但本书不做介绍。

聚类将实例集合划分为多个子集（称为"簇"），使得同一子集中的实例之间的相似度大于与其他子集中的实例的相似度。例如，遗传学家可以使用聚类方法找出相关的基因组。很多常用的聚类方法特别简单。

我们会在第23章介绍一种广泛使用的聚类方法，并在第24章介绍几种监督式学习方法。在本章后面的内容中，我们将讨论建立特征向量的过程，以及计算两个特征向量之间相似度的几种方法。

## 22.1　特征向量

信噪比这个概念在工程和科学的多个分支中都有应用，它的精确定义在不同的应用范围中也有变化，但基本思想非常简单，可以将它看作有用输入和无关输入的比值。在餐馆中，信号就是你的晚餐约会对象的声音，噪声就是其他食客的声音②。如果我们想预测哪个学生会在编程课中取得好成绩，那么以前的编程练习和数学能力就是部分信号，头发的颜色就仅仅是噪声。有时候很难区别信号与噪声，如果区分得不好，那么噪声就会造成干扰，掩盖真实的信号。

特征工程的目的就是将现有数据中可以作为信号的特征与那些仅是噪声的特征区分开来。特征工程的失败会导致糟糕的模型。当数据的维度（即特征的数量）相对于样本量来说比较大时，特征工程就具有较高的失败风险。

成功的特征工程是一个抽象过程，它可以将大量的可用信息缩减为可以用于归纳的信息。举例来说，如果你的目标是学习一个模型，用来预测某个人是否容易患心脏病，那么有些特征就可能是与之高度相关的，比如年龄。而其他特征就可能没那么重要，比如这个人是否是左利手。

可以使用特征消除技术自动识别特征集合中那些最可能有用的特征。例如，在监督式学习中，

---

① 这个人是托马斯·杰斐逊，他的身高就是189厘米。
② 除非你的约会对象超级无聊。如果真是这样，那么约会对象的谈话就变成了噪声，邻桌的谈话则成了信号。

我们可以选择那些与实例的标签具有最强相关性的特征①。但是，如果我们初始选择的特征不是有用特征的话，这些特征消除技术就几乎起不了什么作用。假设在处理心脏病实例时，我们在初始特征集合中包括了身高和体重，那就可能出现这样的情况。尽管身高和体重都不能对心脏病具有较高的预测能力，但是身体质量指数（BMI）却是一个非常好的特征。虽然BMI可以通过身高和体重计算出来，但是这个关系（以千克为单位的体重除以以米为单位的身高的平方）太复杂了，现有的机器学习技术还不能自动地找到这个关系。成功的机器学习过程经常需要一些领域的专家来对特征进行设计。

在非监督式学习中，这个问题更为棘手。我们通常会根据自己的直觉选择那些可能会与我们要寻找的结构相关的特征，但依靠直觉确定那些具有潜在相关性的特征是有问题的。比如，牙科病史对于未来的心脏病发作概率是不是一个好的预测特征？你能依靠直觉确定吗？

看图22-4的特征向量表格，以及与每个特征向量对应的标签（是否是爬行动物）。

| 名称 | 产卵 | 鳞片 | 有毒 | 冷血 | 腿 | 爬行动物 |
|------|------|------|------|------|-----|----------|
| 眼镜蛇 | 是 | 有 | 有 | 是 | 0 | 是 |
| 响尾蛇 | 否 | 有 | 有 | 是 | 0 | 是 |
| 巨蚺 | 否 | 有 | 无 | 是 | 0 | 是 |
| 短吻鳄 | 是 | 有 | 无 | 是 | 4 | 是 |
| 箭毒蛙 | 是 | 无 | 有 | 否 | 4 | 否 |
| 鲑鱼 | 是 | 无 | 无 | 是 | 0 | 否 |
| 蟒蛇 | 是 | 无 | 无 | 是 | 0 | 是 |

图22-4    各种动物的名称、特征和标签

对于一个监督式学习算法（或一个人）来说，如果只给定眼镜蛇的信息（即表中的第一行），那么它除了记住"眼镜蛇是爬行动物"外，其他什么也做不了。下面，我们再加上响尾蛇的信息。可以开始归纳并推断出这样一条规则：如果一个动物产卵、有鳞片、有毒、冷血、无腿，那么它就是爬行动物。

现在，我们需要确定巨蚺是否是爬行动物。回答是"否"，因为巨蚺既不有毒，也不产卵。但这是个错误答案。当然，仅从两个实例中归纳的结果是错误的，这也很正常。如果将巨蚺也加入到训练数据中，我们就会得到一条新规则：如果一个动物有鳞片、冷血、无腿，那么它就是爬行动物。这样，我们丢弃了"产卵"和"有毒"这两个特征，认为它们与这个分类问题无关。

如果使用新规则对短吻鳄进行分类，那么也会得出错误结论。因为它有腿，所以不是爬行动物。如果我们将短吻鳄也加入训练数据，那么新规则就允许爬行动物或者没有腿，或者有4条腿。当我们检查箭毒蛙时，就可以得出它"不是爬行动物"这个正确结论，因为它不是冷血的。但是，

---

① 因为特征经常在彼此之间是高度相关的，所以这种方法可能导致大量冗余特征。还有更加复杂的特征消除技术，但本书不做介绍。

当我们使用现有规则分类鲑鱼时，又错误地认为鲑鱼是爬行动物。虽然我们可以继续增加规则的复杂度来区分鲑鱼和短吻鳄，但最终还是无济于事，因为我们无法通过修改规则来正确分类鲑鱼和蟒蛇，这两种生物的特征向量是完全一样的。

这种问题在机器学习中再正常不过了。特征向量包含足够信息来完美地进行分类的情况是非常罕见的。这种情况下，问题就在于我们没有足够的特征。

如果加入一个事实：爬行动物的卵具有羊膜[1]，这样就可以设计规则将爬行动物和鱼区分开来。不幸的是，多数机器学习实际应用无法构造出具有完美识别能力的特征向量集合。

既然现有的特征都是噪声，那么是否意味着我们应该放弃？答案是否定的。在这种情况下，"鳞片"和"冷血"这两个特征是爬行动物的必要条件，但不是充分条件。如果有鳞片并且冷血，那么这种动物就是爬行动物，这一规则不会得到任何假阴性的结果。也就是说，用这个规则分类得到的非爬行动物肯定不是爬行动物。但它会得到一些假阳性结果，也就是说，分类得到的爬行动物有些不是爬行动物。

## 22.2  距离度量

在图22-4中，我们使用了4种二元特征和1种整数特征来描述动物。假设想使用这些特征计算两种动物之间的相似度，例如，看看响尾蛇与巨蚺更相似，还是与箭毒蛙更相似。[2]

完成这种比较的第一步是，将每种动物的特征转换为一个数值序列。如果令True = 1、False = 0，可以得到如下特征向量：

```
Rattlesnake: [1,1,1,1,0]
Boa constrictor: [0,1,0,1,0]
Dart frog: [1,0,1,0,4]
```

比较数值向量的相似度有很多种方法，最常用的比较等长向量的方法是基于闵可夫斯基距离[3]进行操作：

$$\text{distance}(V, W, p) = \left(\sum_{i=1}^{\text{len}} \text{abs}(V_i - W_i)^p\right)^{1/p}$$

这里的len是向量长度。

参数$p$至少为1，它定义了度量向量$V$和$W$之间距离时要经过的路径类型。[4]向量的长度为2时，$p$的作用是最容易表示的，因为可以使用笛卡儿坐标系表示。看一下图22-5。

---

[1] 羊膜是一种有保护作用的外层结构，它使卵可以产在陆地上，而不是必须在水中。

[2] 这个问题看上去很蠢，其实不然。博物学家和毒物学家（或某些想提高吹箭效率的人）可能会给出完全不同的答案。

[3] 另一种常用的距离度量是余弦相似度，它体现的是两个向量在方向上的差别，而不是在大小上的差别，多用于高维向量。

[4] 当$p = 0.5$时，考虑这3个点：A = (0, 0)，B = (1, 1)，C = (0, 1)，计算它们两两之间的距离，即A到B的距离是4，A到C的距离是1，C到B的距离是1。根据常识，从A经过C到B的距离不可能小于从A直接到B的距离。（数学家称这个性质为三角不等式，即对于任意一个三角形，其中任意两条边的长度之和必定大于第三条边的长度。）

图22-5    距离度量的可视化

左下角圆形离十字更近，还是离星形更近？这要看情况。如果我们可以沿着直线行进，那么十字更近。根据勾股定理，十字与圆形之间的距离是8的平方根，大约等于2.8，而我们可以非常容易地看出星形和圆形之间的距离是3。这种距离度量方式称为欧氏距离，对应于 $p=2$ 的闵可夫斯基距离。但是，如果将图中的线段想象成街道，并且必须经过街道才能从一个地方到达另一个地方，那么星形和圆形之间的距离仍旧是3，但十字与圆形之间的距离则变成了4。这种距离度量方式称为曼哈顿距离[1]，对应于 $p=1$ 的闵可夫斯基距离。图22-6给出一个实现闵可夫斯基距离的函数。

```python
def minkowskiDist(v1, v2, p):
    """假设v1和v2是两个等长的数值型数组
        返回v1和v2之间阶为p的闵可夫斯基距离"""
    dist = 0.0
    for i in range(len(v1)):
        dist += abs(v1[i] - v2[i])**p
    return dist**(1/p)
```

图22-6    闵可夫斯基距离

图22-7包含一个Animal类，将两种动物之间的距离定义为两种动物对应的特征向量之间的欧氏距离。

```python
class Animal(object):
    def __init__(self, name, features):
        """假设name是字符串；features是数值型列表"""
        self.name = name
        self.features = pylab.array(features)

    def getName(self):
        return self.name

    def getFeatures(self):
        return self.features

    def distance(self, other):
        """假设other是Animal类型的对象
            返回self与other的特征向量之间的欧氏距离"""
        return minkowskiDist(self.getFeatures(),
                             other.getFeatures(), 2)
```

图22-7    Animal类

---

[1] 曼哈顿岛是纽约人口最为密集的行政区。岛上大部分地区的街道都是棋盘式布局。所以 $p=1$ 时的闵可夫斯基距离可以非常好地描述从一个地方走到另一个地方的情形。不过在曼哈顿开车就完全是两码事了。

图22-8中的函数对一些动物进行了比较，并将它们之间的距离列在了一个表格中。函数代码使用了一种我们以前没有用过的Pylab绘图功能：table。

```
def compareAnimals(animals, precision):
    """假设animals是动物列表，precision是非负整数
       建立一个表格，表示每种动物之间的欧氏距离"""
    #获取行标签和列标签
    columnLabels = []
    for a in animals:
        columnLabels.append(a.getName())
    rowLabels = columnLabels[:]
    tableVals = []
    #计算动物之间的距离
    #对每一行
    for a1 in animals:
        row = []
        #对每一列
        for a2 in animals:
            if a1 == a2:
                row.append('--')
            else:
                distance = a1.distance(a2)
                row.append(str(round(distance, precision)))
        tableVals.append(row)
    #生成表格
    table = pylab.table(rowLabels = rowLabels,
                        colLabels = columnLabels,
                        cellText = tableVals,
                        cellLoc = 'center',
                        loc = 'center',
                        colWidths = [0.2]*len(animals))
    table.scale(1, 2.5)
    pylab.savefig('distances')
```

图22-8　建立动物彼此之间距离的表格

table函数会生成一张像表格一样的图（这真是个惊喜！）。关键字参数rowLabels和colLabels提供了表格中行和列的标签（本例中是动物名称）。关键字参数cellText提供了表格中各个单元格的值。在本例中，cellText与tableVals进行了绑定，tableVals是一个由字符串列表组成的列表，其中的每个元素都是一个列表，对应表格中一行单元格的值。关键字参数cellLoc指定文本在每个单元格中的位置，关键字参数Loc指定表格本身的位置。本例中使用的最后一个关键字参数是colWidth，它绑定了一个浮点数列表，给出了表格中每列的宽度（单位为英寸）。代码table.scale(1, 2.5)告诉PyLab将单元格的水平宽度保持不变，但是将垂直高度放大2.5倍（为了美观）。

执行以下代码：

```
rattlesnake = Animal('rattlesnake', [1,1,1,1,0])
boa = Animal('boa\nconstrictor', [0,1,0,1,0])
```

```
dartFrog = Animal('dart frog', [1,0,1,0,4])
animals = [rattlesnake, boa, dartFrog]
compareAnimals(animals, 3)
```

会生成图22-9中的表格，并将其保存到distances文件。

|  | 响尾蛇 | 巨蚺 | 箭毒蛙 |
|---|---|---|---|
| 响尾蛇 | -- | 1.414 | 4.243 |
| 巨蚺 | 1.414 | -- | 4.472 |
| 箭毒蛙 | 4.243 | 4.472 | -- |

图22-9　三种动物之间的距离

　　不出所料，响尾蛇与巨蚺之间的距离要小于这两种蛇与箭毒蛙之间的距离。顺便说一下，箭毒蛙与响尾蛇之间的距离要比巨蚺近一点。

　　在上面代码的最后一行之前插入以下代码：

```
alligator = Animal('alligator', [1,1,0,1,4])
animals.append(alligator)
```

会生成图22-10中的表格。

|  | 响尾蛇 | 巨蚺 | 箭毒蛙 | 短吻鳄 |
|---|---|---|---|---|
| 响尾蛇 | -- | 1.414 | 4.243 | 4.123 |
| 巨蚺 | 1.414 | -- | 4.472 | 4.123 |
| 箭毒蛙 | 4.243 | 4.472 | -- | 1.732 |
| 短吻鳄 | 4.123 | 4.123 | 1.732 | -- |

图22-10　四种动物之间的距离

　　你可能会非常惊讶，短吻鳄与箭毒蛙之间的距离要明显小于它与响尾蛇和巨蚺之间的距离。请花点时间思考原因。

　　短吻鳄的特征向量与响尾蛇的特征向量有两处不同：是否有毒和腿的数量。短吻鳄的特征向量与箭毒蛙的特征向量有三处不同：是否有毒、是否有鳞片和是否冷血。但是按照我们的距离度量方式，相对于响尾蛇，短吻鳄却与箭毒蛙更相似，这是为什么呢？

　　问题的根源在于，不同类型的特征有不同的取值范围。只有腿的数量范围是0~4，其余所有特征都是0或1。这说明计算欧氏距离时，腿的数量这个特征获得了太大权重。如果将这个特征也转换为二元特征，即动物没有腿时的值为0，其他情况为1，我们再来看看情况如何。

|  | 响尾蛇 | 巨蚺 | 箭毒蛙 | 短吻鳄 |
|---|---|---|---|---|
| 响尾蛇 | -- | 1.414 | 1.732 | 1.414 |
| 巨蚺 | 1.414 | -- | 2.236 | 1.414 |
| 箭毒蛙 | 1.732 | 2.236 | -- | 1.732 |
| 短吻鳄 | 1.414 | 1.414 | 1.732 | -- |

图22-11　使用另一种特征表示时的距离

这样看上去就合理多了。

当然，只使用二元特征有时也存在问题。在23.4节，我们会介绍一种更通用的方法来处理特征之间的规模差异。

第 23 章

# 聚 类

**23**

非监督式学习的主要任务是找出隐藏在未标注数据中的结构。最常用的非监督式机器学习方法就是聚类。

聚类可以定义为对多个对象的一种分组过程，这个过程使得组中成员在某种形式上是相似的。关键的问题就是定义"相似"的含义。图23-1表示13名人员的身高、体重和衬衫的颜色。

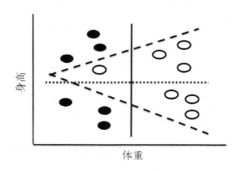

图23-1　身高、体重和衬衫类型

如果按照身高对人员进行聚类，很明显可以得到由水平虚线分隔的两个簇。如果按照体重对人员进行聚类，也可以很明显地得到由垂直实线分隔的两个簇。还可以有第三种聚类方法，即按照衬衫类型对人员进行聚类，这时可以由两条组成角度的短划线进行分隔。顺便说一下，最后一种分隔不是线性的，也就是说，我们不能使用一条单一的直线将人员按照衬衫类型区分开来。

聚类是一个最优化问题，它的目标是在一组约束条件的限制下找到一组簇，使目标函数最优化。进行聚类时，我们要先确定一种距离度量方式，用来确定两个实例之间的相似程度。还要定义一个目标函数，使得同一个簇中的实例之间的距离最小。也就是说，使得同一个簇中的实例之间的相异度最小。

可以用变异度测量单个簇 $c$ 中实例彼此之间的差异程度：

$$\text{variability}(c) = \sum_{e \in c} \text{distance}(\text{mean}(c), e)^2$$

这里的 $\text{mean}(c)$ 是簇中所有实例的特征变量的均值。多个向量的均值是按照它们的分量来计算的，需要将向量中对应的元素加在一起，再除以向量的个数。如果v1和v2是数值型的数组，那么表达式(v1 + v2)/2的值就是它们的欧氏均值。

这里所说的变异度和第15章中方差的概念非常相似，差别在于，变异度没有使用簇的大小进行标准化，所以当簇中的实例比较多时，簇的变异度就会比较大。如果想比较两个大小不同的簇的一致性，就需要用两个簇的差异度分别除以两个簇的大小。

变异度描述的是单个簇内的差异，它可以扩展为描述一个簇集合C的差异的相异度：

$$\text{dissimilarity}(C) = \sum_{c \in C} \text{variability}(c)$$

请注意，因为没有用变异度除以簇的大小，所以相对于小的紧密的簇，更大更分散的簇会使dissimilarity(C)的值增加得更多。相异度要的就是这种效果。

那么，最优化问题就是找到一个簇集合C，使得dissimilarity(C)的值最小吗？不完全是。因为这个最小化非常容易实现，只要将每个实例分成一个簇即可。我们需要加入一些限制条件。例如，可以限制簇之间的最小距离，或者要求簇的最大数量为k。

一般来说，我们感兴趣的大多数问题是不能靠计算求出最优解的，所以只能依靠贪婪算法找出近似解。23.2节提供了K均值聚类方法，但是我们要先介绍一些抽象类，可以使用它们实现上面所说的算法（以及其他聚类算法）。

## 23.1 Cluster 类

Example类用来建立要进行聚类的实例，如图23-2所示。对于每个实例，都有一个名称、一个特征向量和一个可选的标签。distance方法返回两个实例之间的欧氏距离。

```python
class Example(object):

    def __init__(self, name, features, label = None):
        #假设features是一个浮点数数组
        self.name = name
        self.features = features
        self.label = label

    def dimensionality(self):
        return len(self.features)

    def getFeatures(self):
        return self.features[:]

    def getLabel(self):
        return self.label

    def getName(self):
        return self.name

    def distance(self, other):
        return minkowskiDist(self.features, other.getFeatures(), 2)

    def __str__(self):
        return self.name +':'+ str(self.features) + ':'\
                + str(self.label)
```

图23-2　Example类

**23**

　　图23-3中的Cluster类稍微有点复杂。簇就是实例的集合。Cluster类中两个比较有趣的方法是computeCentroid和variability。可以将簇的质心看作其质量中心。computeCentroid会返回一个实例，这个实例的特征向量等于簇中实例的特征向量的欧氏均值。variability方法返回簇的变异度，可以用来衡量簇的一致性。

```python
class Cluster(object):

    def __init__(self, examples):
        """假设examples是一个非空的Example类型列表"""
        self.examples = examples
        self.centroid = self.computeCentroid()

    def update(self, examples):
        """假设examples是一个非空的Example类型列表
            替换examples；返回发生变化的质心数量"""
        oldCentroid = self.centroid
        self.examples = examples
        self.centroid = self.computeCentroid()
        return oldCentroid.distance(self.centroid)

    def computeCentroid(self):
        vals = pylab.array([0.0]*self.examples[0].dimensionality())
        for e in self.examples: #计算均值
            vals += e.getFeatures()
        centroid = Example('centroid', vals/len(self.examples))
        return centroid

    def getCentroid(self):
        return self.centroid

    def variability(self):
        totDist = 0.0
        for e in self.examples:
            totDist += (e.distance(self.centroid))**2
        return totDist

    def members(self):
        for e in self.examples:
            yield e

    def __str__(self):
        names = []
        for e in self.examples:
            names.append(e.getName())
        names.sort()
        result = 'Cluster with centroid '\
                + str(self.centroid.getFeatures()) + ' contains:\n '
        for e in names:
            result = result + e + ', '
        return result[:-2] #除去末尾的逗号和空格
```

图23-3　Cluster类

## 23.2　K均值聚类

K均值聚类可能是使用最广泛的聚类方法[①]。它的目标是将一个实例集合划分为$k$个簇，使得：

❏ 对于簇中的每个实例，这个簇的质心都离这个实例最近；

❏ 由这$k$个簇组成的簇集合的相异度最小。

不幸的是，在一个大数据集合上找出这个问题的最优解在计算上是不可行的。幸运的是，有一种非常有效的贪婪算法[②]可以找到非常好的近似解。这种算法由伪代码描述如下。

随机选择$k$个实例作为初始的簇质心

一直重复以下步骤：

(1) 将每个实例都分配给距离最近的质心，建立$k$个簇；

(2) 对每个簇中的所有实例取均值，计算出$k$个新质心；

(3) 如果所有质心都与上一次迭代时相同，则返回当前的簇集合。

第一个步骤的复杂度是$O(k*n*d)$，其中$k$是簇的数量，$n$是实例的数量，$d$是计算两个实例之间的距离所需的时间。第二个步骤的复杂度是$O(n)$，第三个步骤的复杂度是$O(k)$。所以，一次迭代的复杂度是$O(k*n*d)$。如果比较实例时使用的是闵可夫斯基距离，那么$d$就与向量长度成线性关系[③]。当然，整个算法的复杂度依赖于迭代次数，这个就不太容易确定了，只能说一般都比较少。

K均值算法的一个问题是，最后的返回值严重依赖于初始随机选择的质心集合。如果选择了一组非常糟糕的初始质心，那么算法得到的局部最优解会严重偏离全局最优解。在实际使用中，解决这个问题的一般方法是，多次选择初始质心集合以多次运行K-均值算法，然后选择使簇集合相异度最小的那个解。

图23-4中的函数trykmeans多次调用函数kmeans（参见图23-5），并选择相异度最小的结果。如果kmeans函数生成一个空的簇集合从而引起异常，trykmeans就重新进行调用，假定最终kmeans会选择一个能成功收敛的初始质心集合。

---

[①] 尽管K均值聚类可能是最常用的聚类方法，但它并不适用于所有场合。还有两种本书中没有介绍的常用方法，分别是层次聚类和EM聚类。

[②] 最常用的K均值算法由詹姆斯·麦奎恩提出，1967年首次发布。但是，早在20世纪50年代就有很多其他的K均值聚类方法得到使用。

[③] 不幸的是，在很多实际应用中，我们需要使用其他距离度量方式，比如推土机距离或动态时间弯曲距离，这些距离的计算复杂度更高。

```
def dissimilarity(clusters):
    totDist = 0.0
    for c in clusters:
        totDist += c.variability()
    return totDist

def trykmeans(examples, numClusters, numTrials, verbose = False):
    """调用kmeans函数numTrials次, 返回相异度最小的结果"""
    best = kmeans(examples, numClusters, verbose)
    minDissimilarity = dissimilarity(best)
    trial = 1
    while trial < numTrials:
        try:
            clusters = kmeans(examples, numClusters, verbose)
        except ValueError:
            continue #如果失败, 则重试
        currDissimilarity = dissimilarity(clusters)
        if currDissimilarity < minDissimilarity:
            best = clusters
            minDissimilarity = currDissimilarity
        trial += 1
    return best
```

图23-4    找出最好的K均值聚类结果

图23-5中的代码将对K均值算法的伪代码描述翻译为Python语言。唯一的不同是, 当某次迭代生成一个空簇时, 会引发一个异常。生成空簇是很罕见的, 它不会发生在第一次迭代中, 但会发生在随后的迭代中。当 $k$ 太大, 或者对初始质心的选择太差时, 经常会出现空簇。将空簇按照错误处理是Matlab使用的一种处理方法, 另外一种处理方法是创建一个新簇, 其中只有一个点, 这个点距离其他簇的质心最远。为了使算法实现更简单, 我们选择将其按照错误进行处理。

## 23.3    虚构示例

图23-7中的代码从两种分布中提取实例, 然后对实例进行生成、绘制和聚类。

函数genDistributions生成一个列表, 其中包含 $n$ 个实例, 每个实例都有一个二维特征向量。特征向量中的元素值都来自正态分布。

函数plotSamples可以绘制出一组实例的特征向量。它使用pylab.annotate在图形中点的旁边放置文本, 这个函数的第一个参数是要放置的文本, 第二个参数是与文本相对应的点, 第三个参数是文本与点的相对位置。

函数contrivedTest使用genDistributions创建两个分布, 每个分布中有10个实例(两个分布的标准差相同, 但均值不同), 并使用plotSamples绘制出这些实例, 然后使用trykmeans对其进行聚类。

调用contrivedTest(1, 2, True)绘制图23-6, 并输出图23-8。

```
def kmeans(examples, k, verbose = False):
    #随机选取k个初始质心，为每个质心创建一个簇
    initialCentroids = random.sample(examples, k)
    clusters = []
    for e in initialCentroids:
        clusters.append(Cluster([e]))

    #迭代，直至质心不再改变
    converged = False
    numIterations = 0
    while not converged:
        numIterations += 1
        #创建一个列表，包含k个不同的空列表
        newClusters = []
        for i in range(k):
            newClusters.append([])

        #将每个实例分配给最近的质心
        for e in examples:
            #找到离e最近的质心
            smallestDistance = e.distance(clusters[0].getCentroid())
            index = 0
            for i in range(1, k):
                distance = e.distance(clusters[i].getCentroid())
                if distance < smallestDistance:
                    smallestDistance = distance
                    index = i
            #将e添加到相应簇的实例列表
            newClusters[index].append(e)

        for c in newClusters: #Avoid having empty clusters
            if len(c) == 0:
                raise ValueError('Empty Cluster')

        #更新每个簇；检查质心是否变化
        converged = True
        for i in range(k):
            if clusters[i].update(newClusters[i]) > 0.0:
                converged = False
        if verbose:
            print('Iteration #' + str(numIterations))
            for c in clusters:
                print(c)
            print('') #add blank line
    return clusters
```

图23-5  K均值聚类

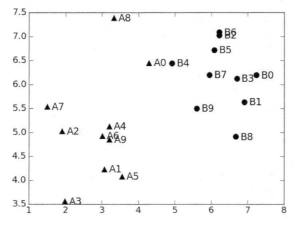

图23-6  来自两种分布的实例

```python
def genDistribution(xMean, xSD, yMean, ySD, n, namePrefix):
    samples = []
    for s in range(n):
        x = random.gauss(xMean, xSD)
        y = random.gauss(yMean, ySD)
        samples.append(Example(namePrefix+str(s), [x, y]))
    return samples

def plotSamples(samples, marker):
    xVals, yVals = [], []
    for s in samples:
        x = s.getFeatures()[0]
        y = s.getFeatures()[1]
        pylab.annotate(s.getName(), xy = (x, y),
                        xytext = (x+0.13, y-0.07),
                        fontsize = 'x-large')
        xVals.append(x)
        yVals.append(y)
    pylab.plot(xVals, yVals, marker)

def contrivedTest(numTrials, k, verbose = False):
    xMean = 3
    xSD = 1
    yMean = 5
    ySD = 1
    n = 10
    d1Samples = genDistribution(xMean, xSD, yMean, ySD, n, 'A')
    plotSamples(d1Samples, 'k^')
    d2Samples = genDistribution(xMean+3, xSD, yMean+1, ySD, n, 'B')
    plotSamples(d2Samples, 'ko')
    clusters = trykmeans(d1Samples+d2Samples, k, numTrials, verbose)
    print('Final result')
    for c in clusters:
        print('', c)
```

图23-7  K均值实验

```
Iteration #1
Cluster with centroid [ 4.71113345 5.76359152] contains:
  A0, A1, A2, A4, A5, A6, A7, A8, A9, B0, B1, B2, B3, B4, B5, B6,
B7, B8, B9
Cluster with centroid [ 1.97789683 3.56317055] contains:
  A3

Iteration #2
Cluster with centroid [ 5.46369488 6.12015454] contains:
  A0, A4, A8, A9, B0, B1, B2, B3, B4, B5, B6, B7, B8, B9
Cluster with centroid [ 2.49961733 4.56487432] contains:
  A1, A2, A3, A5, A6, A7

Iteration #3
Cluster with centroid [ 5.84078727 6.30779094] contains:
  A0, A8, B0, B1, B2, B3, B4, B5, B6, B7, B8, B9
Cluster with centroid [ 2.67499815 4.67223977] contains:
  A1, A2, A3, A4, A5, A6, A9

Iteration #4
Cluster with centroid [ 5.84078727 6.30779094] contains:
  A0, A8, B0, B1, B2, B3, B4, B5, B6, B7, B8, B9
Cluster with centroid [ 2.67499815 4.67223977] contains:
  A1, A2, A3, A4, A5, A6, A7, A9

Final result
 Cluster with centroid [ 5.84078727 6.30779094] contains:
  A0, A8, B0, B1, B2, B3, B4, B5, B6, B7, B8, B9
 Cluster with centroid [ 2.67499815 4.67223977] contains:
  A1, A2, A3, A4, A5, A6, A7, A9
```

图23-8　调用contrivedTest(1, 2, True)输出的结果

请注意，初始（随机选择的）质心导致了一个高度偏离的聚类结果，一个簇中几乎包含了所有点，只有一个点除外。但是经过4次迭代，质心发生改变，使得来自两个分布中的点被合理地划分到两个簇中。仅有的"错误"是A0和A8。

如果调用contrivedTest(50, 2, False)进行50次实验，而不是1次，代码会输出：

```
Final result
 Cluster with centroid [ 2.74674403 4.97411447] contains:
  A1, A2, A3, A4, A5, A6, A7, A8, A9
Cluster with centroid [ 6.0698851 6.20948902] contains:
  A0, B0, B1, B2, B3, B4, B5, B6, B7, B8, B9
```

A0还是与B混在一起，但是A8被挑出来了。如果进行1000次实验，结果仍然是这样。这真令我们始料未及，因为从图23-6来看，如果选择A0和B0为初始质心（在1000次实验中，这是完全可能的），那么在第一次迭代中，就可以得到将A和B完美区分开的两个簇。然而，在第二次迭代中要计算新的质心，A0就被分配到一个由B值组成的簇。这样不好吗？回忆一下，聚类是一种非监督式学习方法，它的目标是在未标注数据中发现隐含的结构。所以，将A0分到B组中也情有可原。

使用K均值聚类时，一个关键的问题是如何选择k。图23-9中的函数contrivedTest2从3种有

重合的高斯分布中选取一些点来进行生成、绘制和聚类。通过这个函数，我们看看不同的*k*值对聚类结果的影响。这些数据点如图23-10所示。

```
def contrivedTest2(numTrials, k, verbose = False):
    xMean = 3
    xSD = 1
    yMean = 5
    ySD = 1
    n = 8
    d1Samples = genDistribution(xMean,xSD, yMean, ySD, n, 'A')
    plotSamples(d1Samples, 'k^')
    d2Samples = genDistribution(xMean+3,xSD,yMean, ySD, n, 'B')
    plotSamples(d2Samples, 'ko')
    d3Samples = genDistribution(xMean, xSD, yMean+3, ySD, n, 'C')
    plotSamples(d3Samples, 'kx')
    clusters = trykmeans(d1Samples + d2Samples + d3Samples,
                         k, numTrials, verbose)
    pylab.ylim(0,11)
    print('Final result has dissimilarity',
          round(dissimilarity(clusters), 3))
    for c in clusters:
        print('', c)
```

图23-9    从3种分布中生成数据点

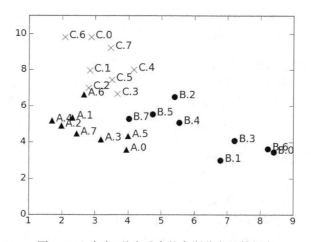

图23-10    来自3种有重合的高斯分布的数据点

调用contrivedTest2(40, 2)，会输出：

```
Final result has dissimilarity 90.128
 Cluster with centroid [ 5.5884966    4.43260236] contains:
  A.0, A.3, A.5, B.0, B.1, B.2, B.3, B.4, B.5, B.6, B.7
 Cluster with centroid [ 2.80949911  7.11735738] contains:
  A.1, A.2, A.4, A.6, A.7, C.0, C.1, C.2, C.3, C.4, C.5, C.6, C.7
```

调用contrivedTest2(40, 3)，会输出：

```
Final result has dissimilarity 42.757
 Cluster with centroid [ 7.66239972 3.55222681] contains:
  B.0, B.1, B.3, B.6
 Cluster with centroid [ 3.56907939 4.95707576] contains:
  A.0, A.1, A.2, A.3, A.4, A.5, A.7, B.2, B.4, B.5, B.7
 Cluster with centroid [ 3.12083099 8.06083681] contains:
  A.6, C.0, C.1, C.2, C.3, C.4, C.5, C.6, C.7
```

调用contrivedTest2(40, 4)，会输出：

```
Final result has dissimilarity 11.441
 Cluster with centroid [ 2.10900238 4.99452866] contains:
  A.1, A.2, A.4, A.7
 Cluster with centroid [ 4.92742554 5.60609442] contains:
  B.2, B.4, B.5, B.7
 Cluster with centroid [ 2.80974427 9.60386549] contains:
  C.0, C.6, C.7
 Cluster with centroid [ 3.27637435 7.28932247] contains:
  A.6, C.1, C.2, C.3, C.4, C.5
 Cluster with centroid [ 3.70472053 4.04178035] contains:
  A.0, A.3, A.5
 Cluster with centroid [ 7.66239972 3.55222681] contains:
  B.0, B.1, B.3, B.6
```

最后一种聚类的拟合最为紧密，也就是说，聚类结果的相异度最低（11.441）。这是否意味着它就是"最好"的聚类呢？不一定。回忆一下18.1.1节，介绍线性回归时，我们发现通过增加多项式的阶数可以得到更复杂的模型，对数据的拟合效果也更好。我们还发现，增加多项式阶数时，必须要冒一种风险，即模型的预测值非常糟糕，因为它对数据过拟合。

选择合适的$k$值时，与选择合适的多项式阶数非常类似。提高$k$值时，可以降低相异度，但有过拟合的风险。（当$k$等于要进行聚类的实例数量时，相异度可以为0！）如果我们掌握了实例生成信息，例如是从$m$个分布中选取的，那么就可以根据这种信息选择$k$的值。如果没有这种信息，那么可以通过各种启发式过程选择$k$，但这已经超出了本书的范围。

## 23.4 更真实的示例

不同种类的哺乳动物有不同的饮食习惯。有些种类（如大象和河狸）只吃植物，有些种类（如狮子和老虎）只吃肉，还有一些种类（如猪和人类）只要能入口就什么都吃。只吃素食的称为草食动物，只吃肉的称为肉食动物，什么都吃的称为杂食动物。

经过千百年的进化（或某些其他神秘的过程），每种动物都已经具有了适合它们喜欢的食物的牙齿。[1]这就引发了一个问题，能否按照动物的齿系进行聚类，使聚类结果符合它们的饮食习惯呢？

图23-11给出一个文件，其中列出了一些哺乳动物的名称、齿式（前8个数字）、平均成年重量（以磅计）[2]和表示饮食习惯的代码。文件上方的注释描述了与每种哺乳动物所对应的项目的含义，例如，名称后面的第一项表示上切牙的数量。

---

① 或者，动物们也可能是根据它们的牙齿来选择食物的。正如我们在21.4节指出的，相关性并不意味着因果关系。
② 此处提供体重信息是因为，作者不止一次地被提醒过，体重与饮食习惯是相关的。

```
#名称
#上切牙
#上尖牙
#前白齿
#前磨牙
#下切牙
#下犬牙
#下前白齿
#下白齿
#重量
#标签：0=草食动物    1=肉食动物      2=杂食动物
Badger,3,1,3,1,3,1,3,2,10,1
Bear,3,1,4,2,3,1,4,3,278,2
Beaver,1,0,2,3,1,0,1,3,20,0
Brown bat,2,1,1,3,3,1,2,3,0.5,1
Cat,3,1,3,1,3,1,2,1,4,1
Cougar,3,1,3,1,3,1,2,1,63,1
Cow,0,0,3,3,3,1,2,1,400,0
Deer,0,0,3,3,4,0,3,3,200,0
Dog,3,1,4,2,3,1,4,3,20,1
Elk,0,1,3,3,3,1,3,3,500,0
Fox,3,1,4,2,3,1,4,3,5,1
Fur seal,3,1,4,1,2,1,4,1,200,1
Grey seal,3,1,3,2,2,1,3,2,268,1
Guinea pig,1,0,1,3,1,0,1,3,1,0
Human,2,1,2,3,2,1,2,3,150,2
Jaguar,3,1,3,1,3,1,2,1,81,1
Kangaroo,3,1,2,4,1,0,2,4,55,0
Lion,3,1,3,1,3,1,2,1,175,1
Mink,3,1,3,1,3,1,3,2,1,1
Mole,3,1,4,3,3,1,4,3,0.75,1
Moose,0,0,3,3,4,0,3,3,900,0
Mouse,1,0,0,3,1,0,0,3,0.3,2
Pig,3,1,4,3,3,1,4,3,50,2
Porcupine,1,0,1,3,1,0,1,3,3,0
Rabbit,2,0,3,3,1,0,2,3,1,0
Raccoon,3,1,4,2,3,1,4,2,40,2
Rat,1,0,0,3,1,0,0,3,.75,2
Red bat,1,1,2,3,3,1,2,3,1,1
Sea lion,3,1,4,1,2,1,4,1,415,1
Skunk,3,1,3,1,3,1,3,2,2,2
Squirrel,1,0,2,3,1,0,1,3,2,2
Wolf,3,1,4,2,3,1,4,3,27,1
Woodchuck,1,0,2,3,1,0,1,3,4,2
```

图23-11    哺乳动物的齿系

图23-12给出函数`readMammalData`，它可以读取这种形式的文件，并对文件内容进行处理，生成一个表示文件中信息的实例集合。函数首先处理文件开头的信息，得到与每个实例相关的特征数量，然后使用每行动物信息建立以下3个列表：

❑ `speciesNames`表示哺乳动物名称；

❑ `labelList`表示与每个哺乳动物对应的标签；

❑ `featureVals`是由列表组成的列表，其中每个元素都是一个值列表，这个列表包含所有哺乳动物在某个特征上的取值。例如，所有哺乳动物体重的列表。表达式`featureVals [i][j]`的值就是第$j$种哺乳动物的第$i$个特征的值。

readMammalData的最后一部分使用featureVals中的值创建一个特征向量列表，其中的每个特征向量都对应一种哺乳动物。（我们可以在不创建featureVals的情况下直接为每种哺乳动物创建特征向量，这样代码更简单。但我们不这么做，因为在本节后面的内容中，我们要对readMammalData函数的功能做一些增强。）

根据readMammalData函数创建的列表中的数据，图23-12中的buildMammalExamples函数会建立一个实例列表。

图23-13中的testTeeth函数使用trykmeans函数对buildMammalExamples建立的实例进行聚类，然后报告每个簇中草食动物、肉食动物和杂食动物的数量。

```python
def readMammalData(fName):
    dataFile = open(fName, 'r')
    numFeatures = 0
    #处理文件开头的那些行
    for line in dataFile: #找出特征数量
        if line[0:6] == '#标签'  #表示特征行结束
            break
        if line[0:5] != '#名称':
            numFeatures += 1
    featureVals = []

    #生成featureVals、speciesName和labelList
    featureVals, speciesNames, labelList = [], [], []
    for i in range(numFeatures):
        featureVals.append([])

    #继续处理文件中的行，从注释后面开始
    for line in dataFile:
        #去掉换行符，然后对行进行拆分
        dataLine = line[:-1].split(',')
        speciesNames.append(dataLine[0])
        classLabel = dataLine[-1]
        labelList.append(classLabel)
        for i in range(numFeatures):
            featureVals[i].append(float(dataLine[i+1]))

    #使用featureVals建立包含每个哺乳动物特征向量的列表
    #for each mammal
    featureVectorList = []
    for mammal in range(len(speciesNames)):
        featureVector = []
        for feature in range(numFeatures):
            featureVector.append(featureVals[feature][mammal])
        featureVectorList.append(featureVector)
    return featureVectorList, labelList, speciesNames

def buildMammalExamples(featureList, labelList, speciesNames):
    examples = []
    for i in range(len(speciesNames)):
        features = pylab.array(featureList[i])
        example = Example(speciesNames[i], features, labelList[i])
        examples.append(example)
    return examples
```

图23-12　读取并处理文件

**23**

```
def testTeeth(numClusters, numTrials):
    features, labels, species = readMammalData('dentalFormulas.txt')
    examples = buildMammalExamples(features, labels, species)
    bestClustering = trykmeans(examples, numClusters, numTrials)
    for c in bestClustering:
        names = ''
        for p in c.members():
            names += p.getName() + ', '
    print('\n' + names[:-2]) #除去末尾的逗号和空格
    herbivores, carnivores, omnivores = 0, 0, 0
    for p in c.members():
        if p.getLabel() == '0':
            herbivores += 1
        elif p.getLabel() == '1':
            carnivores += 1
        else:
            omnivores += 1
    print(herbivores, 'herbivores,', carnivores, 'carnivores,',
        omnivores, 'omnivores')
```

图23-13    对哺乳动物进行聚类

运行代码testTeeth(3, 40)，会输出：

```
Bear, Cow, Deer, Elk, Fur seal, Grey seal, Lion, Sea lion
3 herbivores, 4 carnivores, 1 omnivores

Badger, Cougar, Dog, Fox, Guinea pig, Human, Jaguar, Kangaroo, Mink,
Mole, Mouse, Pig, Porcupine, Rabbit, Raccoon, Rat, Red bat, Skunk,
Squirrel, Wolf, Woodchuck
4 herbivores, 9 carnivores, 8 omnivores

Moose
1 herbivores, 0 carnivores, 0 omnivores
```

我们猜测聚类结果会与动物的饮食习惯有关，不过从以上结果可知，聚类完全取决于哺乳动物的体重。这次聚类的问题在于，体重的取值范围远远大于其他特征的取值范围，所以计算实例之间的欧氏距离时，实际起作用的特征只有体重。

在22.2节中，我们遇到过一个类似的问题。当时我们发现，动物之间的距离取决于腿的数量。解决这个问题的方法是将腿的数量转换为一个二元特征（有腿或者没有腿），这种方法对于那个数据集来说很合适，因为正好其中的动物或者没有腿，或者有4条腿。但本例却没有一种好的方式可以在不损失大量信息的情况下，将体重转换成一个二元特征。

这个问题很常见，一般的解决方法是对特征进行缩放，使得每个特征都均值为0，标准差为1，[1]就像图23-14中的函数zScaleFeatures做的那样。很容易看出，语句result = result - mean确保了返回数组的均值总是接近于0。[2]而"数组的标准差总是为1"就不那么好理解了。可以通过一系列冗长无聊的代数运算来说明标准差为什么为1，但我决定不做这件烦人的事。

---

① 均值为0，标准差为1的正态分布称为标准正态分布。

② 我们说"接近"是因为浮点数只是对真实值的一个近似。

这种类型的缩放通常称为**Z**-缩放，因为正态分布有时也称为**Z**-分布。

另一种常用的缩放方法是将最小的特征值映射为0，最大的特征值映射为1，对中间的特征值使用线性插值方法，就像图23-14中的函数iScaleFeatures做的那样。

```
def zScaleFeatures(vals):
    """假设vals是一个浮点数序列"""
    result = pylab.array(vals)
    mean = sum(result)/len(result)
    result = result - mean
    return result/stdDev(result)

def iScaleFeatures(vals):
    """假设vals是一个浮点数序列"""
    minVal, maxVal = min(vals), max(vals)
    fit = pylab.polyfit([minVal, maxVal], [0, 1], 1)
    return pylab.polyval(fit, vals)
```

图23-14　属性缩放

图23-15给出函数readMammalData的另一个版本，它允许使用与参数scale绑定的函数对特征进行缩放。请注意，对某个特征进行缩放时，要求我们将这个特征的所有值收集在一个向量中。图23-15中的新版testTeeth函数提供了readMammalData要使用的缩放函数。只用两个参数调用testTeeth时，testTeeth使用一个匿名的恒等函数调用readMammalData，相当于不对特征进行缩放。

```
def readMammalData(fName, scale):
  Same code as in Figure 23.11

    #生成featureVals、speciesName和labelList
    Same code as in Figure 23.11

    #继续处理文件中的行，从注释后面开始
    Same code as in Figure 23.11

    #使用featureVals建立包含特征向量的列表
    #对于每个哺乳动物，按照设定的缩放方式对特征进行缩放
    for i in range(numFeatures):
        featureVals[i] = scale(featureVals[i])
    featureVectorList = []
    for mammal in range(len(speciesNames)):
        featureVector = []
        for feature in range(numFeatures):
            featureVector.append(featureVals[feature][mammal])
        featureVectorList.append(featureVector)
    return featureVectorList, labelList, speciesNames

def testTeeth(numClusters, numTrials, scale = lambda x: x):
    features, labels, species =\
                readMammalData('dentalFormulas.txt', scale)
    examples = buildMammalExamples(features, labels, species)

    ###testTeeth函数的其余代码同图23-13###
```

图23-15　允许对特征进行缩放的代码

23

运行以下代码:

```
random.seed(0) #so two clusterings starts with same seed
print('Clustering without scaling')
testTeeth(3, 40)
random.seed(0) #so two clusterings starts with same seed
print('\nClustering with z-scaling')
testTeeth(3, 40, zScaleFeatures)
print('\nClustering with i-scaling')
testTeeth(3, 40, iScaleFeatures)
```

会输出:

```
Clustering without scaling

Bear, Cow, Deer, Elk, Fur seal, Grey seal, Lion, Sea lion
3 herbivores, 4 carnivores, 1 omnivores

Badger, Cougar, Dog, Fox, Guinea pig, Human, Jaguar, Kangaroo, Mink,
Mole, Mouse, Pig, Porcupine, Rabbit, Raccoon, Rat, Red bat, Skunk,
Squirrel, Wolf, Woodchuck
4 herbivores, 9 carnivores, 8 omnivores

Moose
1 herbivores, 0 carnivores, 0 omnivores

Clustering with z-scaling

Badger, Bear, Cougar, Dog, Fox, Fur seal, Grey seal, Human, Jaguar,
Lion, Mink, Mole, Pig, Raccoon, Red bat, Sea lion, Skunk, Wolf
0 herbivores, 13 carnivores, 5 omnivores

Guinea pig, Kangaroo, Mouse, Porcupine, Rabbit, Rat, Squirrel,
Woodchuck
4 herbivores, 0 carnivores, 4 omnivores

Cow, Deer, Elk, Moose
4 herbivores, 0 carnivores, 0 omnivores

Clustering with i-scaling

Cow, Deer, Elk, Moose
4 herbivores, 0 carnivores, 0 omnivores

Badger, Bear, Cougar, Dog, Fox, Fur seal, Grey seal, Human, Jaguar,
Lion, Mink, Mole, Pig, Raccoon, Red bat, Sea lion, Skunk, Wolf
0 herbivores, 13 carnivores, 5 omnivores

Guinea pig, Kangaroo, Mouse, Porcupine, Rabbit, Rat, Squirrel,
Woodchuck
4 herbivores, 0 carnivores, 4 omnivores
```

对特征进行缩放后的聚类(两种缩放方法得到了相同的簇)结果没有基于饮食习惯对动物进行完美区分,但这个结果确实与动物的食物是相关的。它成功区分了肉食动物和草食动物,但对于杂食动物没有找到明显的模式。这说明除了齿系和体重之外,还可能需要其他特征才能将杂食动物与其他两种动物区分开来。

## 第 24 章

# 分类方法

*24*

最常见的监督式学习应用就是建立分类模型。分类模型也称为分类器,用于对样本进行标注,标明这个样本属于一个有限的类别集合中的哪个类。例如,确定一封电子邮件是否是垃圾邮件就是一个分类问题。在相关文献中,这些类别通常称为类(因此这种问题称为分类问题)。我们可以称一个样本属于一个类,或者说它具有某个标签,这两种说法是一回事。

在单分类学习中,训练集中的数据仅来自一个类别,目标是学习一个模型以预测某个样本是否属于这个类别。当难以找到不属于这个类别的训练数据时,单分类学习是比较有用的,它通常用于建立异常检测机制,例如在计算机网络中检测未知攻击。

在二分类学习(常称为二元分类)中,训练集中的样本全部来自两个类别(通常称为阳性和阴性),目标是找到一个可以区分两个类别的边界。多分类学习的目标则是找到可以将多个类别区分开来的边界。

本章将介绍两种广泛使用的监督式学习方法来解决分类问题:K最近邻方法和回归方法。介绍这些方法之前,我们先要解决一个问题:如何评价由这些方法产生的分类器?

## 24.1  分类器评价

如果你读过第18章,应该会记得有一部分内容讨论了如何在线性回归中选择多项式的阶数。选择阶数时,应该:(1)既能够非常好地拟合现有数据;(2)又能够对未知数据做出好的预测。使用监督式机器学习方法训练分类器时,我们也会面临同样的问题。

开始时,我们会将数据分为两个集合,训练集和测试集。使用训练集学习一个模型,使用测试集对这个模型进行评价。对分类器进行训练时,我们试图在满足一定的约束条件的情况下,最小化训练误差,即对训练集中的样本进行分类时产生的误差。设计约束条件的目的就是为了提高模型预测未知数据的准确率。下面就以图形方式说明这个问题。

图24-1左图表表示60位(模拟的)美国公民的投票模式。X轴是投票人的家庭与马萨诸塞州波士顿市之间的距离,Y轴是投票人的年龄。星号表示投票人一般会投给民主党,三角形表示投票人一般会投给共和党。图24-1右图表是一个随机抽样的训练集,其中有30位投票人。实线和虚线分别表示两种人群的两种可能的边界。在实线表示的模型中,实线下面的点被分类为民主党投票人;在虚线表示的模型中,虚线左侧的点被分类为民主党投票人。

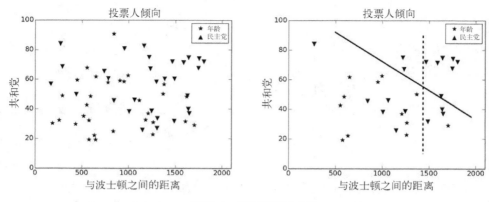

图24-1    绘制投票人倾向

没有一条边界可以完美地区分训练数据。我们使用图24-2中的混淆矩阵表示两种模型的训练误差。每个矩阵的左上角表示分类为民主党又确实为民主党的样本数量，即真阳性数。左下角表示分类为民主党但实际是共和党的样本数量，即假阳性数。同理，右上角是假阴性数，右下角是真阴性数。

预测为民主党

| | 阳性 | 阴性 | | 阳性 | 阴性 |
|---|---|---|---|---|---|
| 阳性 | 12 | 0 | 阳性 | 11 | 1 |
| 阴性 | 9 | 9 | 阴性 | 8 | 10 |

实际为共和党

阳性/阴性                 阳性/阴性

图24-2    混淆矩阵

每种分类器在训练数据上的准确度可以计算如下：

$$准确度 = \frac{真阳性 + 真阴性}{真阳性 + 真阴性 + 假阳性 + 假阴性}$$

在本例中，每种分类器的准确度都是0.7。哪个模型对训练数据的拟合更好呢？这取决于我们是否更看重将共和党误分类为民主党，还是反过来。

如果画出一条更复杂的边界，就可以得到一个新的分类器，它可以将训练数据分类得更加准确。例如，图24-3左图所示的分类器对训练数据分类的准确度可以达到0.83。然而，在第18章对线性回归的讨论中我们已经知道，模型越复杂，对训练数据过拟合的概率就越大。从图24-3右图可以看出，如果将这个复杂模型应用到保留的测试集数据上，准确度就会降低到0.6。

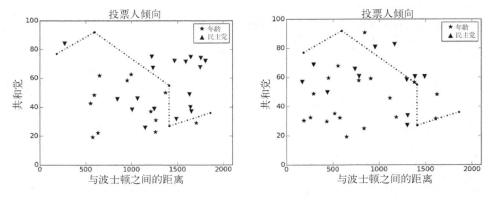

图24-3 更复杂的模型

当两个类的大小差不多时，用准确度评价分类器是非常合适的。存在严重的类别不平衡时，用准确度评价分类器会得到非常糟糕的结果。想像一下，如果你负责评价这样一种分类器，它用来预测某个人是否患有某种潜在的致命疾病，这种疾病的发病率大约是0.1%。这时，准确度就不是一个合适的统计量，因为只要简单地宣布所有患者都没有病，就可以得到99.9%的准确度。这种分类器对于那些要为治疗付钱的人来说真是太好了（因为没有人需要治疗！），但对于那些对自己可能患病忧心忡忡的人来说，就太不公平了。

幸运的是，类别不平衡时，仍然有一些统计量可以用来评价分类器：

$$灵敏度 = \frac{真阳性}{真阳性 + 假阴性}$$

$$特异度 = \frac{真阴性}{真阴性 + 假阳性}$$

$$阳性预测值 = \frac{真阳性}{真阳性 + 假阳性}$$

$$阴性预测值 = \frac{真阴性}{真阴性 + 假阴性}$$

灵敏度（某些领域称为召回率）即真阳性率，也就是正确识别的阳性数量与实际阳性数量的比例。特异度（某些领域称为精确度）即真阴性率，也就是正确识别的阴性数量与实际阴性数量的比例。阳性预测值是一个被分类为阳性的样本确实是阳性的概率。阴性预测值是一个被分类为阴性的样本确实是阴性的概率。

图24-4给出了这些统计指标的实现，并通过一个函数使用它们生成了一些统计量。本章后面的内容会使用这些函数。

24

```
def accuracy(truePos, falsePos, trueNeg, falseNeg):
    numerator = truePos + trueNeg
    denominator = truePos + trueNeg + falsePos + falseNeg
    return numerator/denominator

def sensitivity(truePos, falseNeg):
    try:
        return truePos/(truePos + falseNeg)
    except ZeroDivisionError:
        return float('nan')

def specificity(trueNeg, falsePos):
    try:
        return trueNeg/(trueNeg + falsePos)
    except ZeroDivisionError:
        return float('nan')

def posPredVal(truePos, falsePos):
    try:
        return truePos/(truePos + falsePos)
    except ZeroDivisionError:
        return float('nan')

def negPredVal(trueNeg, falseNeg):
    try:
        return trueNeg/(trueNeg + falseNeg)
    except ZeroDivisionError:
        return float('nan')

def getStats(truePos, falsePos, trueNeg, falseNeg, toPrint = True):
    accur = accuracy(truePos, falsePos, trueNeg, falseNeg)
    sens = sensitivity(truePos, falseNeg)
    spec = specificity(trueNeg, falsePos)
    ppv = posPredVal(truePos, falsePos)
    if toPrint:
        print(' Accuracy =', round(accur, 3))
        print(' Sensitivity =', round(sens, 3))
        print(' Specificity =', round(spec, 3))
        print(' Pos. Pred. Val. =', round(ppv, 3))
    return (accur, sens, spec, ppv)
```

图24-4　评价分类器的函数

## 24.2　预测跑步者的性别

在本书前面的内容中，我们曾经使用波士顿马拉松比赛的数据来说明一些统计概念，下面使用同样的数据来说明各种分类方法的应用。我们的任务是通过跑步者的年龄和完成时间来预测跑步者的性别。

图24-5的代码调用图17-2定义的函数getBMData，从一个文件读出数据并建立一个样本集合。每个样本都是Runner类的一个实例（instance）。每名跑步者都有一个标签（性别）和一个特征向量（年龄和完成时间）。Runner类中唯一需要解释的方法是featureDist，它可以返回两名跑步

者特征向量之间的欧氏距离。

下一步就是，将样本划分为一个训练集和一个先保留不用的测试集。最常用的做法是，使用80%的数据训练模型，使用剩余的20%数据对模型进行测试。图24-5底部的函数divide80_20可以完成这一任务。请注意，训练数据是随机选取的。如果只是简单地选取前80%的数据，那么虽然可以简化代码，但是这样得到的训练集数据却有可能不能代表整个数据集合。举例来说，如果文件中的数据是按照完成时间排序的，那么训练集就会发生偏离，因为其中都是成绩比较好的选手的数据。

```python
class Runner(object):
    def __init__(self, gender, age, time):
        self.featureVec = (age, time)
        self.label = gender

    def featureDist(self, other):
        dist = 0.0
        for i in range(len(self.featureVec)):
            dist += abs(self.featureVec[i] - other.featureVec[i])**2
        return dist**0.5

    def getTime(self):
        return self.featureVec[1]
    def getAge(self):
        return self.featureVec[0]
    def getLabel(self):
        return self.label
    def getFeatures(self):
        return self.featureVec

    def __str__(self):
        return str(self.getAge()) + ', ' + str(self.getTime())\
               + ', ' + self.label

def buildMarathonExamples(fileName):
    data = getBMData(fileName)
    examples = []
    for i in range(len(data['age'])):
        a = Runner(data['gender'][i], data['age'][i],
                   data['time'][i])
        examples.append(a)
    return examples

def divide80_20(examples):
    sampleIndices = random.sample(range(len(examples)),
                                  len(examples)//5)
    trainingSet, testSet = [], []
    for i in range(len(examples)):
        if i in sampleIndices:
            testSet.append(examples[i])
        else:
            trainingSet.append(examples[i])
    return trainingSet, testSet
```

图24-5  建立样本并将数据划分为训练集和测试集

现在我们已经做好了准备，可以通过各种不同的方法使用训练集来建立分类器，以预测跑步者的性别。通过对数据的检查，我们知道训练集中有58%的跑步者是男性。所以，如果我们总是猜测跑步者是男性，将会得到58%的准确度。请记住这个基准，当我们检查各种复杂分类算法的性能时，都要和这个基准进行比对。

## 24.3　K 最近邻方法

K最近邻方法可能是最简单的分类算法。通过这种方法"学习"的模型就是训练集本身。对新样本进行标注时，就是根据它们与训练集样本的相似度而进行的。

想象一下，你和一个朋友正在公园里漫步，突然发现一只鸟。你认为这是一只黄喉啄木鸟，但你的朋友却蛮有把握地说这是一只金绿啄木鸟。你跑回家，翻出收藏的鸟类书籍（或者，如果你不到35岁，那么就会打开最喜欢的搜索引擎），开始查看带有标注的鸟类图片。你可以将这些有标注的图片当作训练集。没有一张图片和你看到的鸟完全一样，所以你选择5张和你看到的鸟最相似的图片（这就是5个"最近邻"）。5张图片中多数是黄喉啄木鸟的图片，所以你赢了。

KNN分类器的缺点是，当存在严重的分类不平衡时，它经常会给出非常糟糕的结果。如果你的书中鸟类种类的分布和你的朋友的书是一样的，那么KNN会工作得很好。但是，假设这样一种情况：尽管这两种鸟类都同样常见，但你的书中有30张黄喉啄木鸟的图片，而金绿啄木鸟的图片只有1张。那么，如果在确定分类时使用多数票胜出的原则，即使这些图片与你看到的鸟并不太相似，也会将这种鸟判定为黄喉啄木鸟。要解决这个问题，可以使用更复杂的投票机制，比如可以基于与待分类样本的相似程度，对K最近邻进行加权。

图24-6中的函数实现了一个K最近邻分类器，可以基于跑步者的年龄和完成时间对其性别进行预测。这个实现其实是一种暴力算法。函数findKNearest的复杂度与exampleSet中的样本数量成线性关系，因为它要计算example与exampleSet中每个元素之间的特征距离。函数KNearestClassify使用简单的多数票胜出原则来进行分类，它的复杂度是$O(len(training)*len(testSet))$，因为它要对函数findNearest进行总共len(testSet)次调用。

```
def findKNearest(example, exampleSet, k):
    kNearest, distances = [], []
    #建立一个列表，包含最初7个样本和它们的距离
    for i in range(k):
        kNearest.append(exampleSet[i])
        distances.append(example.featureDist(exampleSet[i]))
    maxDist = max(distances) #找出最大距离
    #检查其余样本
    for e in exampleSet[k:]:
        dist = example.featureDist(e)
        if dist < maxDist:
            #替换距离更远的邻居
            maxIndex = distances.index(maxDist)
            kNearest[maxIndex] = e
            distances[maxIndex] = dist
            maxDist = max(distances)
    return kNearest, distances

def KNearestClassify(training, testSet, label, k):
    """假设training和testSet是两个样本列表，k是整数
       使用K最近邻分类器预测testSet中的每个样本是否具有给定的标签
         whether each example in testSet has the given label
       返回真阳性、假阳性、真阴性和假阴性的数量"""
    truePos, falsePos, trueNeg, falseNeg = 0, 0, 0, 0
    for e in testSet:
        nearest, distances = findKNearest(e, training, k)
        #进行投票
        numMatch = 0
        for i in range(len(nearest)):
            if nearest[i].getLabel() == label:
                numMatch += 1
        if numMatch > k//2: #具有标签
            if e.getLabel() == label:
                truePos += 1
            else:
                falsePos += 1
        else: #不具有标签
            if e.getLabel() != label:
                trueNeg += 1
            else:
                falseNeg += 1
    return truePos, falsePos, trueNeg, falseNeg
```

图24-6　找出K最近邻

运行以下代码：

```
examples = buildMarathonExamples('bm_results2012.txt')
training, testSet = divide80_20(examples)
truePos, falsePos, trueNeg, falseNeg =\
        KNearestClassify(training, testSet, 'M', 9)
getStats(truePos, falsePos, trueNeg, falseNeg)
```

会输出：

```
Accuracy = 0.65
Sensitivity = 0.715
Specificity = 0.563
Pos. Pred. Val. = 0.684
```

根据年龄和完成时间，对性别的预测准确度可以达到65%，我们是否应该感到满意？评价分类器的一种方法是，将它和不考虑年龄及完成时间的另一个分类器进行比较。图24-7中的分类器先使用training中的样本，估计出一个从testSet随机选取的样本属于label类的概率，然后使用这个先验概率为testSet中的每个样本随机分配一个标签。

```
def prevalenceClassify(training, testSet, label):
    """假设training和testSet是两个样本列表，
       使用基于流行度的分类器预测testSet中的每个样本是否具有类标签
       返回真阳性、假阳性、真阴性和假阴性的数量"""
    numWithLabel = 0
    for e in training:
        if e.getLabel()== label:
            numWithLabel += 1
    probLabel = numWithLabel/len(training)
    truePos, falsePos, trueNeg, falseNeg = 0, 0, 0, 0
    for e in testSet:
        if random.random() < probLabel: #具有标签
            if e.getLabel() == label:
                truePos += 1
            else:
                falsePos += 1
        else: #不具有标签
            if e.getLabel() != label:
                trueNeg += 1
            else:
                falseNeg += 1
    return truePos, falsePos, trueNeg, falseNeg
```

图24-7　基于流行度的分类器

我们使用波士顿马拉松数据测试prevalenceClassify，测试KNN时，使用的也是同样的数据。测试结果为：

```
准确度=0.514
灵敏度=0.593
特异度=0.41
阳性预测值=0.57
```

这说明，如果考虑年龄和完成时间，预测结果将有显著进步。

然而，进步是有代价的。运行图24-6中的代码就会发现，它需要相当长的时间才能结束。训练集中有17 233个样本，测试集中有4308个样本，所以差不多要计算7500万个距离。这就提出了一个问题：我们是否真的需要使用所有训练集样本？下面看看如果通过下采样将训练集数据减少到原来的1/10，会发生什么。

运行以下代码：

```
reducedTraining = random.sample(training, len(training)//10)
truePos, falsePos, trueNeg, falseNeg =\
        KNearestClassify(reducedTraining, testSet, 'M', 9)
getStats(truePos, falsePos, trueNeg, falseNeg)
```

它所需时间只是原来的1/10，但分类效果几乎没有变化：

```
准确度=0.643
灵敏度=0.726
特异度=0.534
阳性预测值=0.673
```

实际工作中，当人们在大数据集上应用KNN方法时，确实要对训练数据进行下采样。[1]

在上面的实验中，我们将k设成了9。选择这个数字不是因为它在科学中的地位（太阳系中行星的数量）[2]，也不是因为它的宗教意义（印度教女神杜尔迦的形态数量），也不是因为它的社会学重要性（一个棒球队完整阵容中击球手的数量）。相反，这个k值是通过对训练数据的学习而得出的，我们可以使用图24-8中的代码找到一个合适的k值。

```
def findK(training, minK, maxK, numFolds, label):
    #在k的奇数取值范围内找出平均准确度
    accuracies = []
    for k in range(minK, maxK + 1, 2):
        score = 0.0
        for i in range(numFolds):
            #通过下采样减少计算时间
            fold = random.sample(training, min(5000, len(training)))
            examples, testSet = divide80_20(fold)
            truePos, falsePos, trueNeg, falseNeg =\
                KNearestClassify(examples, testSet, label, k)
            score += accuracy(truePos, falsePos, trueNeg, falseNeg)
        accuracies.append(score/numFolds)
    pylab.plot(range(minK, maxK + 1, 2), accuracies)
    pylab.title('Average Accuracy vs k (' + str(numFolds)\
            + ' folds)')
    pylab.xlabel('k')
    pylab.ylabel('Accuracy')

findK(training, 1, 21, 1, 'M')
```

图24-8　找到合适的k

---

[1] 构建样本时，经常要使用一些更高级的方法，而不是简单的随机抽样。
[2] 有些人仍然认为冥王星是行星。

代码的外层循环测试一系列k值。我们只测试奇数值，这样在kNearestClassify函数中进行投票时，可以确保一种性别能够得到多数票。

内层循环使用n折交叉验证测试每个k值。循环要进行numFolds次迭代，每次迭代都要将初始的训练集划分为一对新的训练集和测试集，然后使用K最近邻方法和新训练集对新测试集进行分类，并计算准确度。结束内层循环时，计算numFolds折的平均准确度。

运行这段代码，生成图24-9。从图中可以看出，对于5折交叉验证，获得最高准确度的k值是17。当然，k > 21时，完全有可能得到更高的准确度。但k达到9时，准确度就在一个相当狭窄的区间内波动，所以我们选择9作为k的值。

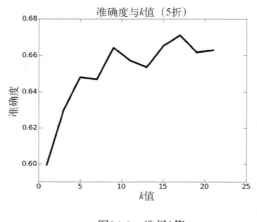

图24-9　选择k值

## 24.4　基于回归的分类器

我们在第18章使用线性回归建立数据模型，下面同样使用线性回归，根据训练集数据为男性和女性分别建模。图24-10中的代码可以生成图24-11。

```
#建立男性和女性的训练集
ageM, ageW, timeM, timeW = [], [], [], []
for e in training:
    if e.getLabel() == 'M':
        ageM.append(e.getAge())
        timeM.append(e.getTime())
    else:
        ageW.append(e.getAge())
        timeW.append(e.getTime())
#通过下采样使图形更加美观易读
ages, times = [], []
for i in random.sample(range(len(ageM)), 300):
    ages.append(ageM[i])
    times.append(timeM[i])
#生成样本的散点图
pylab.plot(ages, times, 'yo', markersize = 6, label = 'Men')
ages, times = [], []
for i in random.sample(range(len(ageW)), 300):
    ages.append(ageW[i])
    times.append(timeW[i])
pylab.plot(ages, times, 'k^', markersize = 6, label = 'Women')
#学习两个一阶线性回归模型
mModel = pylab.polyfit(ageM, timeM, 1)
fModel = pylab.polyfit(ageW, timeW, 1)
#绘制出对应于模型的直线
xmin, xmax = 15, 85
pylab.plot((xmin, xmax), (pylab.polyval(mModel,(xmin, xmax))),
           'k', label = 'Men')
pylab.plot((xmin, xmax), (pylab.polyval(fModel,(xmin, xmax))),
           'k--', label = 'Women')
pylab.title('Linear Regression Models')
pylab.xlabel('Age')
pylab.ylabel('Finishing time (minutes)')
pylab.legend()
```

图24-10　生成并绘制线性回归模型

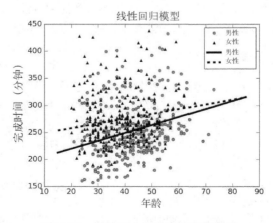

图24-11　男性和女性的线性回归模型

从图24-11中一眼就可以看出，线性回归模型仅仅解释了数据中的很小一部分方差。[1]尽管如此，还是可以使用这两个模型建立分类器。两个模型都试图捕获年龄和完成时间之间的关系，这种关系对于男性和女性是不一样的，我们可以利用这个事实建立分类器。如果给定一个样本，我们可以看看在这个样本中，年龄和完成时间之间的关系更接近男性跑步者模型（实线），还是更接近女性跑步者模型（虚线）。这个想法可以由图24-12中的代码实现。

```
truePos, falsePos, trueNeg, falseNeg = 0, 0, 0, 0
for e in testSet:
    age = e.getAge()
    time = e.getTime()
    if abs(time - pylab.polyval(mModel,age)) <\
        abs(time - pylab.polyval(fModel, age)):
        if e.getLabel() == 'M':
            truePos += 1
        else:
            falsePos += 1
    else:
        if e.getLabel() == 'F':
            trueNeg += 1
        else:
            falseNeg += 1
getStats(truePos, falsePos, trueNeg, falseNeg)
```

图24-12　使用线性回归建立分类器

运行这段代码，会输出：

```
准确度=0.616
灵敏度=0.682
特异度=0.529
阳性预测值=0.657
```

这个结果比随机选择要好，但比KNN稍差一些。

你可能会觉得奇怪，为什么我们要用这样的间接方法来使用线性回归，而不用年龄和完成时间作为自变量，某个实数作为因变量（比如0为女性，1为男性）来构造某个函数从而直接建立一个模型呢？

要建立这样的模型非常容易，我们完全可以使用polyfit将一个年龄和完成时间的函数映射成一个实数。但是，如果预测出某个跑步者在男性和女性之间，我们应该如何解释？难道比赛中会出现双性人吗？或许我们可以将Y轴解释为跑步者是男性的概率。这样也不是很好，因为对模型应用polyval函数时，甚至不能保证返回值肯定在0和1之间。

幸运的是，还有另一种形式的回归可以直接预测一个事件的概率，这就是logistic回归[2]。

---

① 尽管我们使用全部训练集数据来拟合模型，但在绘图时，我们还是只绘制了训练集中的一小部分数据点。如果绘制所有点，那么这些点就会重合成一大块，根本看不出任何有用的细节。

② 之所以称作logistic回归是因为，解决这种最优化问题时，目标函数是基于比值比（odds ratio）的对数的。这种函数称为logit函数，它的反函数称为logistic函数。

Python库sklearn<sup>①</sup>对logistic回归进行了非常好的实现，并提供了很多与机器学习相关的实用函数和类。

LogisticRegression类包含在模块sklearn.linear_model中，这个类的__init__方法有很多参数可以进行设置，比如用来求解回归方程的最优化算法。这些参数都有默认值，在多数情况下，使用默认值即可。

LogisticRegression类的核心方法是fit。这个方法使用两个同样长度的序列（元组、列表或数组）作为参数。第一个参数是特征向量序列，第二个参数是与特征向量对应的标签序列。在文献中，这些标签通常被称为结果。

fit方法返回一个LogisticRegression类型的对象，对于其中特征向量的每个特征，已经通过学习得到了相应的系数。这些系数通常称为特征权重，反映了特征与结果之间的关系。特征权重为正，表示这个特征与结果正相关；特征权重为负，表示这个特征与结果负相关。权重的绝对值则会影响相关性的强度。<sup>②</sup>这些权重的值可以通过LogisticRegression的属性coef_进行访问。因为可以训练出具有多个结果（在这个包的文档中称为类别）的LogisticRegression对象，所以coef_的值是一个序列，序列中的每个元素都是对应于某个结果的权重序列。举例来说，表达式model.coef[1][0]表示第二个结果的第一个特征的系数的值。

一旦学习了这些系数，就可以使用LogisticRegression类的predict_proba方法预测与某个特征向量对应的结果。predict_proba方法只需要1个参数（self除外），即特征向量的序列。它返回一个数组的数组，每个数组表示一个特征向量。在返回的数组中，每个元素都包含一个对相应特征向量的预测值。预测值也是一个数组，因为它包含了建立model时所用的每个标签的概率。

图24-13中的代码简单地演示了如何使用这些功能。首先，代码创建了一个包含100 000个样本的列表，每个样本都有一个长度为2的特征向量，而且被标注为'A'、'B'、'C或'D'四种标签之一。每个样本的前两个特征值都来自高斯分布，高斯分布的标准差都是0.5，对于不同的标签，高斯分布的均值也有所不同。第三个特征的值是随机选取的，因此在预测标签时不起作用。建立完样本之后，代码会生成一个logistic回归模型，输出特征权重，最后输出对应于4个样本的概率。

---

① 这个工具箱在很多Python IDE中是预先安装好的，比如Anaconda。如果想了解这个库的更多信息并学会如何安装，可参见http://scikit-learn.org。

② 这种相关性比较复杂，因为特征彼此之间经常也是相关的。例如，年龄和完成时间是正相关的。当特征之间相关时，权重的大小也不是独立的。

```
import sklearn.linear_model

featureVecs, labels = [], []
for i in range(25000): #每次迭代创建4个样本
    featureVecs.append([random.gauss(0, 0.5), random.gauss(0, 0.5),
                        random.random()])
    labels.append('A')
    featureVecs.append([random.gauss(0, 0.5), random.gauss(2, 0.),
                        random.random()])
    labels.append('B')
    featureVecs.append([random.gauss(2, 0.5), random.gauss(0, 0.5),
                        random.random()])
    labels.append('C')
    featureVecs.append([random.gauss(2, 0.5), random.gauss(2, 0.5),
                        random.random()])
    labels.append('D')
model = sklearn.linear_model.LogisticRegression().fit(featureVecs,
                                                      labels)

print('model.classes_ =', model.classes_)
for i in range(len(model.coef_)):
    print('For label', model.classes_[i],
          'feature weights =', model.coef_[i])
    print('[0, 0] probs =', model.predict_proba([[0, 0, 1]])[0])
    print('[0, 2] probs =', model.predict_proba([[0, 2, 2]])[0])
    print('[2, 0] probs =', model.predict_proba([[2, 0, 3]])[0])
    print('[2, 2] probs =', model.predict_proba([[2, 2, 4]])[0])
```

图24-13    使用sklearn进行多分类logistic回归

运行图24-13中的代码, 会输出:

```
model.classes_ = ['A' 'B' 'C' 'D']
For label A feature weights = [-4.65720783 -4.38351299 -0.00722845]
For label B feature weights = [-5.17036683 5.82391837 0.04706108]
For label C feature weights = [ 3.95940539 -3.97854738 -0.04480206]
For label D feature weights = [ 4.37529465 5.40639909 -0.09434664]
[0, 0] probs = [ 9.90019074e-01 4.66294343e-04 9.51434182e-03
2.90294956e-07]
[0, 2] probs = [ 8.72562747e-03 9.78468475e-01 3.18006160e-06
1.28027180e-02]
[2, 0] probs = [ 5.22466887e-03 1.69995686e-08 9.93218655e-01
1.55665885e-03]
[2, 2] probs = [ 7.88542473e-07 1.97601741e-03 7.99527347e-03
9.90027921e-01]
```

我们先看一下特征权重。第一行结果告诉我们, 前两个特征具有的权重差不多, 并且都与样本具有标签 'A' 的概率负相关。[①]也就是说, 前两个特征的值越大, 样本是 'A' 类型的概率就越小。

---

① 因为样本量是有限的, 所以这两个权重在绝对值上会有微小的差别。

至于第三个特征,我们预料的是它在预测标签方面没有多大价值,实际上,它的权重与前两个特征权重相比确实太小了,这说明它根本不重要。第二行结果告诉我们,样本具有标签'B'的概率与第一个特征负相关,但与第二个特征正相关。同样,第三个特征的权重非常小。第3行结果和第4行结果的意义与前面两行类似,我们就不具体分析了。

下面看看每种结果对应于4个样本的概率。概率的顺序与属性model.classes_中结果的顺序是一致的。正如我们所希望的,预测与特征向量[0, 0]对应的标签时,标签'A'的概率非常大,'D'的概率则非常小。同样,特征向量[2, 2]对应于'D'的概率非常大,对应于'A'的概率则非常小。与中间两个样本所对应的概率也与我们的预料相符合。

图24-14中的示例与图24-13中的非常相似,区别在于我们只创建了两种类型的样本:'A'和'D',而且没有包含无关的第三个特征。

```
featureVecs, labels = [], []
for i in range(20000):
    featureVecs.append([random.gauss(0, 0.5), random.gauss(0, 0.5)])
    labels.append('A')
    featureVecs.append([random.gauss(2, 0.5), random.gauss(2, 0.5)])
    labels.append('D')
model = sklearn.linear_model.LogisticRegression().fit(featureVecs,
                                                      labels)
print('model.coef =', model.coef_)
print('[0, 0] probs =', model.predict_proba([[0, 0]])[0])
print('[0, 2] probs =', model.predict_proba([[0, 2]])[0])
print('[2, 0] probs =', model.predict_proba([[2, 0]])[0])
print('[2, 2] probs =', model.predict_proba([[2, 2]])[0])
```

图24-14 二分类logistic回归样本

运行图24-14中的代码,会输出:

```
model.coef = [[ 5.79284554 5.68893473]]
[0, 0] probs = [ 9.99988836e-01    1.11643397e-05]
[0, 2] probs = [ 0.50622598 0.49377402]
[2, 0] probs = [ 0.45439797 0.54560203]
[2, 2] probs = [ 9.53257749e-06    9.99990467e-01]
```

请注意,这时coef_中只有一组权重。使用fit建立一个二元分类器模型时,它只生成一个标签的权重。这就够了,因为只要proba计算出一个样本属于某个类别的概率,那么这个样本属于另外一个类别的概率也已经确定,因为这两个概率的和肯定是1。那么coef_中的权重对应的是两种标签中的哪一种呢?因为权重是正的,所以它肯定对应于'D'。我们知道,特征向量的值越大,样本属于'D'类的可能性就越大。传统上,二元分类使用0和1作为标签,分类器的权重对应于1。在本例中,coef_中的权重对应于最大的标签,与在str类型中由操作符>定义的一样。

我们回到波士顿马拉松比赛的例子。图24-15中的代码使用LogisticRegression类为波士顿马拉松数据建立了一个模型,并进行了测试。函数applyModel需要以下4个参数。

**24**

- ❑ model：一个已经构建拟合模型的LogisticRegression类型的对象。
- ❑ testSet：一个样本序列，为model构建拟合模型时，我们也用到了一些样本，这两种样本具有同样类型的特征和标签。
- ❑ label：阳性类别的标签，applyModel返回的混淆矩阵中的信息会参考这个标签。
- ❑ prob：概率阈值，用来确定为testSet中的样本分配哪个标签，默认值为0.5。因为它不是一个常数，所以applyModel函数可以通过改变它的值，在假阳性和假阴性之间做一些折中。

实现applyModel时，代码首先使用列表推导式（参见5.3.2节）建立一个列表，列表中的元素是testSet中样本的特征向量。然后，代码调用model.predict_proba方法得到一个数组，数组的元素是一个值对，对应每个特征变量的预测值。最后，代码将预测值与具有该特征向量的样本的标签进行比较，记录并返回真阳性、假阳性、真阴性和假阴性结果的数量。

```python
def applyModel(model, testSet, label, prob = 0.5):
    #为所有测试样本创建一个包含特征向量的向量
    testFeatureVecs = [e.getFeatures() for e in testSet]
    probs = model.predict_proba(testFeatureVecs)
    truePos, falsePos, trueNeg, falseNeg = 0, 0, 0, 0
    for i in range(len(probs)):
        if probs[i][1] > prob:
            if testSet[i].getLabel() == label:
                truePos += 1
            else:
                falsePos += 1
        else:
            if testSet[i].getLabel() != label:
                trueNeg += 1
            else:
                falseNeg += 1
    return truePos, falsePos, trueNeg, falseNeg

examples = buildMarathonExamples('bm_results2012.txt')
training, test = divide80_20(examples)

featureVecs, labels = [], []
for e in training:
    featureVecs.append([e.getAge(), e.getTime()])
    labels.append(e.getLabel())
model = sklearn.linear_model.LogisticRegression().fit(featureVecs,
                                                      labels)
print('Feature weights for label M:',
      'age =', str(round(model.coef_[0][0], 3)) + ',',
      'time =', round(model.coef_[0][1], 3))
truePos, falsePos, trueNeg, falseNeg = \
                                applyModel(model, test, 'M', 0.5)
getStats(truePos, falsePos, trueNeg, falseNeg)
```

图24-15　使用logistic回归预测性别

运行图中的代码，会输出：

```
Feature weights for label M: age = 0.055, time = -0.011
 Accuracy = 0.635
 Sensitivity = 0.831
 Specificity = 0.377
 Pos. Pred. Val. = 0.638
```

我们将这个结果与KNN方法的结果进行比较：

```
准确度=0.65
灵敏度=0.715
特异度=0.563
阳性预测值=0.684
```

准确度和阳性预测值非常接近，但是logistic回归的灵敏度特别高，特异度特别低，这就使两种方法的比较很难进行下去。要解决这个问题，我们可以在applyModel函数中调整概率阈值，使灵敏度与KNN方法的灵敏度近似相等。要找到这个阈值概率，我们可以对prob的值进行遍历，直到得到一个与KNN方法非常接近的灵敏度。

如果使用prob = 0.578——而不是0.5——调用applyModel，会得到如下结果：

```
准确度=0.659
灵敏度=0.714
特异度=0.586
阳性预测值=0.695
```

可以看出，这两个模型的性能几乎是一样的。

对于线性回归模型，知道改变决策阈值所带来的影响非常容易。因此，人们通常使用受试者工作特征曲线[①]，或称ROC曲线，来形象地表示灵敏度和特异度之间的折衷关系。这种曲线可以绘制出多个决策阈值的真阳性率（灵敏度）和假阳性率（1 – 特异度）之间的关系。

通过计算曲线下面积，可以在多个ROC曲线之间进行比较。这个面积实际上是个概率，对于一个随机选择的阳性样本，一个好的模型将其标注为阳性的概率应该高于将一个随机选择的阴性样本标注为阳性的概率。这就是人们所说的模型的判别能力。请一定注意，判别能力和准确度是不同的，它也常被称为对概率的校准。例如，我们可以将所有估计出的概率都除以2，这时不会改变模型的判别能力，但显然改变了模型估计的准确度。

图24-16中的代码为logistic回归分类器绘制了ROC曲线，即图24-17中的实线。图中的虚线表示的是随机分类器（即完全随机选择标签的分类器）的ROC曲线。要想计算AUROC，可以对ROC曲线先进行插值（因为我们只有一些不连续的点），再进行积分，但我们要偷个懒，直接调用函数sklearn.metrics.auc。

---

① 它被称为"受试者工作特征曲线"是有历史原因的。这种方法开发于第二次世界大战期间，用来评价接收雷达信号的设备的工作特性。

24

```
def buildROC(model, testSet, label, title, plot = True):
    xVals, yVals = [], []
    p = 0.0
    while p <= 1.0:
        truePos, falsePos, trueNeg, falseNeg =\
                            applyModel(model, testSet, label, p)
        xVals.append(1.0 - specificity(trueNeg, falsePos))
        yVals.append(sensitivity(truePos, falseNeg))
        p += 0.01
    auroc = sklearn.metrics.auc(xVals, yVals, True)
    if plot:
        pylab.plot(xVals, yVals)
        pylab.plot([0,1], [0,1,], '--')
        pylab.title(title + ' (AUROC = '\
                    + str(round(auroc, 3)) + ')')
        pylab.xlabel('1 - Specificity')
        pylab.ylabel('Sensitivity')
    return auroc

buildROC(model, test, 'M', 'ROC for Predicting Gender')
```

图24-16　构建ROC曲线并计算AUROC

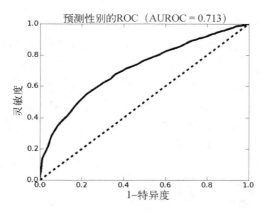

图24-17　ROC曲线和AUROC

**实际练习**：图24-15中的模型使用200名随机选择的跑步者进行测试时，编写代码绘制ROC曲线并计算AUROC。使用这段代码研究训练样本数量对于AUROC的影响（可以将样本数量从10增加到1010，每次增加50个）。

# 24.5　从"泰坦尼克"号生还

1912年4月15日清晨，英国皇家游轮"泰坦尼克"号因为撞上冰山而沉没在北大西洋。船上有大约1300名乘客，832人在这次灾难中丧生。导致这场灾难的原因很多，包括航行中的失误、救生船配备不足以及附近船只反应迟钝。乘客个人能否生还纯凭天意，但绝不是完全随机的。实际上，通过船上旅客名单提供的信息，可以建立一个不错的模型来预测旅客能否从"泰坦尼克"号上生还。

在本节中，我们会根据一个包含1046位乘客信息的数据集[①]，建立一个分类模型。文件每一行都包括一位乘客的以下信息：舱位等级（一等舱、二等舱、三等舱）、年龄、性别、是否生还、姓名。

使用logistic回归建立模型，这样做的理由是：

❑ 它是最常用的分类方法；

❑ 通过对logistic回归权重的分析，我们可以更加深刻地理解，为什么有些乘客比其他人更有可能生还。

图24-18定义了Passenger类。代码中唯一需要注意的是对舱位等级的编码，尽管数据文件使用整数对舱位等级进行了编码，但那只是一种记号，舱位等级是不能用数值表示的，比如，一等舱加上二等舱不可能等于三等舱。我们使用3个二元特征对舱位等级进行编码（每种舱位等级对应一个特征）。对于每位乘客，3个特征中只能有1个为1，其他两个都是0。

```python
class Passenger(object):
    features = ('C1', 'C2', 'C3', 'age', 'male gender')
    def __init__(self, pClass, age, gender, survived, name):
        self.name = name
        self.featureVec = [0, 0, 0, age, gender]
        self.featureVec[pClass - 1] = 1
        self.label = survived
        self.cabinClass = pClass
    def distance(self, other):
        return minkowskiDist(self.veatureVec, other.featureVec, 2)
    def getClass(self):
        return self.cabinClass
    def getAge(self):
        return self.featureVec[3]
    def getGender(self):
        return self.featureVec[4]
    def getName(self):
        return self.name
    def getFeatures(self):
        return self.featureVec[:]
    def getLabel(self):
        return self.label
```

图24-18 Passenger类

---

[①] 这些数据是从R.J.Dawson建立的一个数据集中抽取的，这个数据集曾用于这篇文章：The "Unusual Episode" Data Revisted, *Journal of Statistics Education*, v.3, n.3, 1995。

这是机器学习中经常出现的一个问题。很多事情适合使用分类特征（又称为名义特征）进行描述，例如跑步者的国籍。使用整数代替分类特征非常容易，比如，我们可以使用ISO 3166-1标准表示国家和地区[①]，076代表巴西，826代表英国，862代表委内瑞拉。这样做的问题是，回归方法会将它们当作数值变量进行处理，于是会导致一种非常荒谬的国家排序方法，认为委内瑞拉与英国之间的距离比它与巴西更近。

就像我们对舱位等级的处理一样，将分类变量转换为二元变量就可以避免这种问题。这样做的一个潜在问题是，特征向量会非常长，而且非常稀疏。举例来说，如果医院分配2000种不同的药物，我们就需要将一个分类变量转换成2000个二元变量，每种药物对应一个二元变量。

图24-19中的代码从一个文件读取数据，并使用文件中关于"泰坦尼克"的数据建立一个样本集合。

```python
def testModels(examples, numTrials, printStats, printWeights):
    survived = 1 #表示生还的标签值
    stats, weights = [], [[], [], [], [], []]
    for i in range(numTrials):
        training, testSet = divide80_20(examples)
        featureVecs, labels = [], []
        for e in training:
            featureVecs.append(e.getFeatures())
            labels.append(e.getLabel())
        featureVecs = pylab.array(featureVecs)
        labels = pylab.array(labels)
        model =\
          sklearn.linear_model.LogisticRegression().fit(featureVecs,
                                                        labels)
        for i in range(len(Passenger.features)):
            weights[i].append(model.coef_[0][i])
        truePos, falsePos, trueNeg, falseNeg =\
                     applyModel(model, testSet, survived, 0.5)
        auroc = buildROC(model, testSet, survived, None, False)
        tmp = getStats(truePos, falsePos, trueNeg, falseNeg, False)
        stats.append(tmp + (auroc,))
    print('Averages for', numTrials, 'trials')
    if printWeights:
        for feature in range(len(weights)):
            featureMean = sum(weights[feature])/numTrials
            featureStd = stdDev(weights[feature])
            print(' Mean weight of', Passenger.features[feature],
                '=', str(round(featureMean, 3)) + ',',
                '95% confidence interval =', round(1.96*featureStd, 3))
    if printStats:
        summarizeStats(stats)
```

图24-19　读取"泰坦尼克"数据并建立样本集合

---

[①] ISO 3166-1数字编码是由国际标准化组织制定的ISO 3166标准的一部分。

现在我们已经有了数据，可以建立logistic回归模型，建立模型所用的代码与建立波士顿马拉松数据模型的代码完全相同。但是，因为这次数据集中的样本数量相对比较少，所以使用以前的评价方法时，我们要小心一些。对数据进行80-20划分时，完全有可能得到没有代表性的数据，从而产生误导性的结果。

为了减少这种风险，我们对数据进行多次不同的80-20划分（每次划分都使用图24-5中定义的divide80_20函数进行），对每次划分都建立一个分类器并进行评价，然后使用图24-20和图24-21中的代码，报告均值和95%置信区间。

```python
def testModels(examples, numTrials, printStats, printWeights):
    stats, weights = [], [[], [], [], [], []]
    for i in range(numTrials):
        training, testSet = divide80_20(examples)
        xVals, yVals = [], []
        for e in training:
            xVals.append(e.getFeatures())
            yVals.append(e.getLabel())
        xVals = pylab.array(xVals)
        yVals = pylab.array(yVals)
        model = sklearn.linear_model.LogisticRegression().fit(xVals,
                                                              yVals)

        for i in range(len(Passenger.features)):
            weights[i].append(model.coef_[0][i])
        truePos, falsePos, trueNeg, falseNeg =\
                        applyModel(model, testSet, 1, 0.5)
        auroc = buildROC(model, testSet, 1, None, False)
        tmp = getStats(truePos, falsePos, trueNeg, falseNeg, False)
        stats.append(tmp + (auroc,))
    print('Averages for', numTrials, 'trials')
    if printWeights:
        for feature in range(len(weights)):
            featureMean = sum(weights[feature])/numTrials
            featureStd = stdDev(weights[feature])
            print(' Mean weight of', Passenger.features[feature],
                '=', str(round(featureMean, 3)) + ',',
                '95% confidence interval =', round(1.96*featureStd, 3))
    if printStats:
        summarizeStats(stats)
```

图24-20　测试"泰坦尼克"生还模型

24

```
def summarizeStats(stats):
    """假设stats是列表，包含5个浮点数元素：准确度、灵敏度、特异度、阳性预测值和ROC"""
    def printStat(X, name):
        mean = round(sum(X)/len(X), 3)
        std = stdDev(X)
        print(' Mean', name, '=', str(mean) + ',',
              '95% confidence interval =', round(1.96*std, 3))
    accs, sens, specs, ppvs, aurocs = [], [], [], [], []
    for stat in stats:
        accs.append(stat[0])
        sens.append(stat[1])
        specs.append(stat[2])
        ppvs.append(stat[3])
        aurocs.append(stat[4])
    printStat(accs, 'accuracy')
    printStat(sens, 'sensitivity')
    printStat(accs, 'specificity')
    printStat(sens, 'pos. pred. val.')
    printStat(aurocs, 'AUROC')
```

图24-21　打印分类器的统计量

调用testModels(examples, 100, True, False)，会输出：

```
Averages for 100 trials
 Mean accuracy = 0.783, 95% confidence interval = 0.046
 Mean sensitivity = 0.699, 95% confidence interval = 0.099
 Mean specificity = 0.783, 95% confidence interval = 0.046
 Mean pos. pred. val. = 0.699, 95% confidence interval = 0.099
 Mean AUROC = 0.839, 95% confidence interval = 0.051
```

看上去，通过这个比较小的特征集合，完全可以建立一个不错的模型来预测乘客能否生还。为了确定什么样的乘客能够生还，我们看看各种特征的权重。运行以下代码：

```
testModels(examples, 100, False, True)
```

会输出：

```
Averages for 100 trials
 Mean weight of C1 = 1.648, 95% confidence interval = 0.156
 Mean weight of C2 = 0.449, 95% confidence interval = 0.095
 Mean weight of C3 = -0.499, 95% confidence interval = 0.112
 Mean weight of age = -0.031, 95% confidence interval = 0.006
 Mean weight of male gender = -2.367, 95% confidence interval = 0.144
```

所以要想从一次海难中幸存，你应该有钱[①]、年轻，并且是女性。

_____

① 以现在的美元计，"泰坦尼克"号上一等舱的费用大约是70 000美元。

## 24.6　总结

在本书最后三章，我们只对机器学习进行了一些蜻蜓点水式的介绍。

对于本书后半部分的很多内容，可以说我们也只介绍了一些皮毛。我们试图使你领略到一种新的思维方式——使用计算机可以更好地理解这个世界，希望你能够自己找到方法来解决感兴趣的问题。可能你会觉得有些内容不如其他内容有趣，但我们确实希望你至少能发现一些想要深入了解的内容。

24

# Python 3.5速查表

## 数值类型常用操作符

i + j i与j之和。

i - j i与j之差。

i * j i与j之积。

i//j 整除。

i/j 浮点数除法。

i%j 整数i除以整数j的余数。

i**j i的j次方。

x += y 等于x = x + y，*=和-=同理。

## 比较操作符与布尔操作符

x == y 如果x等于y，则返回True。

x != y 如果x不等于y，则返回True。

<、>、<=、>=与其常用意义相同。

a and b 如果a与b均为True，则值为True，否则为False。

a or b 如果a与b中至少有一个为True，则值为True，否则为False。

not a 如果a为False，则为True；如果a为True，则为False。

## 序列类型常用操作符

seq[i] 返回序列中第$i$个元素。

len(seq) 返回序列长度。

seq1 + seq2 连接两个序列。（不能用于范围。）

n*seq 返回一个将seq重复$n$次的序列。（不能用于范围。）

seq[start:end] 返回序列的切片。

e in seq 测试序列中是否包含e。

e not in seq 测试序列是否不包含e。

for e in seq 遍历序列中的元素。

## 常用字符串方法

s.count(s1) 计算字符串s1在s中出现的次数。

s.find(s1) 返回子字符串s1第一次出现在s中时的索引值；如果s1不在s中，则返回-1。

s.rfind(s1) 功能同find，但从s末尾开始搜索。

s.index(s1) 功能同find，但如果s1不在s中，则抛出异常。

s.rindex(s1) 功能同index，但从s末尾开始搜索。

s.lower() 将所有大写字母转换为小写。

s.replace(old, new) 将s中出现的所有字符串old替换为字符串new。

s.rstrip() 删除字符串后面的所有空白字符。

s.splite(d) 使用d作为分隔字符对s进行拆分，返回s的子字符串列表。

## 常用列表方法

L.append(e) 将对象e添加到L的末尾。

L.count(e) 返回e在L中出现的次数。

L.insert(i, e) 在L中索引值为*i*处插入对象e。

L.extend(L1) 在L的末尾加入L1中的所有项目。

L.remove(e) 从L中删除第一次出现的e。

L.index(e) 返回L中第一次出现e时的索引值；如果e不在L中，则抛出一个ValueError异常。

L.pop(i) 删除并返回索引值为*i*的项目；*i*的默认值为−1。如果L为空，则抛出一个IndexError异常。

L.sort() 对L中的元素进行排序，具有副作用。

L.reverse() 对L中的元素进行反转排序，具有副作用。

## 常用字典操作符

len(d) 返回d中项的数量。

d.keys() 返回d中键的视图。

d.values() 返回d中值的视图。

k in d 如果键k在d中，则返回True。

d[k] 返回d中键为k的项，如果k不在d中，则抛出一个KeyError异常。

d.get(k, v) 如果k在d中，返回d[k]，否则返回v。

d[k] = v 将值v与键k关联起来，如果已经存在与k关联的值，则替换该值。

del d[k] 从d中删除键为k的元素，如果k不在d中，则抛出一个KeyError异常。

for k in d 遍历d中的键。

## 常用输入/输出机制

input(msg) 打印msg并将输入值作为一个字符串返回。

pring(s1, ..., sn) 打印字符串s1, ..., sn，以空格作为间隔。

open('filename', 'w') 创建一个文件以供写入。

open('filename', 'r') 打开一个已有文件以供读取。

open('filename', 'a') 打开一个已有文件以供追加。

filehandle.read() 返回一个包含文件内容的字符串。

filehandle.readline() 返回文件的下一行。

filehandle.readlines() 返回一个包含文件各行的列表。

filehandle.write(s) 向文件末尾写入字符串s。

filehandle.writelines(L) 将L中的每个元素作为单独行写入文件。

filehandle.close() 关闭文件。